新起点电脑教程

计算机组装·维护与故障排除基础教程(修订版)

文杰书院　编著

清華大學出版社
北　京

内 容 简 介

本书是“新起点电脑教程”系列丛书的一个分册，以通俗易懂的语言、精挑细选的实用技巧、翔实生动的操作案例，全面介绍了计算机组装•维护与故障排除的基础知识，主要包括初步认识电脑、选购电脑硬件设备、动手组装电脑、BIOS 设置与应用、硬盘的分区与格式化、安装 Windows 操作系统与驱动程序、测试计算机系统性能、系统安全措施与防范、电脑的日常维修与保养、电脑故障排除基础知识、常见软件故障及排除方法、电脑主机硬件故障及排除方法、电脑外部设备故障及排除方法等内容的知识、技巧及应用案例。

本书配套一张多媒体全景教学光盘，收录了本书全部知识点的视频教学课程，同时还赠送了 4 套相关视频教学课程，以及多本电子图书和相关行业规范知识，超低的学习门槛和超大光盘容量，可以帮助读者循序渐进地掌握和提高自己的电脑操作水平。

本书面向学习电脑组装、维护与故障排除的初级读者，适合无基础又想快速掌握电脑组装与维护的人，更加适合广大电脑爱好者及各行各业人员作为自学手册使用，同时还可以作为职业院校和社会培训班的教材使用。

图书在版编目(CIP)数据

计算机组装•维护与故障排除基础教程(修订版)/文杰书院编著. --北京：清华大学出版社，2014
(新起点电脑教程)
ISBN 978-7-302-33605-1

Ⅰ. ①计… Ⅱ. ①文… Ⅲ. ①电子计算机—组装—教材 ②计算机维护—教材 ③电子计算机—故障修复—教材 Ⅳ. ①TP30

中国版本图书馆 CIP 数据核字(2013)第 203915 号

责任编辑：魏 莹
封面设计：杨玉兰
责任校对：李玉萍
责任印制：王静怡

出版发行：清华大学出版社
网 址：http://www.tup.com.cn，http://www.wqbook.com
地 址：北京清华大学学研大厦 A 座 邮 编：100084
社 总 机：010-62770175 邮 购：010-62786544
投稿与读者服务：010-62776969，c-service@tup.tsinghua.edu.cn
质 量 反 馈：010-62772015，zhiliang@tup.tsinghua.edu.cn
课 件 下 载：http://www.tup.com.cn,010-62791865
印 刷 者：北京世知印务有限公司
装 订 者：三河市李旗庄少明印装厂
经 销：全国新华书店
开 本：185mm×260mm 印 张：18.75 字 数：456 千字
(附 DVD1 张)
版 次：2014 年 1 月第 1 版 印 次：2014 年 1 月第 1 次印刷
印 数：1～3500
定 价：39.00 元

产品编号：051108-01

致 读 者

“全新的阅读与学习模式 + 多媒体全景拓展教学光盘 + 全程学习与工作指导”三位一体的互动教学模式，是我们为您量身定做的一套完美的学习方案，为您奉上的丰盛的学习盛宴！

创造一个多媒体全景学习模式，是我们一直以来的心愿，也是我们不懈追求的动力，愿我们奉献的图书和光盘可以成为您步入神奇电脑世界的钥匙，并祝您在最短时间内能够学有所成、学以致用。

全新改版与升级行动

“新起点电脑教程”系列图书自2011年年初出版以来，其中的每个分册多次加印，创造了培训与自学类图书销售高峰，赢得来自国内各高校和培训机构，以及各行各业读者的一致好评，读者技术与交流QQ群已经累计达到几千人。

本次图书再度改版与升级，在汲取了之前产品的成功经验，摒弃原有的问题，针对读者反馈信息中常见的需求，我们精心设计改版并升级了主要产品，以此弥补不足，热切希望通过我们的努力不断满足读者的需求，不断提高我们的服务水平，进而达到与读者共同学习，共同提高的目的。

全新的阅读与学习模式

如果您是一位初学者，当您从书架上取下并翻开本书时，将获得一个从一名初学者快速晋级为电脑高手的学习机会，并将体验到前所未有的互动学习的感受。

我们秉承“打造最优秀的图书、制作最优秀的电脑学习软件、提供最完善的学习与工作指导”的原则，在本系列图书编写过程中，聘请电脑操作与教学经验丰富的老师和来自工作一线的技术骨干倾力合作编著，为您系统化地学习和掌握相关知识与技术奠定扎实的基础。

轻松快乐的学习模式

在图书的内容与知识点设计方面，我们更加注重学习习惯和实际学习感受，设计了更加贴近读者学习的教学模式，采用“基础知识讲解+实际工作应用+上机指导练习+课后小结与练习”的教学模式，帮助读者从初步了解与掌握到实际应用，循序渐进地成为电脑应用高手与行业精英。“为您构建和谐、愉快、宽松、快乐的学习环境，是我们的目标！”

赏心悦目的视觉享受

为了更加便于读者学习和阅读本书，我们聘请专业的图书排版与设计师，根据读者的阅读习惯，精心设计了赏心悦目的版式，全书图案精美、布局美观，读者可以轻松完成整个学习过程。“使阅读和学习成为一种乐趣，是我们的追求！”

更加人文化、职业化的知识结构

作为一套专门为初、中级读者策划编著的系列丛书，在图书内容安排方面，我们尽量摒弃枯燥无味的基础理论，精选了更适合实际生活与工作的知识点，帮助读者快速学习，快速提高，从而达到学以致用的目的。

- 内容起点低，操作上手快，讲解言简意赅，读者不需要复杂的思考，即可快速掌握所学的知识与内容。
- 图书内容结构清晰，知识点分布由浅入深，符合读者循序渐进与逐步提高的学习习惯，从而使学习达到事半功倍的效果。
- 对于需要实践操作的内容，全部采用分步骤、分要点的讲解方式，图文并茂，使读者不但可以动手操作，还可以在大量的实践案例练习中，不断提高操作技能和经验。

精心设计的教学体例

在全书知识点逐步深入的基础上，根据知识点及各个知识板块的衔接，我们科学地划分章节，在每个章节中，采用了更加合理的教学体例，帮助读者充分了解和掌握所学知识。

- 本章要点：在每章的章首页，我们以言简意赅的语言，清晰地表述了本章即将介绍的知识点，读者可以有目的地学习与掌握相关知识。
- 知识精讲：对于软件功能和实际操作应用比较复杂的知识，或者难以理解的内容，进行更为详尽的讲解，帮助您拓展、提高与掌握更多的技巧。
- 考考您：学会了吗？让我们来考考您吧，这对于您有效充分地掌握知识点具有总结和提高的作用。
- 实践案例与上机指导：读者通过阅读和学习此部分内容，可以边动手操作，边阅读书中所介绍的实例，一步一步地快速掌握和巩固所学知识。
- 思考与练习：通过此栏目内容，不但可以温习所学知识，还可以通过练习，达到巩固基础、提高操作能力的目的。

多媒体全景拓展教学光盘

本套丛书首创的多媒体全景拓展教学光盘，旨在帮助读者完成“从入门到提高，从实

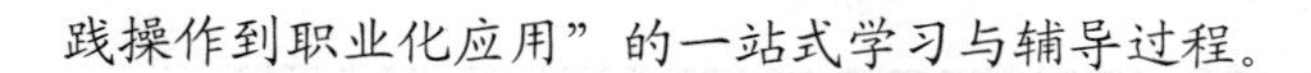
践操作到职业化应用”的一站式学习与辅导过程。

配套光盘共分为“基础入门”、“知识拓展”、“快速提高”和“职业化应用”4个模块，每个模块都注重知识点的分配与规划，使光盘功能更加完善。

基础入门

在基础入门模块中，为读者提供了本书重要知识点的多媒体视频教学全程录像，同时还提供了与本书相关的配套学习资料与素材。

知识拓展

在知识拓展模块中，为读者免费赠送了与本书相关的 4 套多媒体视频教学录像，读者在学习本书视频教学内容的同时，还可以学到更多的相关知识，读者相当于买了一本书，获得了 5 本书的知识与信息量！

快速提高

在快速提高模块中，为读者提供了各类电脑应用技巧的电子图书，读者可以快速掌握常见软件的使用技巧、故障排除方法，达到快速提高的目的。

职业化应用

在职业化应用模块中，为读者免费提供了相关领域和行业的办公软件模板或者相关素材，给读者一个广阔的就业与应用空间。

图书产品与读者对象

“新起点电脑教程”系列丛书涵盖电脑应用各个领域，为各类初、中级读者提供了全面的学习与交流平台，帮助读者轻松实现对电脑技能的了解、掌握和提高。本系列图书具体书目如下。

分　类	图　书	读者对象
电脑操作基础入门	电脑入门基础教程(Windows 7+Office 2010 版)(修订版)	适合刚刚接触电脑的初级读者，以及对电脑有一定的认识、需要进一步掌握电脑常用技能的电脑爱好者和工作人员，也可作为大中专院校、各类电脑培训班的教材
	五笔打字与排版基础教程(2012 版)	
	Office 2010 电脑办公基础教程	
	Excel 2010 电子表格处理基础教程	
	计算机组装・维护与故障排除基础教程(修订版)	
	电脑入门与应用(Windows 8+Office 2013 版)	

续表

分　类	图　书	读者对象
电脑基本操作与应用	电脑维护·优化·安全设置与病毒防范	适合电脑的初、中级读者，以及对电脑有一定基础、需要进一步学习电脑办公技能的电脑爱好者与工作人员，也可作为大中专院校、各类电脑培训班的教材
	电脑系统安装·维护·备份与还原	
	PowerPoint 2010 幻灯片设计与制作	
	Excel 2010 公式·函数·图表与数据分析	
	电脑办公与高效应用	
图形图像与设计	Photoshop CS6 中文版图像处理	适合对电脑基础操作比较熟练，在图形图像及设计类软件方面需要进一步提高的读者，适合图像编辑爱好者、准备从事图形设计类的工作人员，也可作为大中专院校、各类电脑培训班的教材
	会声会影 X5 影片编辑与后期制作基础教程	
	AutoCAD 2013 中文版入门与应用	
	CorelDRAW X6 中文版平面创意与设计	
	Flash CS6 中文版动画制作基础教程	
	Dreamweaver CS6 网页设计与制作基础教程	
	Creo 2.0 中文版辅助设计入门与应用	
	Illustrator CS6 中文版平面设计与制作基础教程	
	UG NX 8.5 中文版基础教程	

全程学习与工作指导

为了帮助您顺利学习、高效就业，如果您在学习与工作中遇到疑难问题，欢迎来信与我们及时交流与沟通，我们将全程免费答疑。希望我们的工作能够让您更加满意，希望我们的指导能够为您带来更大的收获，希望我们可以成为志同道合的朋友！

您可以通过以下方式与我们取得联系。

QQ 号码：18523650

读者服务 QQ 群号：185118229 和 128780298

电子邮箱：itmingjian@163.com

文杰书院网站：www.itbook.net.cn

最后，感谢您对本系列图书的支持，我们将再接再厉，努力为读者奉献更加优秀的图书。衷心地祝愿您能早日成为电脑高手！

编　者

前　言

随着电脑的推广与普及，电脑早已走进了千家万户，成为人们日常生活、工作、娱乐和通信必不可少的工具，对于很多用户来说，了解和掌握计算机各种部件的分类、性能、选购方法以及故障排除已经成为当务之急。为了帮助电脑初学者快速地掌握电脑组装、维护与故障排除，以便在日常的学习和工作中学以致用，我们编写了本书。

本书在编写过程中根据电脑组装、维护与故障排除的初学者学习习惯，采用由浅入深、由易到难的方式讲解，读者还可以通过随书赠送的多媒体视频教学光盘来学习。全书结构清晰，内容丰富，主要内容包括以下 5 个方面的内容。

认识电脑

本书第 1 章，介绍了初步认识电脑的相关知识，包括电脑的硬件系统、软件系统、电脑的基本硬件和外部设备等几方面的内容。

选购与组装电脑

本书第 2 章～第 3 章，介绍了选购与组装电脑的相关知识，详细讲解了如何选购电脑的各个硬件设备和以精美的图例讲解如何将各个硬件设备组装成一个完整的电脑。

系统设置与安装

本书第 4 章～第 6 章，介绍了系统设置与安装的操作方法，包括 BIOS 设置与应用、硬盘的分区与格式化和安装 Windows 操作系统与驱动程序的相关知识及操作方法。

维护电脑硬件及操作系统

本书第 7 章～第 9 章，介绍了维护电脑硬件及操作系统的相关方法，包括测试计算机系统性能、系统安全措施与防范和电脑的日常维修与保养等方法。

电脑故障排除

本书第 10 章～第 13 章介绍了电脑故障排除的方法，包括电脑故障排除基础知识、常见软件故障及排除方法、电脑主机硬件故障及排除方法和电脑外部设备故障及其排除方法。

本书由文杰书院组织编写，参与本书编写工作的有李军、袁帅、许媛媛、王超、刘蕾、徐伟、罗子超、李强、蔺丹、高桂华、李统财、安国英、蔺寿江、刘义、贾亚军、蔺影、李伟、田园、高金环、周军等。

我们真切希望读者在阅读本书之后，可以开阔视野，增长实践操作技能，并从中学习和总结操作的经验和规律，达到灵活运用的水平。鉴于编者水平有限，书中纰漏和考虑不周之处在所难免，热忱欢迎读者予以批评、指正，以便我们日后能为您编写更好的图书。

如果您在使用本书时遇到问题，可以访问网站 http://www.itbook.net.cn 或发邮件至 itmingjian@163.com 与我们进行交流和沟通。

编　者

新起点 电脑教程

目　录

第 12 章 电脑主机硬件故障及排除方法

新起点 电脑教程

第1章

初步认识电脑

本章要点

- 电脑的硬件系统
- 电脑的软件系统
- 电脑的内置硬件
- 电脑的外置硬件

本章主要内容

本章主要介绍了电脑硬件和软件系统的基本知识，其涵盖了电脑的软件系统、电脑的基本硬件系统以及常用的外置硬件，详细介绍了电脑中的几个模块：中央处理器、存储设备、输入和输出设备；还介绍了系统软件、应用软件、内置硬件和外置常用硬件的相关知识，以便为日后的学习奠定扎实的基础。

1.1 电脑的硬件系统

电脑的硬件系统是电脑的基本构成，包括中央处理器、存储器、输入和输出设备。什么是中央处理器？存储器分几种类型？输入、输出设备都包括什么？本节会对相关知识进行详细的介绍。

1.1.1 中央处理器

中央处理器，英文名称为 CPU(Central Processing Unit)，是电脑三大核心部件之一。它负责运算处理和指挥电脑的全部工作，如图 1-1 所示。

图 1-1

1.1.2 存储器

存储器(Memory)是电脑的存储设备，用来存储程序和数据，是电脑的三大核心部件之一。存储器共分为：只读存储器(ROM)和随机存储器(RAM)。

- 只读存储器：存储内容是固定的，只能读出半导体存储器。只读存储器在计算机工作中只能读出，但存储数据稳定，不易丢失。
- 随机存储器：既能读出又能写入的半导体存储器。随机存储器在工作中可以快速改写，关闭电源和断电后数据会丢失。

1.1.3 输入设备

输入设备(Input Device)是人或外部与计算机进行交互的一种装置，输入设备包括键盘、鼠标、手写板、扫描仪、摄像头和游戏手柄等。电脑接收的数据包括文字、图像、声音和视频等全部都是由输入设备来完成的。字符输入设备：键盘；图形图像输入设备：鼠标、手写板、摄像头和扫描仪。

1.1.4 输出设备

输出设备(Output Device)是计算机的终端设备，输出设备也是一种人机交互装置，目的是将计算机所接收的文字、图像、声音和视频等显示出来。常见的输出设备包括显示器、打印机、音响和影像输出设备等。最为常见的就是显示器，如图 1-2 所示。

图 1-2

1.2　电脑的软件系统

电脑的软件系统包括系统软件和应用软件。其中系统软件是应用软件的载体，应用软件是系统软件的延伸，本节将介绍这两种软件的相关知识。

1.2.1　系统软件

系统软件是协调和控制软件与硬件运行的软件，系统软件是最基础的软件，它是连接应用软件与硬件之间的桥梁。常见的系统软件包括 DOS、Windows、Linux 和 UNIX OS/2 等，如图 1-3、图 1-4 所示，分别为 Windows XP 系统界面和 Windows 7 系统界面。

图 1-3

图 1-4

1.2.2　应用软件

应用软件是程序设计语言编写的软件，是为不同需求和不同领域提供扩展技能的软件，从而拓宽电脑的应用领域，放大电脑的硬件功能。常见的应用软件包括 Microsoft Office 系列、WPS 系列、Photoshop 系列、浏览器、下载软件、杀毒软件和输入法等，如图 1-5、图 1-6 所示，分别为 Photoshop 和 360 杀毒软件的界面。

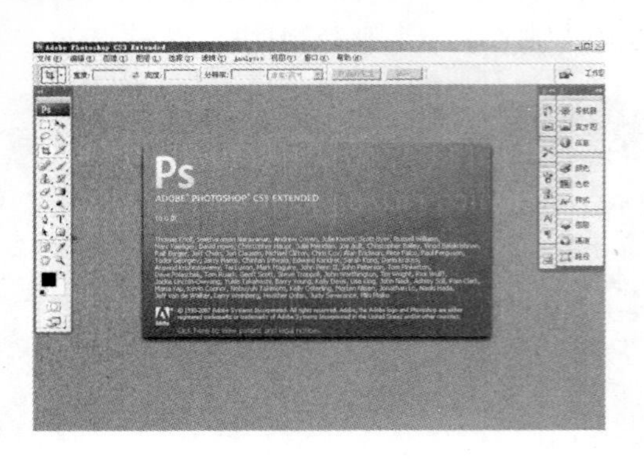
图 1-5

图 1-6

1.3 常见的电脑硬件设备

常见的电脑硬件设备基本包括主板、中央处理器、内存、硬盘、显卡、声卡、网卡、光驱、显示器、键盘、鼠标、机箱和电源等，本节将详细介绍有关电脑的硬件设备。

1.3.1 主板

主板又称主机板、系统板和母板，是电脑的重要组成部件之一。主板搭载了包括 BIOS 芯片、I/O 控制芯片、键盘和面板控制开关接口、指示灯插接件和扩充插槽等。同时也是其他硬件包括中央处理器、显卡、声卡和网卡等其他硬件的搭载体，主板如图 1-7 所示。

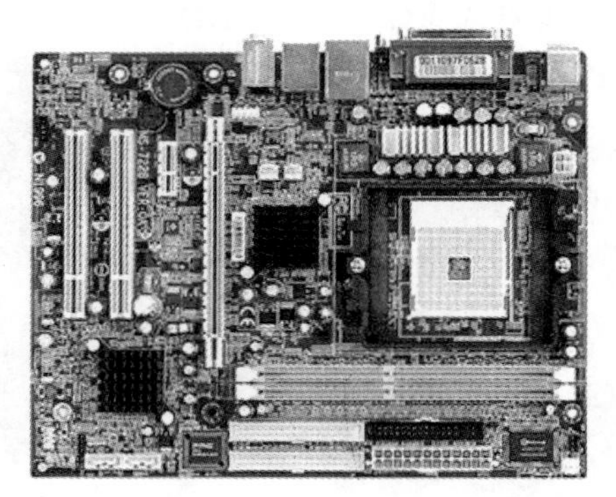
图 1-7

1.3.2 CPU

CPU 又称中央处理器，它是电脑的重要组成部分，是电脑的核心。它负责运算、处理和指挥电脑。CPU 由运算器、控制器和寄存器组成，CPU 正、反两面分别如图 1-8、图 1-9 所示。各部分主要功能介绍如下。

- 运算器主要负责算术运算操作、位移操作和逻辑操作等。
- 控制器主要负责接收命令、转译后发布需要执行的控制信号。

- 寄存器包括通用寄存器、专用寄存器和控制寄存器。其中通用寄存器是 CPU 的重要组成部分。

图 1-8

图 1-9

1.3.3　内存

内存也被称为内存储器，是计算机的重要部件之一。它是外存储器与 CPU 之间的桥梁。内存接收外部设备发出的数据中转交给 CPU，经过 CPU 运算后再通过内存发送出去。内存属于随机存储器，关闭电源或者断电后内存中的数据将会丢失，内存如图 1-10 所示。

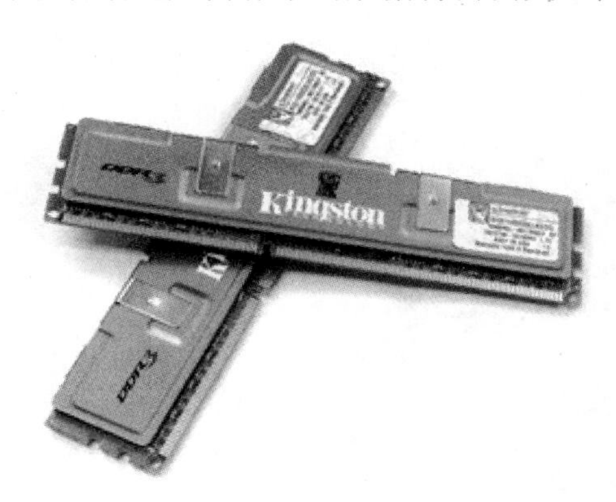

图 1-10

1.3.4　硬盘

硬盘是电脑中最重要的存储器，硬盘有容量大和稳定等特性。硬盘通常按照接口的不同来区分。硬盘的正、反两面如图 1-11、图 1-12 所示，各类硬盘的介绍如下。

- IDE 接口即俗称的 PATA 并口，IDE 是 Integrated Drive Electronics 的英文缩写。
- SATA 接口又称串口，在传输速率上比 IDE 接口有大幅提升(150MB/s)，而且具有更强的纠错能力。
- SATA II 接口比 SATA 接口在传输速率上提高一倍(达到 300MB/s)，不过相应地对其他硬件的要求也有提高。
- SATA III 接口相对于 SATA II 接口有一定改变，传输速率将能达到 6Gb/s。

图 1-11

图 1-12

1.3.5 显卡

显卡又称为显示适配器，显卡是将电脑所需的显示信息进行转换，并向显示器提供扫描信号，是人机交互的重要设备。显卡分为集成显卡和独立显卡两种，集成显卡和独立显卡分别如图 1-13、图 1-14 所示，具体介绍如下。

- 集成显卡是将芯片组和显示芯片集成在主板上。

  优点：集成显卡是集成的芯片，耗电少，发热量小和不必耗资再购显卡。

  缺点：相对性能较低，不能满足个性化需求。

- 独立显卡是将芯片和电路做在一块独立的电路板上。

  优点：不占系统内存，方便升级，性能突出。

  缺点：功耗大、发热量大和需要单独购买。

图 1-13

图 1-14

1.3.6 声卡

声卡又称音频卡，它是完成数字信号与声波转换的重要硬件之一。声卡将信号输出到耳机、音箱和扩音机等其他设备。声卡分为独立声卡和集成声卡分别如图 1- 15、图 1-16 所示，具体介绍如下。

- 独立声卡：早期主板多不配备板载声卡，需要独立选购。
- 集成声卡：随着 CPU 的性能强大，厂商为了降低用户成本，主流主板都有搭载声卡。

图 1-15

图 1-16

1.3.7　网卡

网卡又称网络适配器，是电脑与网络连接的媒介。网卡接收外界网络的数据包，将数据包拆包，然后转译成电脑可识别的数据；同时还可以将电脑的数据封包，发布到其他网络设备，如图 1-17 所示。

图 1-17

1.3.8　光驱

光驱是用来读取和写入光盘的设备，随着多媒体的广泛应用，光驱已经成为电脑众多配件中的标准配置。目前，光驱可以分为 CD-ROM 驱动器、DVD 光驱(DVD-ROM)、康宝(COMBO)和刻录机等，刻录机如图 1-18 所示。

图 1-18

1.3.9 机箱

机箱作为电脑配件的一部分，它的主要作用是放置和固定各电脑配件，起到支承和保护硬件的作用。此外，电脑机箱具有电磁辐射屏蔽的作用。机箱本身不能提高电脑的性能，但是机箱是一个极好的散热器，它可以为电脑的稳定运行起到相应的作用。机箱前面包括电源开关、状态指示灯、USB 接口、耳机插口和麦克风插口等，后面包括电源接口、鼠标接口、键盘接口和 USB 接口等，机箱内部包括电脑的核心设备，如 CPU 和主板等，如图 1-19 所示。

图 1-19

1.3.10 电源

电源是提供电脑电能的装置，将 220V 市电转换成不同的电压分别输出给主板、硬盘、光驱等计算机部件，如图 1-20 所示。

图 1-20

1.3.11 显示器

显示器是电脑的输出设备，文本、图片和视频文件都是通过显示器显示出来的。显示器分为 CRT 和 LCD 等，CRT 和 LCD 分别如图 1-21、图 1-22 所示，它们的区别如下。

- CRT 的主要五个组成部分，分别为电子枪、偏转线圈、荫罩、荧光粉层和玻璃屏幕。CRT 显示器的优点是可视角度大、无坏点、色彩还原度高、色度均匀、响应快和价格便宜等；缺点是体积大，相对笨重，现已淘汰。
- LCD 液晶投影机是液晶显示技术和投影技术相结合的产物。LCD 显示器的优点是重量轻、外观精致、信息量大和无电磁辐射等；缺点是响应较 CRT 慢和对比值低。

图 1-21

图 1-22

1.3.12 鼠标

鼠标又称鼠标器，因形似“老鼠”而得名。鼠标是电脑的输入设备，是电脑显示系统纵横坐标的指示器。鼠标的分类包括以下几种。

- 按照接口类型可分为串行鼠标、PS/2 鼠标、总线鼠标和 USB 鼠标。
- 按照工作原理可分为机械鼠标和光电鼠标。

通常鼠标分为有线鼠标和无线鼠标，无线鼠标多数为 USB 鼠标，USB 鼠标多数采用光电形式，有线鼠标和无线鼠标分别如图 1-23、图 1-24 所示。

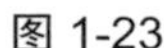

图 1-23　　图 1-24

1.3.13　键盘

键盘是电脑的输入设备，通过敲击键盘向电脑输入各种指令和数据，指挥电脑完成工作，例如，打字等。键盘从外形上区分，分为常用的 107 键标准键盘和为特殊领域设计的人体工程学键盘两种，如图 1-25、图 1-26 所示。

图 1-25

图 1-26

1.3.14　音箱

音箱是整个音响系统的终端，作用是把音频电能转换成相应的声能，并把它传递给我们。

音箱的性能高低对音响系统的放音质量起着关键作用。材料厚度及质量与音箱成本有直接关系，同时还影响音箱的性能。音箱外壳的材料密度越大，发出声音时箱体所产生的振动就越小，特别是带大功率放大器的有源音箱更是如此，而板材厚度在一定程度上是实现超低音效果的有力保障。音箱分为单体式音箱和分体式音箱两种，其中分体式音箱根据箱体个数的不同，可以分为 2.0 音箱、2.1 音箱、5.1 音箱和 7.1 音箱。2.1 音箱如图 1-27 所示。

图 1-27

1.4　常见的电脑外部设备

常见的电脑外部设备包括打印机、扫描仪、手写板、移动硬盘、U 盘和摄像头等。本节将介绍常见电脑外部设备的相关知识。

1.4.1　打印机

打印机是电脑的输出设备之一，它将电脑需要输出的信息，例如，图片和文本等打印到打印纸上的设备。它分为针式打印机，喷墨式打印机，激光打印机等。针式打印机通过打印机和纸张的物理接触来打印字符图形，而后两种是通过喷射墨粉来印刷字符图形的，如图 1-28 所示。

图 1-28

1.4.2 扫描仪

扫描仪是电脑的输入设备，扫描仪是通过捕获图像并将之转换成计算机可以识别的电子信号的外置设备。扫描仪分为滚筒式扫描仪、平面扫描仪和笔式扫描仪，平面扫描仪如图 1-29 所示。

图 1-29

1.4.3 手写板

手写板是电脑的输入设备，可以绘画、文字和光标定位。基于以上功能的手写板可以同时替代键盘与鼠标，成为一种独立的输入工具，如图 1-30 所示。

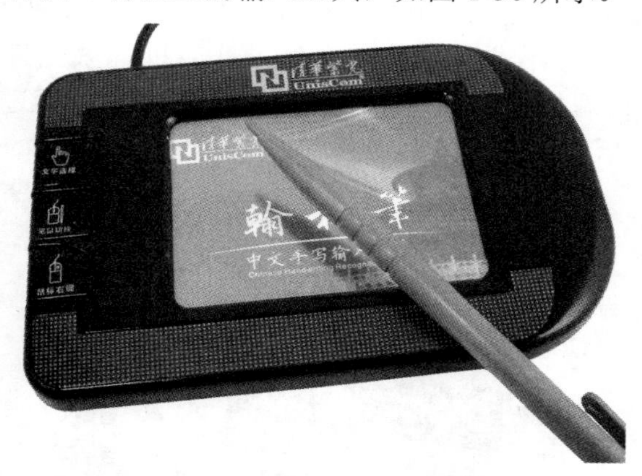

图 1-30

1.4.4 移动硬盘

移动硬盘是电脑的外部存储设备，具有容量大、体积小、速度快和使用方便等特点。因为采用硬盘为存储介质，因此移动硬盘在数据的读写模式与标准 IDE 硬盘是相同的。移动硬盘的尺寸分为 1.8 寸、2.5 寸和 3.5 寸，如图 1-31 所示。

图 1-31

1.4.5　U 盘

U 盘是电脑的存储设备，全称为 USB 闪存驱动器，通过 USB 接口与电脑相连接，实现即插即用。U 盘具有身材小巧便于携带、存储容量大、价格便宜和性能可靠等特点，如图 1-32 所示。

图 1-32

1.4.6　摄像头

摄像头是电脑的输入设备，通过 USB 接口连接电脑，如图 1-33 所示。摄像头分为需要安装驱动程序和免驱的两种，具体介绍如下。

- 需要安装驱动程序的摄像头适用于 Windows XP SP2 以下的操作系统，需要独立安装驱动程序，摄像头才可以正常工作。
- 免驱摄像头适用于 Windows XP SP2 以上的操作系统，不需要安装驱动程序，可以实现即插即用。

图 1-33

1.5 思考与练习

一、填空题

1. 中央处理器又称________，是电脑三大核心部件之一，负责________和指挥电脑的全部工作。

2. ________又称主机板、系统板和母板，是电脑的重要组成部件之一。主板搭载了包括________、________、________和________、指示灯插接件和扩充插槽等。

3. ________也被称为内存储器，是计算机的重要部件之一，是________与CPU之间的桥梁。________接收外部设备发出的数据转交给CPU，经过CPU运算后再通过内存发送出去。内存属于随机存储器，关闭电源或者断电后内存里的数据将会________。

4. ________是电脑的输出设备，文本、图片和视频文件就是通过________输出的。显示器分为________和________等。

5. ________是电脑的输出设备之一，是将电脑需要输出的信息，例如，图片和文本等打印在打印纸上的设备。它分为________，________，________等。针式打印机通过打印机和纸张的物理接触来打印字符图形，而后两种是通过________来印刷字符图形的。

二、判断题

1. 存储器分为：只读存储器(ROM)和随机存储器(RAM)。 ( )

2. 系统软件是协调和控制软件与硬件运行的系统，系统软件是最基础的软件，它是连接应用软件与硬件之间的桥梁。常见的系统软件包括DOS、Windows、Linux和Photoshop。 ( )

3. 显卡又称为显示适配器，显卡是将电脑所需的显示信息进行转换，并向显示器提供扫描信号。显卡可以分为集成显卡和独立显卡两种。 ( )

4. 光驱是用来读取和写入光盘的设备。目前光驱可以分为DVD光驱(DVD-ROM)、康宝(COMBO)和刻录机三种。 ( )

5. 电脑外部设备只有打印机、扫描仪、手写板、移动硬盘、U盘和摄像头。 ( )

三、思考题

1. 电脑常见的输出设备都有哪些？

2. 电脑常见的输入设备都有哪些？

第 2 章

选购电脑硬件设备

本章要点

- 📖 选购主板、CPU、内存、硬盘和显卡
- 📖 选购显示器、光驱驱动器
- 📖 选购键盘与鼠标、机箱与电源
- 📖 选购常用电脑配件

本章主要内容

本章主要介绍了选购主板、选购 CPU、选购内存、选购硬盘和选购显卡方面的知识与技巧，同时还讲解了选购显示器、选购光驱驱动器、选购键盘与鼠标和选购机箱与电源的知识与技巧。在本章的最后介绍了选购其他电脑常用配件的知识与技巧。通过对本章的学习，读者可以掌握选购电脑硬件方面的相关知识，为深入学习计算机组装、维护与故障排除奠定基础。

2.1 选购主板

主板在电脑中提供一系列接合点，供处理器、显卡、声效卡、硬盘、存储器、对外设备等设备接合。主板的类型和性能决定着整个电脑系统的类型和性能，主板是电脑的主体，更是电脑的核心部位，主板的性能影响着整个电脑系统的性能。

2.1.1 主板的分类

选购主板之前需要先了解主板，主板包括 CPU 插槽、内存插槽、芯片组、SATA 接口、PCI 插槽、PCI-E 插槽和 CMOS 电池。下面以最常见的 ATX 主板为例，如图 2-1 所示。

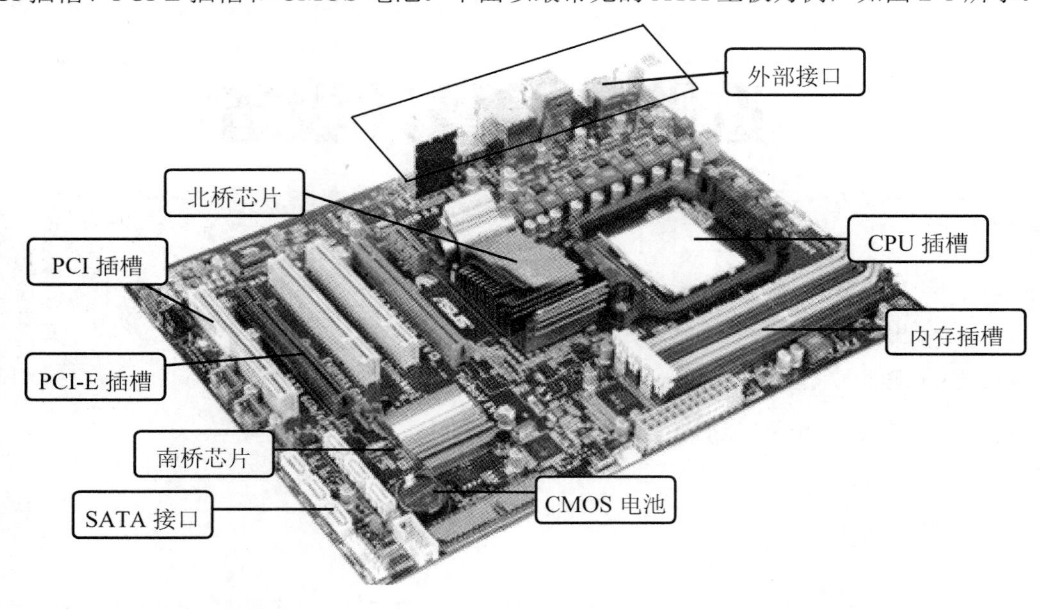

图 2-1

主板按结构分可以分为 AT 主板、Baby AT 主板、ATX 主板、一体化(All in one)主板、NLX Intel 主板和 BTX 主板。AT 主板和 Baby AT 主板属于比较早期使用的，现在已经淘汰。下面介绍以下几个结构的主板。

1. ATX 主板

ATX 主板是 AT 主板的改进型，它对主板上元件布局作了优化，有更好的散热性和集成度，需要配合专门的 ATX 机箱使用。ATX 主板采用 7 个 I/O 插槽、CPU 与 I/O 插槽和内存插槽，提高了主板的兼容性与可扩充性。它是目前的主流主板。

2. 一体化(All in one)主板

一体化(All in one)主板上集成了声音，显示等多种电路，一般不需再插扩展卡就能工作，

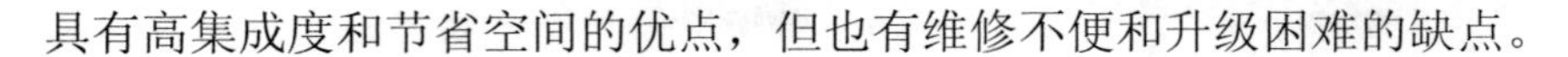

具有高集成度和节省空间的优点，但也有维修不便和升级困难的缺点。

3. NLX/Intel 主板

NLX/Intel 主板结构，最大特点是主板和 CPU 的升级灵活方便有效，不再需要每推出一种 CPU 必须更新主板设计，此外还有一些上述主板的变形结构。

4. BTX 主板

BTX 主板是 Intel 提出的新型主板架构，是 ATX 结构的替代者，这类似于 ATX 取代 AT 和 Baby AT 一样。革命性的改变是新的 BTX 规格能够在不牺牲性能的前提下做到最小的体积。新架构对接口、总线、设备都有新的要求。

2.1.2　主板的选购

主板是电脑的基本硬件也是最重要的硬件，所以选择主板需要考虑主板的 PCB 板材质、电容、整体布局和品牌，下面我们将详细介绍。

1. PCB 板

PCB 板是主板上所有原件的载体，以 ATX 主板为例，ATX 的全尺寸是 305mm×240mm，如果小于这个尺寸基本上就算是偷料板。另外板材的做工、平滑程度和薄厚也是衡量板材好坏的标准。

2. 电容

电容是储存电荷的容器，是主板比较重要的原件之一。电容对主板的稳定性影响较大，尤其是主板供电电路所使用的电容，这部分电容主要对输入电流做第一次过滤，如果这部分电容出现问题将直接影响电脑的稳定性。电容分为固态电容和液态电容两种。

- 固态电容全称为固态铝质电解电容，采用导电性高分子产品作为介电材料，该材料不会与氧化铝产生作用，通电后不会发生爆炸的现象。
- 液态电容全称液态铝质电解电容，主板在长时间使用中，过热导致电解液受热膨胀，导致电容失去作用甚至超过沸点导致膨胀爆裂。

3. 整体布局

如果一款主板布局零乱，实现某一功能的芯片和相应的电容电阻之类的元器件相隔较远，主板电路势必出现交叉和干扰，进而影响到系统的稳定性和超频能力。如果某些插槽和其他部件之间距离太近，可能会影响到内存或者显卡等部件的安装。

4. 品牌

和日常生活中的产品一样，品牌意味着产品的质量高低和服务的优劣，选购主板时也应关注品牌。目前，在电子市场上，有多个知名主板品牌，如华硕、技嘉和微星等，这些品牌的主板产品在业界都有着良好的口碑。

2.2 选购 CPU

CPU 也称中央处理器，是电脑的三大核心部件之一，选购一个好的 CPU 需要了解认识 CPU 和 CPU 的选购技巧，本节将详细介绍选购 CPU 的相关知识。

2.2.1 CPU 的性能指标

CPU 的性能指标包括主频、外频、前端总线频率、CPU 的位与字长、倍频、缓存、CPU 扩展指令集、CPU 内核和 I/O 工作电压，下面将分别予以详细介绍。

1. 主频

主频也称时钟频率，单位为 MHz 或 GHz，表示 CPU 运算和处理数据的速度，公式为“CPU 的主频=外频×倍频”。

2. 外频

外频为 CPU 的基准频率，单位为 MHz，决定主板的运行速度。

3. 前端总线频率

前端总线频率也称总线频率，可以影响 CPU 与内存直接进行数据交换的速度。

4. CPU 的位与字长

在电脑中采用二进制的数字，包含 0 和 1，其中的 0 和 1 都为 1 位；字长为电脑在单位时间内一次处理的二进制数的位数，如 32 位的 CPU 在单位时间内能够处理的字长为 32 位的二进制数，其中 8 位二进制数称为一个字节。

5. 倍频

倍频的全称是倍频系数，为主频与外频的相对比例关系。如果外频相同，倍频越高，外频越高。

6. 缓存

缓存 CPU 的重要指标之一，缓存的结构和大小对 CPU 有很大的影响，由于 CPU 面积和成本的因素，缓存占用的面积都很小。

7. CPU 扩展指令集

CPU 使用指令进行计算和控制系统，指令集是提高 CPU 效率的工具，指令集包括复杂指令集和精简指令集，扩展指令包括 Intel 的 MMX 和 AMD 的 3DNow!等，它用于增强 CPU 的多媒体、图形图像和 Internet 等的处理能力等。

8. CPU 内核与 I/O 工作电压

CPU 的工作电压包括内核电压和 I/O 电压，一般情况下，CPU 的内核电压小于或等于 I/O 电压，其中内核电压取决于其制作工艺，制作工艺越先进，功耗越低。

2.2.2 CPU 的主流产品

近年在 Intel 公司和 AMD 公司两大阵营，各自推出了性能强劲的 CPU。Intel 公司推出了立足主流市场 Core i3 系列、中端市场的 Core i5 系列和高端市场的 Core i7 系列；AMD 公司则推出了立足主流市场的 Phenom II X4 9XX 系列、中端市场 FX 系列。下面将详细介绍这几个 CPU 系列。

1. Intel

下面将详细介绍 Intel 公司的 Core i3 系列、Core i5 系列和 Core i7 系列。

- Core i7 系列处理器是英特尔于 2008 年推出的 64 位四核 CPU，沿用 x86-64 指令集，并以 Intel Nehalem 微架构为基础，取代 Intel Core 2 系列处理器。目前，它牢牢占领高端市场。
- Core i5 系列基于 Nehalem 架构的双核处理器，其依旧采用整合内存控制器，三级缓存模式，L3 缓存达到 8MB，支持 Turbo Boost 等技术的新处理器。 Core i5 采用的是成熟的 DMI(Direct Media Interface)，相当于内部集成了所有北桥的功能，采用 DMI 用于同南桥通信，并且只支持双通道的 DDR3 内存。目前，其占领了中端市场，与之抗衡的是 AMD 公司的 FX 系列。
- Core i3 系列可看作是 Core i5 的进一步精简版。最大的特点是整合 GPU，也就是说 Core i3 将由 CPU+GPU 两个核心封装而成。由于整合的 GPU 性能有限，用户想获得更好的 3D 性能，可以外加显卡。其目前占领低端主流市场，与之抗衡的是 AMD 公司的 Phenom II X4 9XX 系列。

2. AMD

下面将详细介绍 AMD 公司的 Phenom II X4 9XX 系列和 FX 系列。

- FX 系列中 FX-8350 性能尤为突出，接口类型为 Socket AM3+，核心类型 Piledriver 生产工艺为 32nm，核心数量为八核，主频 4.0GHz 支持 Turbo Core，动态加速 4.2GHz 二级缓存为 8MB，三级缓存为 8MB，支持通道模式双通道，支持内存频率 DDR3 1866MHz，工作功率 125W。目前其稳居中端市场，与之抗衡的是 Core i5 系列。
- Phenom II X4 955 作为 AMD 平台旗下的 2009 年新 45nm 平台 CPU，为 938 针脚。支持 Socket AM2+以及 Socket AM3 平台，该产品最初版本上功耗为 125W，CPU 上显示的编号为：HDX955FBK4DGM，为黑盒版，不锁倍频。但随着 Global Foundries 的制造工艺进一步成熟，于 2010 年第二季度推出了低功耗版本，功耗为 95W，产品编号确认为 HDX955WFK4DGM，在工艺上，它为了给更高端版本 X6 系列铺路，95W 版本锁定了倍频，从而超频性能大大降低，后因为市场反应不佳停止生产，恢复生产 125W 黑盒版本。随后通过工艺改良，推出了 C3 步进的版本。与之抗衡的是 Core i3 系列。

2.2.3 CPU 的选购技巧

CPU 是电脑的三大核心部件之一，所以 CPU 的选购需要注意不要盲目迷信某个品牌、仔细观察外包装、了解性能参数和个人需求。

1. 品牌

CPU 分为 Intel 和 AMD 两大品牌，总体上说 AMD 的中低端 CPU 在性价比上更具优势，Intel 的 CPU 则是在中高端上有着不俗的表现。

2. 外包装

首先要看外包装是否有破损和开封过的痕迹，然后可以校对外包装、说明书和 CPU 上条形码是否对应，最后可以检查说明书打印是否清晰。

3. 性能参数

由于 Intel 和 AMD 的 CPU 设计不同，所以在选购上也不一样。例如，AMD 的 CPU 对二级缓存不是那么依赖，所以不用盲目追求它的二级缓存。Intel 的 CPU 则要注重核心数和线程数。

4. 个人需求

在购买 CPU 的时候要清楚自己的需求，例如看电影、玩大型游戏、查阅资料还是工作需求。例如，现在很多 CPU 上都集成 GPU，如果只是看电影和翻查资料是没问题的，玩大型游戏的话就需要另外购买显卡了。

2.3 选购内存

内存也被称为内存储器，是计算机的重要部件之一。它是外存储器与 CPU 之间的桥梁，其作用是暂存 CPU 中的运算数据和硬盘等外部存储器交换来的数据。本节将详细介绍选购内存的相关知识。

2.3.1 内存的分类与性能指标

内存按照内存主频可以分为 DDR、DDR2 和 DDR3。目前，市面常见的是 DDR2 和 DDR3。相对于 DDR2，DDR3 有着很大的进步，下面将详细介绍。

1. 速度更快

预取机制从 DDR2 的 4bit 提升到 8bit，相同工作频率下 DDR3 的数据传输量是 DDR2 的两倍，这样 DDR3 的工作频率只有接口频率的 1/8，比如 DDR2-800 的工作频率为 800MHz/4=200MHz，而 DDR3-1600 的工作频率同样为 1600MHz/8=200MHz。

2. 更省电

DDR3 的电压从 DDR2 的 1.8V 降低到 1.5V，并采用了新技术，相同频率下比 DDR2 更省电，同时也降低了发热量。

3. 容量更大

DDR2 中有 4 Bank 和 8 Bank 的设计，目的是应对未来大容量芯片的需求，而 DDR3 起始的逻辑 Bank 就有 8 个，而且已为 16 个逻辑 Bank 做好了准备，单条内存容量大大提高。

2.3.2　内存的选购技巧

内存在电脑中有着承上启下的作用，所以在选购的时候应该注意以下几点。

1. 插槽

不同的主板搭载的内存插槽是不一样的，有的支持 DDR2，有的支持 DDR3，还有的两种都支持，所以在选购的时候要看清主板搭载的插槽类型。

2. 容量

内存的容量不是越大越好，如果使用的操作系统是 32 位的 Windows XP，4GB 的内存就显得大了。如果使用的操作系统是 Windows 7，那么 1GB 的内存就不够用了。

3. 外观

选购内存时要仔细观察内存的做工。PCB 板是否整洁，有无毛刺；内存颗粒上的字是否模糊，有没有打磨过的痕迹；金手指是否有严重的插拔痕迹等。

2.4　选 购 硬 盘

硬盘是电脑中的重要存储设备，它主要用于存放电脑运行所需要的重要数据和各种文件资料，本节将详细介绍选购硬盘的相关知识及技巧。

2.4.1　硬盘的分类与主流产品

硬盘是电脑中重要的部件之一，硬盘的品牌目前由希捷、西部数据、日立、东芝和三星等占领市场。包括 500GB、640GB、750GB、1TB、1.5TB、2TB、3TB 和 3TB 以上这几种容量。可以根据需求来选择硬盘容量的大小。目前，大型游戏和高清电影日渐增多的趋势来看 500GB～2TB 是不错的选择。下面将详细介绍硬盘的分类和主流产品。

1. 硬盘的几种分类

硬盘可以按照接口类型、外形尺寸、电路结构和用途分类，下面将详细介绍硬盘的分类。

> 按照接口分类：硬盘按接口不同，有 IDE、SATA、SATA II、SATA III 和 SCSI 等类型，前四种接口的硬盘主要用于个人电脑，SCSI 接口硬盘主要用于服务器。IDE 接口的硬盘已经要淘汰，目前，主流的硬盘接口为 SATA、SATA II。
> 按照外形尺寸分类：硬盘按外形尺寸有 3.5 英寸台式机用、2.5 英寸笔记本用和 1.8 英寸、1 英寸微型硬盘等，一般来说硬盘的尺寸越小，功耗越低，性能也越差，这主要因体积受限，考虑更多的是稳定性和散热性能。由于台式电脑有足够的空间，散热能力较强，因此一般采用 3.5 英寸的高性能、高转速硬盘。
> 按照电路结构分类：按数据的存储方式硬盘可以分为传统的机电一体式硬盘和新型的固态硬盘。
> 按照用途分类：另外硬盘还可以按照用途分为普通硬盘、服务器硬盘、企业级硬盘和军工硬盘等，它们的主要差别在于稳定性和平均无故障工作时间。

2. 硬盘的主流产品

硬盘的主流产品有希捷、西部数据和日立等，下面将详细介绍几款主流产品。

> 希捷 Barracuda 1TB 7200 转 64MB：适用于台式机，3.5 英寸，容量 1TB，缓存 64MB，7200 转，SATA 3.0 接口。

西部数据 WD 1TB 7200 转 32MB：适用于台式机，3.5 英寸，容量 1TB，缓存 32MB，7200 转，SATA 2.0 接口。

> 日立 Deskstar 7K3000 2TB 7200 转 64MB：适用于台式机，3.5 英寸，容量 2TB，缓存 64MB，7200 转，SATA 3.0 接口。
> 希捷 Constellation ES.2 企业级 3TB 7200 转 64MB：适用于台式机，3.5 英寸，容量 3TB，缓存 64M，7200 转，平均无故障时间 1200000 小时，接口速率 6Gbit/s，SATA 3.0 接口。

2.4.2 硬盘的性能参数

硬盘有很多的参数指标，包括硬盘的尺寸、硬盘的容量、硬盘的转数、硬盘的平均访问时间、硬盘的传输速率、硬盘的缓存、硬盘的连续无故障时间和噪声与温度等，下面将分别予以详细介绍。

1. 硬盘的尺寸

硬盘的尺寸包括，3.5 英寸、2.5 英寸、1.8 英寸、1.3 英寸、1.0 英寸和 0.85 英寸几种。目前，硬盘的尺寸主要有 3.5 英寸和 2.5 英寸两种。

> 3.5 英寸：目前用于台式机的标准配置。
> 2.5 英寸：广泛用于笔记本、一体机、移动硬盘和便携式硬盘播放器。

2. 硬盘的容量

硬盘的容量一般以 MB 或 GB 为单位，早期的硬盘容量很小，大多为几十兆，如今，随着电脑用户数据存储量的不断增多，硬盘容量也在不断地增大。目前，主流的硬盘容量为 500GB、1TB、2TB 等。

3. 硬盘的转数

硬盘的转数是硬盘内电机主轴的旋转速度，是硬盘盘片在一分钟内所能完成的最大转数。转速的快慢是标示硬盘档次的重要参数之一，它是决定硬盘内部传输率的关键因素之一，在很大程度上直接影响到硬盘的速度。

- 7200 转的硬盘：平均存取时间约为 14.2ms。
- 5400 转的硬盘：平均存取时间约为 15.6ms。

4. 硬盘的平均访问时间

平均访问时间是指磁头从起始位置到到达目标磁道位置，并且从目标磁道上找到要读写的数据扇区所需的时间。平均访问时间体现了硬盘的读写速度，它包括了硬盘的寻道时间和等待时间。

5. 硬盘的传输速率

传输速率硬盘的数据传输率是指硬盘读写数据的速度，硬盘数据传输率又包括了内部数据传输率和外部数据传输率。

6. 硬盘的缓存

缓存是硬盘控制器上的一块内存芯片，具有极快的存取速度，它是硬盘内部存储和外界接口之间的缓冲器。由于硬盘的内部数据传输速度和外界界面传输速度不同，缓存在其中起到一个缓冲的作用。缓存的大小与速度是直接影响到硬盘的传输速度的重要因素，能够大幅度地提高硬盘整体性能。

7. 硬盘的连续无故障时间

连续无故障时间是指硬盘从开始运行到出现故障的最长时间。传统的硬盘连续无故障时间一般在 10 万～20 万小时之间，固态硬盘的连续无故障时间则可以高达 200 万小时。

8. 噪声与温度

噪声与温度是传统硬盘的参数，当硬盘工作时产生的温度会使硬盘温度上升，如果温度过高，将影响磁头读取数据的灵敏度，因此表面温度较低的硬盘有更好的数据读、写稳定性。一般来说，主轴转速越高，硬盘的读写反应越快，同时噪声也越大，部分厂商采用降低主轴转速的方法来减少噪声，但这将降低硬盘的性能。

2.4.3　硬盘的选购技巧

硬盘是电脑中最主要的外部存储器，保存着用户的操作系统、应用软件和各种数据等。那么，选购硬盘时要根据个人需求选择稳定性和性能俱佳的产品。

1. 性能

硬盘的性能主要包括硬盘的外部接口速率、硬盘容量、缓冲区容量、内部接口速率、无故障工作时间、噪声和温度等。目前硬盘的主流接口为 SATA2.0；传统硬盘容量应在

500GB 以上，固态硬盘容量应该在 30GB 以上；缓冲区容量应该在 8MB 以上；目前，传统的硬盘多为 7200r/min。由于采用的技术差不多，其内部接口速率和无故障工作时间也相差不大，至于噪声和温度通常与性能成反比，用户需要在两者之间找到平衡点。

2. 硬盘用途

通常，我们所接触的硬盘有企业级硬盘和桌面级硬盘的区别，在购买时需要根据自己的使用情况来进行选择。

- 企业级硬盘是针对企业级应用推出的硬盘，性能、可靠性高，具备更高的容错性和安全性。主要应用在服务器、存储磁盘阵列、图形工作站等，有 SAS(串行 SCSI)、FC(光纤)、SATA 等接口。
- 桌面级硬盘主要针对家庭和个人用户，应用在台式机、笔记本电脑等领域，主要接口为 SATA、SATA 2.0 和 SATA 3.0。

3. 硬盘品牌

目前，生产传统硬盘的主要厂商有希捷、日立、东芝、西部数据和三星。固态硬盘的生产厂商，除了以上的生产厂商外，还有 IBM、Inter、金士顿、现代、威刚等生产厂。

4. 保修

目前，硬盘的保修一般最短为 1 年，部分硬盘能达到 3～5 年，但是需要注意的是，有些硬盘只有在第 1 年才能享有免费保修，超过后则需要付费或补差价换新的产品，同时几乎所有的硬盘对接口损坏和硬盘表面划伤故障将另外收取一定的费用，用户在选购时应注意向经销商询问详细的保修条款，以免发生不必要的纠纷。

2.5 选 购 显 卡

显卡，又称显示适配器，显卡是显示器与主机进行通信的接口，是电脑中不可缺少的部件。本节将详细介绍选购显卡的相关知识及技巧。

2.5.1 显卡的分类

显卡按照结构形式可以分为集成显卡和独立显卡两大类。集成显卡是指集成到主板上的显卡，一般没有单独的 GPU(独立的显示芯片)，主要的图形、图像的处理任务仍由 CPU 来完成，使用内存作为显示缓存。独立显卡是需要插在主板相应接口的显卡，一般有独立的 GPU 和显存。

2.5.2 显卡的选购技巧

显卡是电脑的重要组成部分，选购显卡时应考虑其用途、显存容量、显示芯片、显存位宽和品牌等方面，这样方可选购适合自己的显卡，下面将详细介绍选购显卡的方法。

1. 用途

由于不同人群使用显卡的作用不同，在选购显卡时应选购适合自己应用的显卡，如办公电脑、家庭电脑、网吧电脑和专业图形图像设计电脑，下面将分别予以详细介绍。

- 办公电脑：该电脑对显卡的要求比较低，可以处理简单的图像即可，在选购时，可以选购价格较低的显卡。
- 家庭电脑：家庭电脑一般用于上网、看电影和一些小游戏等，在选购时，可以选购中低档的显卡。
- 网吧电脑：网吧电脑中一般安装多种的网络游戏，对显卡的性能要求比较高，在选购时，最好选购集成显卡。
- 专业图形图像设计电脑：这类电脑中安装了图形图像的处理软件，如 Photoshop、CorelDRAW 和 3ds Max、Turbo Photo 和 AutoCAD 等，在选购时，应选择支持这些软件处理的显卡。

2. 显存容量

显存容量与位宽越大，显卡性能越好。市场中常见的显存容量包括 64MB、128MB、256MB、512MB、1GB 和 2GB 等，用户可以根据实际需求情况选择。64MB 和 128MB 已经较为少见，512MB 和 1GB 显存已经慢慢成为主流。

3. 显示芯片

显示芯片是显卡的核心部件，其性能直接影响显卡的性能。不同的显示芯片在性能及价格上都存在较大的差异，一款显卡需要多大的显存容量主要是由采用的显示芯片决定。

4. 显存位宽

显存位宽，即显示芯片处理数据时使用的数据传输位数。在数据传输速率不变的情况下，显存位宽越大，显示芯片所能传输的数据量就越大，显卡的整体性能也就越好。目前，主流的显卡的显示位宽一般为 256 位，很多高端显卡的显示位宽可高达 512 位。

5. 品牌

显卡的主流品牌包括 Intel、ATI、nVIDIA 等，其中 Intel、VIA 厂商主要产品为集成芯片；ATI 和 nVIDIA 厂商主要产品为独立芯片；Matrox 和 3D Labs 厂商主要针对专业图形处理用户。

2.6 选购显示器

显示器是电脑外部设备中非常重要的部件之一，是电脑的主要输出设备，用于显示电脑处理后的数据、图片和文字等，本节将详细介绍选购显示的相关知识及技巧。

2.6.1 显示器的分类

显示器是电脑的输出设备，有 19 寸、22 寸(通常 21.5 寸被含糊称作 22 寸)和 24 寸可供选择。按照成像原理可以分为 CRT 显示器和 LCD 显示器。

1. CRT 显示器

CRT 显示器的英文全称为 Cathode Ray Tube，翻译为中文是使用阴极射线管的显示器，阴极射线管包括电子枪、偏转线圈、荫罩、荧光粉层和玻璃外壳。在 CRT 显示器的荧光屏上涂有荧光粉，电子枪发射的电子通过偏转线圈加速后撞击到屏幕上，即产生了图像。CRT 纯平显示器具有可视角度大、无坏点、色彩还原度高、色度均匀、响应时间极短等特点。

2. LCD 显示器

LCD 显示器的英文全称为 Liquid Crystal Display，也称液晶显示器，采用液晶控制透光度技术实现色彩。液晶材料本身不发光，显示屏两边设有灯管，作为光源，在液晶显示屏背面包含背光板和反光膜，背光板由荧光物质组成，可以发射光线，提供均匀的背景光源。LCD 显示器具有体积小、耗电低和低辐射等特点。

2.6.2 显示器的选购技巧

显示器是用户每天都在使用的设备，因此它的质量和性能很重要，不同类型的显示器，在选购时需要考虑的因素也不同。

选购 LCD 显示器时应考虑亮度与对比度、可视角度、响应时间、分辨率、数字接口和坏点数，下面将分别予以详细介绍。

- 亮度与对比度：亮度和对比度对显示器的显示效果影响较大，一般 LCD 显示器的亮度在 300cd/m^2 以上，对比度在 500：1 以上。如果厂家宣称比其大很多，仅是暂时性的。
- 可视角度：LCD 显示器无法在每个角度都可以看清屏幕上的内容，在选购时需要挑选可视角度比较大的显示器，一般 19 英寸的 LCD 显示器，左右的可视角度都为 160°。
- 响应时间：显示时间应以人肉眼看不到拖尾现象为宜。
- 分辨率：在选购 LCD 显示器时，分辨率可以参说明书。
- 数字接口：LCD 显示器包括 VGA 接口和 DVI 接口，如果对画质的要求较高，在选购 LCD 显示器时，应考虑是否支持 DVI 接口。
- 坏点数：在屏幕上颜色不会发生任何变化的点，包括亮点或暗点，在选购 LCD 显示器时可以将屏幕设置为全黑检测亮点；将屏幕设置为全白检测暗点。

2.7　选购光盘驱动器

光盘驱动器简称光驱，是电脑的输入设备，用来读取和写入光盘。是台式电脑和笔记本电脑中比较常见的部件之一。目前，光盘驱动器已经成为电脑的标准配件之一。

2.7.1　光驱的分类

从读取光盘的种类及性能分类，光驱可分为 CD-ROM 驱动器、DVD 光驱(DVD-ROM)、DVD 刻录机、康宝(COMBO)、蓝光光驱(BD-ROM)和 HD-DVD 光驱等。

1. CD-ROM 驱动器

CD-ROM 驱动器的速率以“X 倍速”表示，其速率的标准有 2 倍速、4 倍速、8 倍速等，目前可达到 52 倍速。需要注意的是，在读取 CD-RW 光盘数据的时候，需要 24 倍数以上的 CD-ROM 驱动器才可以做到。

2. DVD 光驱

DVD 光驱是读取 DVD 光盘的驱动器，也可以读取 CD 和 VCD 光盘中的内容，包括 DVD-ROM、DVD-R、DVD-RAM 和 DVD-RW 等类型，并且对于 CD-I、VIDEO-CD、CD-G 等都能有很好的支持。

3. DVD 刻录机

可以读取 CD 和 VCD 光盘中的内容，包括 DVD-ROM、DVD-R、DVD-RAM 和 DVD-RW 等类型。同时还具有刻录光盘的功能，包括 DVD-RAM、DVD-R、DVD+R、DVD-RW、DVD+RW 和向下兼容刻录 CD-R 和 CD-RW。

4. 康宝

康宝，既具有 DVD 光驱的读取 DVD 的功能，又具有 CD 刻录机刻录 CD 的功能，因此取名为 Combo(意为结合物)，俗称康宝。现在由于 DVD 刻录机价格已经很低，很少有人还买康宝了。

5. 蓝光光驱

蓝光光驱，即能读取蓝光光盘的光驱，向下兼容 DVD、VCD、CD 等格式。

6. HD-DVD 光驱

HD-DVD 光驱是用来播放 High Definition DVD 的设备，2008 年宣布退出电子市场。

2.7.2　光驱的性能指标

光驱，现在成为必不可少的硬件之一，不同的光驱有着不同的标准。下面将对 DVD 光驱和 DVD 刻录机的指标做详细介绍。

1. DVD 光驱

DVD 光驱性能指标包括数据传输率、数据缓冲区、平均寻道时间和接口，下面将分别予以详细介绍。

- 数据传输率：也称光驱的倍数，DVD 光驱数据传输率单倍数为 1350KB/s，目前，常用光驱的倍数为 24X。
- 数据缓冲区：光驱内部的存储区，可以提高数据的传输率，减少光驱的读盘次数。
- 平均寻道时间：光驱的激光头从原位置移动到目标位置需要的时间，平均寻道时间越短，光驱的性能越好。
- 接口：使用 CD－ROM 的接口方式包括 IDE 接口、SATA 接口和 SCSI 接口两种，其中 IDE 和 SATA 接口是目前使用比较广泛的光驱接口方式，具有安装方便和价格便宜等特点；SCSI 的接口方式较 IDE 接口方式的光驱价格贵得多，需要 SCSI 接口卡支持，而且安装比较麻烦，具有稳定和 CPU 占用率低等特点，适合网络服务器的使用者使用。

2. DVD 刻录机

DVD 刻录机的性能指标包括倍数、缓存、防缓存欠载技术和刻录光盘的兼容性，下面将具体介绍 DVD 刻录机性能指标的知识。

- 倍数：刻录机包括写入速度、复写速度和读取速度 3 个倍数指标，其中写入速度是刻录机的重要参数，用于记录刻录机向刻录光盘写入数据的最大速度；复写速度用于记录刻录机对可擦写光盘的擦写速度；读取速度用于记录刻录机读取普通光盘的速度。
- 缓存：刻录数据时，数据先传送到刻录机的缓存中，再将缓存中的数据刻录在光盘上，如果缓存不够存放这些数据，将会出现因为数据中断而引起盘片报废的情况，目前常见的刻录机缓存包括 2MB、4MB 和 8MB 等。
- 防缓存欠载技术：这种技术可以消除因缓存不够而造成的费盘隐患，可以实时监视缓存的状态，如果缓存刻录停止，即可记录下停止的位置，当缓存重新填满时，可以从停止处继续刻录。
- 刻录光盘的兼容性：早期 DVD 刻录机只支持一种刻录光盘模式，例如：只支持 DVD-R 和 DVD-RW。随着科技的发展，全兼容的机型已经问世，支持 DVD-R 和 DVD-RW 的同时也支持 DVD+R 和 DVD+RW。

2.7.3 光驱的选购技巧

光驱已经成为必不可少的硬件之一，所以选购光驱可以根据需求不同而选择不同的光驱使用。下面以刻录机和蓝光光驱为例介绍一下选购的技巧。

1. 刻录机

选购刻录机可以从稳定性、缓存和兼容性考虑，下面将详细介绍刻录机的选购技巧。

- 稳定性：刻录机的稳定性是厂商一直在追求的，DVD 刻录光盘容量很大，刻录时间长，如果不稳定容易使光盘坏掉。刻录机的刻录倍速也是稳定性的重要指标。一些大牌厂商产品的稳定性是比较好的。
- 缓存：光驱的缓存也是选择条件之一，缓存越大刻录光盘的成功几率越高。目前来看 8MB 的缓存是主流选择。
- 兼容性：目前，市场可以买到的刻录光盘有七种 DVD-RAM、DVD-R、DVD+R、DVD-RW、DVD+RW、CD-R 和 CD-RW。选择兼容性好的 DVD 刻录机十分重要，最主要的是根据需求选择合适的刻录机。

2. 蓝光光驱

选购蓝光光驱可以从品牌、光驱倍数、稳定性、噪声和减震考虑，下面将详细介绍蓝光光驱的选购技巧。

- 品牌：尽量选择口碑较好的大厂商的产品，在服务和售后能得到相应的保障。
- 光驱倍速：蓝光刻录机有 6X、8X、10X 和 12X，用户可以根据个人需求选择相应倍速的产品。
- 稳定性：尽可能选择全钢机芯，使用寿命长，稳定性好。
- 噪声和减震：减少噪声和振动可以使光盘运转顺畅，提高读取速度。

2.8　选购键盘与鼠标

键盘和鼠标是最常见的计算机输入设备，选购键盘和鼠标时，应掌握一定的技巧，确保选购适合自己的键盘和鼠标，本节将详细介绍选购键盘与鼠标的相关知识。

2.8.1　键盘的选购技巧

键盘是电脑的输入设备之一，在人机互动上起到了很大的作用，文字录入上有着无可取代的地位。下面介绍键盘的选购技巧。

1. 键盘手感

选择键盘首先需要自己亲手触摸，只有亲自触控过的键盘，你才知道键盘的手感是怎么样的。

2. 键盘布局

键盘一般分为 104 键、107 键和人体工程学键盘，104 键和 107 键是家用电脑最常见的，还有一些是在 104 键和 107 键基础上添加快捷键的键盘，可根据使用需求进行选择。

3. 生产工艺

键盘整体整洁、平滑、无毛刺。观察键盘上字母是否清晰，有的是激光雕刻，有的是油墨印刷。激光雕刻是平滑的而且不易脱色，而油墨印刷的字母有微微凸起，易掉色。

4. 键盘接口

键盘接口市面上只有 PS/2、USB 接口两种。

PS/2 接口属于传统接口，中规中矩；USB 接口是新兴接口方式，安装方便；只是后者价格稍贵，可根据需要自行选择。

5. 键盘品牌

同等触感和质量的前提下，尽量选择大品牌厂商生产的键盘。大品牌厂商的键盘售后会有保障。

2.8.2 鼠标的选购技巧

鼠标是电脑的输入设备之一，选购鼠标之前要确定鼠标的使用范畴，下面将介绍鼠标的选购技巧。

1. 持握感

鼠标的持握感决定了手的舒适程度，一个持握感好的鼠标，长时间使用也不会感到手酸，减少了鼠标对手的伤害。

2. 功能

3D 鼠标、4D 鼠标、5D 鼠标乃至 6D 鼠标，鼠标的功能日趋强大，每款鼠标都有特殊的功能，需要根据需求选择。

3. 接口

鼠标接口市面上有 PS/2、USB 接口两种，其中 USB 包括无线鼠标。PS/2 接口属于传统接口，中规中矩；USB 接口是新兴接口方式，安装方便；而无线鼠标除了安装方便之外更有摆放随意的特点。只是后两者价格稍贵，可根据需要自行选择。

4. 外观

至于鼠标外观见仁见智，最好能与主机相配，统一感会更好。

5. 品牌

鼠标的品牌也是选择鼠标的关键，一个著名品牌的鼠标总是能给人一定安全感，例如，罗技、双飞燕、微软和雷蛇等。

2.9 选购机箱与电源

机箱主要用于固定电源、主板、硬盘和附加的显卡、声卡等设备，电源可以向电脑中的所有部件提供电能。本节将详细讲解选购机箱与电源的相关知识。

2.9.1　机箱的选购技巧

机箱不仅仅是用来固定硬件，还有屏蔽辐射、散热和保护硬件的作用。下面详细介绍一下机箱的选购技巧。

1. 看大小

机箱并非大就好，重要的是能与主板以及其他硬件匹配。

2. 看工艺

机箱工艺先看各个边是否垂直，一般的机箱都已经做到了这一点；手动拆卸机箱板，看安装是否顺畅；用手触摸机箱内部的金属边缘，如果触感毛糙或者锋利，这是机箱没卷边，可以放弃选择，以免日后维护时划破手。

3. 看用料

机箱材质需要手动去测试，卸下机箱板，重量越重越好；然后晃动机箱板，体验机箱板的薄厚度，厚重的机箱板相对较好；仔细观察机箱板的喷漆是否粗糙。

4. 看内部

一个好的机箱还要有散热和防辐射的功能。散热功能需要多个机箱对比，哪个散热布局更合理。防辐射是与健康息息相关的，每个机箱内部都会有防磁触点，不是每个电源位置和光驱位置都有防磁弹片和触点。

2.9.2　电源的选购技巧

电源的选购也是十分重要的，选购电源时应从电源的重量、变压器、风扇以及线材和散热孔等方面考虑，下面将具体介绍选购电源的相关知识及技巧。

1. 电源的重量

电源一般从重量上就能分辨出好坏，好的电源多数使用精钢材质，材质好且厚重。好电源使用的散热片应为铝制甚至铜制的散热片，而且体积越大散热效果越好。

2. 电源的变压器

电源的关键部位是变压器，简单的判断方法是看变压器的大小。一般变压器的位置是在两片散热片当中，在电源中直立电容的旁边，会有一个黑色的桥式整流器，有的则是使用 4 个二极管代替。就稳定性而言，桥式整流器的电源的稳定性是比较好的。

3. 电源的风扇

风扇在电源工作过程中，对于散热起着重要的作用。

散热片只是将热量散发到空气中，如果热空气不能及时排散，散热效果必将大打折扣。风扇的安排对散热能力起着决定作用。

4. 电源的线材和散热孔

电源所使用的线材粗细，与它的耐用度有很大的关系。较粗的线会比较经久耐用。另外在电源的外壳上会有或多或少的散热孔，除了风扇的散热外，散热孔的合理程度也是考虑的范围。

2.10 选购常用电脑配件

常用的电脑配件包括电脑音箱、电脑摄像头、耳麦、无线路由器和无线网卡。下面将详细介绍选购这些设备的相关知识和技巧。

2.10.1 选购电脑音箱

电脑音箱是电脑重要的输出设备之一，选购音箱的时候应该从材质、音质、重量和品牌这几个方面考虑，下面将介绍音箱的选购技巧。

1. 看材质

音箱的材质通常分为塑料和木质两种。

➢ 塑料材质的音箱造型精美，但音质不如木质音箱好，价格上会有优势。
➢ 木质材质的音箱造型多古朴、高贵。音质非常好。价格相对贵一些。

2. 听音质

音箱的音质好坏取决于材质，也取决于音箱的数量。

➢ 2.0 音箱突出的是中高音，适合聆听发烧歌曲。
➢ 2.1 音箱体现的中高音和低音的结合，现在电脑音箱多数是 2.1 音箱。
➢ 5.1 音箱在听觉享受上是无与伦比的，高清电影等。不过需要高端声卡的支持。

3. 掂重量

好的音箱在重量上会沉甸甸的，这是采用了相对好的材质的缘故。

4. 选品牌

拥有一个售后服务好的品牌，也是一个好的音箱的重要标准，例如漫步者、惠威、麦博和三诺是不错的品牌选择。

2.10.2 选购摄像头

摄像头是电脑的输入设备，常用在通信软件。选购摄像头应该从镜头、像素、分辨率、传输速度和品牌这几个方面考虑。

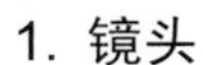

1. 镜头

镜头是摄像头的主要组成部分，镜头的感光元件可以分为 CMOS 和 CCD 两种。

- CMOS：CMOS 制造工艺也被应用于制作数码影像器材的感光元件(常见的有 TTL 和 CMOS)，尤其是篇幅规格较大的单反数码相机。其成本和功耗都低于 CCD。
- CCD：CCD 广泛应用在数码摄影、天文学，尤其是光学遥测技术、光学与频谱望远镜，和高速摄影技术，如 Lucky imaging。CCD 在摄像机、数码相机和扫描仪中应用广泛。CCD 成像清晰，但成本和功耗都高于 CMOS。

2. 像素

像素是衡量摄像头质量的主要指标，是判断摄像头优劣的重要标准。理论上摄像头的像素越高越好。因为像素越高，摄像头解析图像的能力越强。

3. 分辨率

分辨率是摄像头分辨和解析图像的能力，其包括照片静态解析度和视频动态解析度。

- 照片静态解析度是在静止状态下，摄像头的解析和分辨能力，就是照相。
- 视频动态解析度是在动态状态下，摄像头的解析和分辨能力，就是录像。

4. 传输速度

摄像头的捕获能力，是否在最高分辨率下尽可能地接近 30 帧/秒。

5. 品牌

一个好的售后服务，对摄像头来说也是很重要的。一些大品牌的厂商包括罗技、蓝色妖姬、视视看、天敏和极速都是不错的选择。

2.10.3　选购耳麦

耳麦是电脑的输出设备，功能与音箱相近。耳麦分为入耳式、挂耳式和头戴式。

选购耳麦可以考虑从音质、材质、灵敏与抗阻和品牌方面来考虑，下面介绍耳麦的选购技巧。

1. 音质

一款好的耳麦在音质上不光有着突出的低音，更要兼顾高音和中音的效果。

2. 材质

好的耳麦的材质是手感细腻、舒适的。外观字体清晰、柔和、辨识度高。

3. 灵敏与抗阻

灵敏度数值越大，耳机越容易出声，越好推动；阻抗则相反，数值越大，越难以驱动。

4. 品牌

一款耳机的售后服务也是重要的选择标准。一些大品牌厂商的产品，如森海塞尔、索尼、铁三角、硕美科和飞利浦都是不错的选择。

2.10.4 选购无线路由器

由于网络的升级与发展，无线路由器已成为必备设备之一。选购无线路由器可以从覆盖范围、防火墙、天线数量和品牌考虑。下面将介绍无线路由器的选购技巧。

1. 覆盖范围

无线路由器，是可以连同无线设备的路由器，在无线路由器的一定范围内都可以连同无线信号，一般设备都可以达到室内 50m，室外 200m 以上的覆盖范围。当然设备会因为环境的不同增减信号。

2. 防火墙

防火墙是路由器的必备软、硬件。一般企业会用硬件防火墙；而家用一般路由器都会集成软件防火墙。防火墙是最低端的保护用户信息不被入侵以至于损坏的保障。

3. 天线数量

在理论上无线路由器的天线数量越多，无线路由发出的无线信号越强。

4. 品牌

拥有好的售后服务的无线路由器，才是品质的保障。一些大厂商的品牌包括 TP-LINK、D-Link、腾达、华为和水星都是不错的选择。

2.10.5 选购无线网卡

无线网卡是终端无线网络设备，采用无线信号进行数据传输的终端。无线网卡的选购需要考虑接口类型、天线类型、稳定性和品牌这几个因素，下面将介绍无线网卡的选购技巧。

1. 接口类型

无线上网卡主要采用 PCMCIA、CF 以及 USB 接口。

- PCMCIA 得到几乎所有笔记本电脑的支持。
- CF 接口比 PCMCIA 接口更加小巧，而且通过转接器就能转换成 PCMCIA 接口，因此这也被誉为是无线上网卡的最佳接口。
- USB 接口多适用于台式电脑和笔记本电脑，更偏向于台式电脑。

2. 天线类型

无线网卡天线分为可伸缩式、可分离拆卸式以及固定式。

- 伸缩式：不使用时可以收起来，不影响美观。
- 可分离拆卸式：避免损坏，方便购买备用天线。
- 固定式：软天线可以折起来，硬天线要注意保管。

3. 稳定性

散热不好容易影响无线网卡的稳定性。如果无线网卡长时间使用，散热性不好的话会影响无线网卡的使用寿命，从而影响无线网卡的稳定性。

4. 品牌

同样的无线网卡品牌也是重要的选择标准，一些大品牌厂商的产品包括 TP-LINK、D-Link、水星、腾达和华硕都是不错的选择。

2.11　思考与练习

一、填空题

1. 主板在电脑中提供一系列接合点供处理器、显卡、声效卡、硬盘、存储器、对外设备等设备________。主板的类型和性能决定着整个电脑系统的类型和性能，主板是电脑的主体，更是电脑的核心部位，________的性能影响着整个电脑系统的性能。

2. ________是电脑中重要的部件之一，包括 500GB、640GB、750GB、________、1.5TB、________、3TB 和 3TB 以上几种容量。

3. 显卡按照结构形式可以分为________和________两大类。集成显卡是指集成到主板上的显卡，一般没有单独的 GPU(独立的显示芯片)，主要的图形、图像的处理任务仍由 CPU 来完成，使用内存作为显示缓存。独立显卡是指查到主板专用扩展插槽的独立板卡，一般有独立的 GPU 和________。

二、判断题

1. 显示器按照成像原理可以分为 CRT 显示器和 LCD 显示器。　(　　)

2. 从读取光盘的种类及性能分类，光驱可分为 DVD 光驱(DVD-ROM)、DVD 刻录机、康宝(COMBO)、蓝光光驱(BD-ROM)和 HD-DVD 光驱等。　(　　)

3. 键盘接口市面上只有 PS/2、USB 接口两种，其中 USB 包括无线键盘。PS/2 接口属于传统接口，中规中矩；USB 接口是新兴接口方式，安装方便。　(　　)

三、思考题

1. 内存按照内存主频划分可以分为那几类？

2. 硬盘的尺寸都有那几个？常见的是哪些？

新起点电脑教程

第 3 章

动手组装电脑

本章要点

- 电脑组装前的准备工作
- 安装电脑的基本硬件设备
- 连接机箱内的电源线
- 连接机箱内控制线和数据线
- 连接外部设备

本章主要内容

本章主要介绍了如何动手组装电脑的方法与技巧，包括了安装电脑的基本硬件、连接机箱内的电源线、连接机箱内控制线和数据线，以及连接外部设备的方法与技巧。通过对本章的学习，读者可以掌握动手组装电脑方面的知识，为深入学习计算机组装、维护与故障排除奠定基础。

3.1 电脑组装前的准备工作

在动手组装电脑之前，首先要了解会使用到哪些常见的装机工具，熟悉正确的装机流程以及组装电脑需要注意的具体事项，本节将详细介绍电脑组装前的准备工作相关知识。

3.1.1 常见的装机工具

组装一台电脑，首先需要准备常见的装机工具，包括螺丝刀、尖嘴钳、导热硅脂、镊子和万用表以及一些其他常用工具，下面将分别予以介绍。

1. 螺丝刀

螺丝刀是用来固定机箱内外螺丝的工具，螺丝刀通常分为十字形螺丝刀和一字型螺丝刀，比较常见的是十字形螺丝刀，十字形螺丝刀和一字型螺丝刀分别如图 3-1、图 3-2 所示。

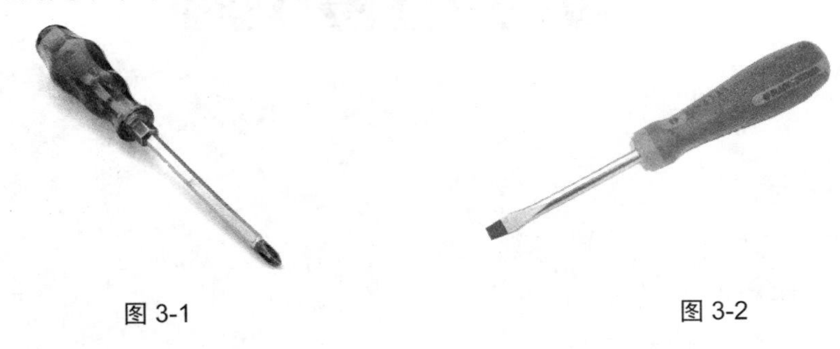

图 3-1　　图 3-2

2. 尖嘴钳

尖嘴钳可以用来剪切线径较细的单股或多股线，包括绝缘材料等，是电工经常使用的工具之一，在装机中使用尖嘴钳，用来夹取机箱中的挡片或铁皮等，如图 3-3 所示。

3. 导热硅脂

导热硅脂俗称散热膏，导热硅脂以有机硅酮为主要原料，添加耐热、导热性能优异的材料，制成的导热型有机硅脂状复合物，用于功率放大器、晶体管、电子管、CPU 等电子元器件的导热及散热，从而保证电子仪器、仪表的电气性能的稳定，如图 3-4 所示。

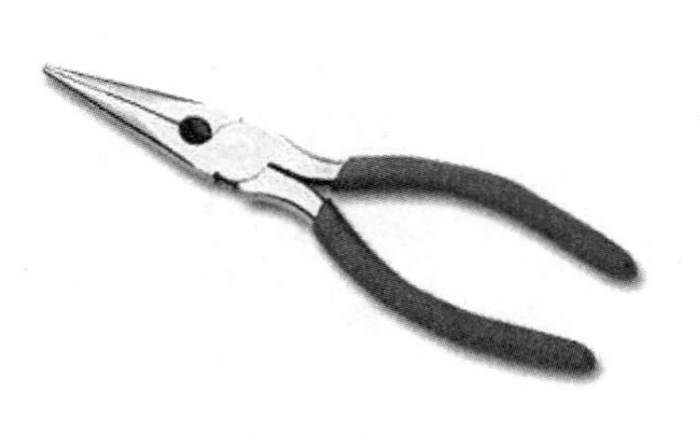

图 3-3

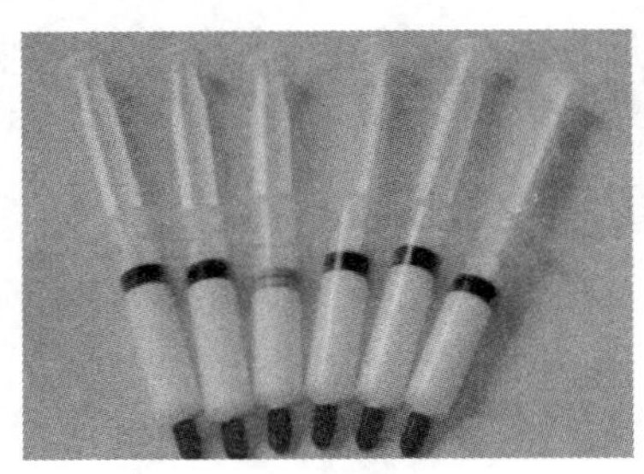

图 3-4

4. 镊子

镊子在装机中的作用是夹取细小的零部件跳线帽或者螺丝等，镊子通常可以分为直头镊子、平头镊子和弯头镊子，如图 3-5 所示。

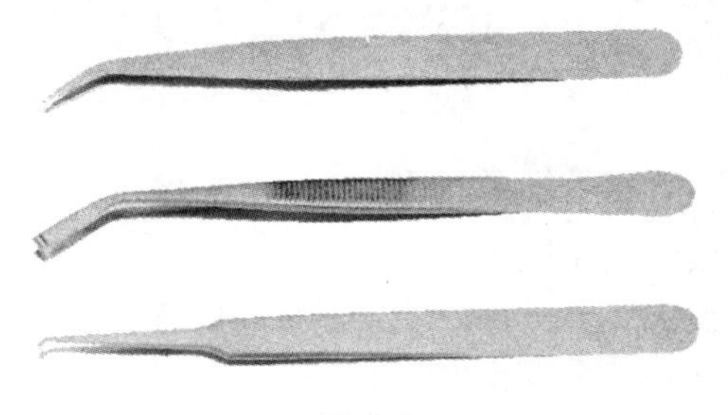

图 3-5

5. 万用表

万用表又叫多用表、三用表、复用表，是一种多功能、多量程的测量仪表，一般万用表可测量直流电流、直流电压、交流电压、电阻和音频电平等，有的还可以测量交流电流、电容量、电感量及半导体的一些参数，万用表通常分为数显万用表和指针万用表两种，分别如图 3-6、图 3-7 所示。

图 3-6

图 3-7

3.1.2　正确的装机流程

电脑的组装包括硬件组装和软件安装两个方面，应按照正确地步骤，有条不紊地进行安装，下面将分别予以详细介绍硬件的组装流程和软件的组装流程。

1. 硬件组装的正确流程

组装电脑的时候，按照正确的步骤进行，可以提高工作效率，以防止意外的发生，下面详细介绍硬件组装的正确流程，如图 3-8 所示。

(1)　安装 CPU/风扇：将 CPU 安装到主板上，然后安装 CPU 的散热风扇。

(2)　拆开机箱：将新机箱两侧的挡板拆下。

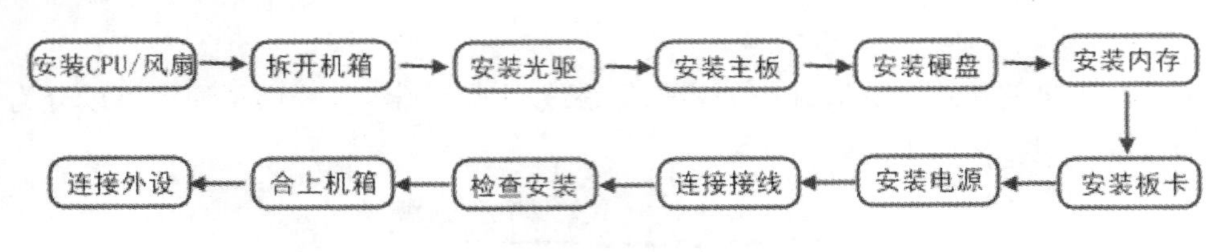

图 3-8

(3) 安装光驱：将光驱安装至机箱内光驱安装的位置上。

(4) 安装主板：将主板固定在机箱内部。

(5) 安装硬盘：将硬盘安装至机箱内硬盘安装的位置上。

(6) 安装内存：将内存安装至机箱内的主板上。

(7) 安装板卡：将显卡、声卡和网卡等扩展板卡安装至主板上。

(8) 安装电源：将电源安装至机箱内电源安装的位置上。

(9) 连接机箱连接线：即电源开关、复位开关、指示灯、PC 喇叭、前置音频和 USB 等，以及硬盘、光驱的电源线和数据线等。

(10) 合上机箱：检查安装以及连接正确无误后，规整机箱内的线材，然后把机箱挡板安装回机箱两侧。

(11) 连接外设：分别连接键盘、鼠标、显示器和音箱(或耳麦)，最后连接电源线。

2. 软件安装的正确流程

按照上述步骤即可完成电脑硬件的组装，然后开始安装软件，下面将详细介绍软件的安装流程，软件的安装可以参考以下流程，如图 3-9 所示。

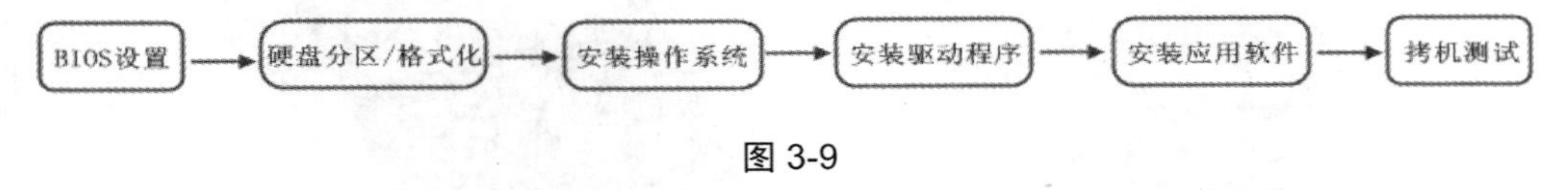

图 3-9

(1) BIOS 设置：进入 BIOS 设置界面，对系统进行初始化设置，并设置正确的引导启动顺序。

(2) 硬盘分区和格式化：硬盘使用前必须分区并且格式化，此项操作可以在操作系统安装时进行，也可以单独执行。

(3) 安装操作系统：安装 Windows XP、Windows 7、Windows 8 或者 Linux 等操作系统。

(4) 安装驱动程序：安装当前操作系统无法识别的硬件驱动程序，如主板、显卡、网卡等硬件。

(5) 安装应用软件：安装一些常用的软件，如办公软件、多媒体播放器和图形图像处理软件等。

(6) 拷机测试：进行对电脑性能以及稳定性检查，如果发现某些隐患，立即排除。

3.1.3 组装电脑的注意事项

准备工作做好以后，还应该注意阅读硬件说明书、消除静电、轻拿轻放和正确安装等事项，下面分别予以详细介绍。

1. 阅读硬件说明书

组装电脑之前，要仔细阅读主板、显卡和其他硬件的说明书，了解硬件接口以及插槽的正确安装方法、使用和连接方式，以及其他注意事项。

2. 消除静电

人体所携带的静电，可能会对敏感的电子元件或者某些板卡芯片有所损坏，因此在组装电脑的时候，首先要消除人体携带的静电。消除静电的方法有洗手并擦拭干净或者触碰其他金属物体，最好佩戴防静电手套。

3. 轻拿轻放

组装电脑的时候，一定要小心安装硬件，特别是 CPU 以及硬盘一类精密的硬件，轻微的震荡也许会损坏某个硬件。

4. 正确安装

安装硬件的时候一定要稳，以防板卡弯曲变形，电源线以及数据线连接的方式要正确，安装到位，插入彻底。插拔线材的时候，需要手把接头，不要强拉线体。安装板卡的时候需要注意，不要用手触摸金手指部位，以免留下汗渍，导致金手指氧化。

3.2　安装电脑的基本硬件设备

安装电脑硬件的基本设备包括打开机箱盖、安装电源、安装 CPU 及散热风扇、安装内存、安装主板、安装硬盘、安装光驱和显卡，下面将分别予以详细介绍。

3.2.1　打开机箱盖

在安装电脑之前，首先要打开机箱盖，才可以将其他硬件安装进去，下面将详细介绍打开机箱的具体操作步骤。

第 1 步 将机箱放置在桌面上，将机箱侧边的螺丝用手拧下，取下机箱的侧边盖，如图 3-10 所示。

第 2 步 这样即可打开机箱盖，完成了打开机箱盖的操作，如图 3-11 所示。

图 3-10

图 3-11

3.2.2 安装电源

打开机箱盖以后，首先要安装机箱电源，如果机箱内自带电源，则需要将其固定好，下面详细介绍安装电源的具体操作步骤。

第 1 步 在硬件中找到机箱的电源放置在桌子上，如图 3-12 所示。

第 2 步 找到机箱内的电源支架，用手托住机箱电源，按照机箱内的螺丝缺口，将其平稳地放入机箱内，如图 3-13 所示。

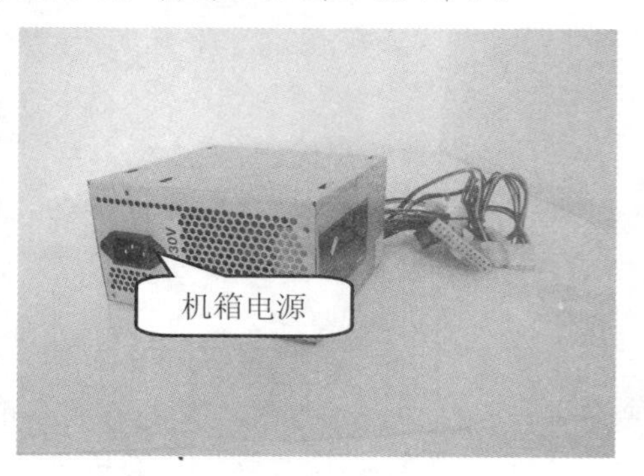

图 3-12

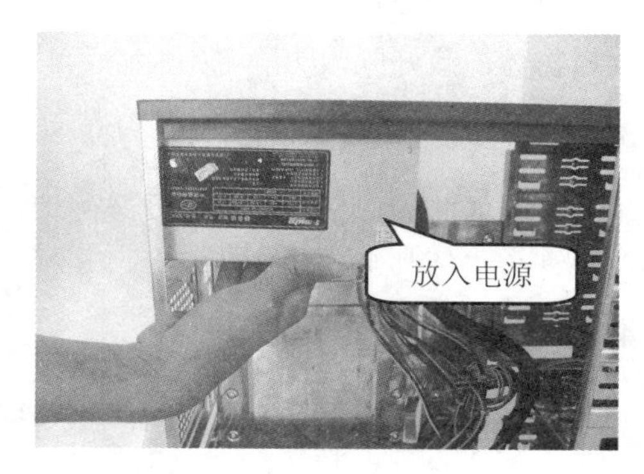

图 3-13

第 3 步 使用螺丝刀，拧紧机箱电源后部的螺丝，将机箱电源固定在机箱中，如图 3-14 所示。

第 4 步 通过以上方法即可完成安装机箱电源的操作，如图 3-15 所示。

图 3-14

图 3-15

3.2.3 安装 CPU 及散热风扇

安装完机箱电源之后，即可安装 CPU 及散热风扇，将其固定在主板上，下面将详细介绍安装 CPU 及散热风扇的操作步骤。

第 1 步 将主板放置在桌面上，在主板上找到 CPU 插槽，稍稍用力，将 CPU 插槽旁的拉杆下压，然后将其外拉，如图 3-16 所示。

第 2 步 将 CPU 与 CPU 插槽按照针脚对应，将 CPU 从 CPU 插槽的一侧，缓慢放入插槽中，如图 3-17 所示。

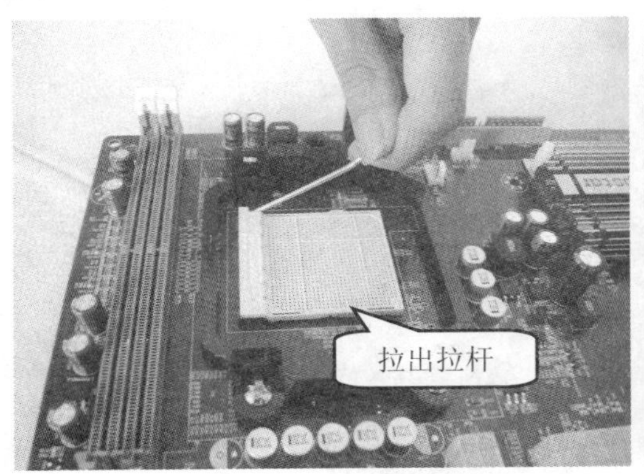

图 3-16

图 3-17

第 3 步 确认正确安装 CPU 之后，将拉杆轻轻下压，以确保将 CPU 固定，如果不能确认安装是否正确，则可以取下 CPU，查看针脚是否有弯曲、变形等现象，如果出现此现象，说明安装不正确，可以校正后重新安装，如图 3-18 所示。

第 4 步 这样就完成了 CPU 的安装，如图 3-19 所示。

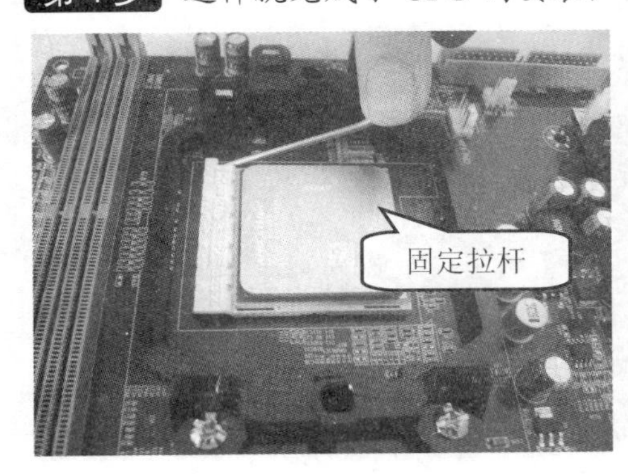

图 3-18

图 3-19

第 5 步 将 CPU 风扇从一侧对齐 CPU，安装至 CPU 上方，如图 3-20 所示。

第 6 步 将 CPU 风扇一侧的金属固定接口，固定在卡扣中，如图 3-21 所示。

图 3-20

图 3-21

第 7 步 在风扇的另一侧有塑料把手，将塑料把手轻轻推向另一端，以固定散热风扇，如图 3-22 所示。

第 8 步 这样就完成了 CPU 散热风扇的安装，如图 3-23 所示。

图 3-22

图 3-23

第 9 步 找到 CPU 风扇需要连接主板的电源接头，如图 3-24 所示。

第 10 步 找到主板上带有 CPU_FAN 字样的接口，如图 3-25 所示。

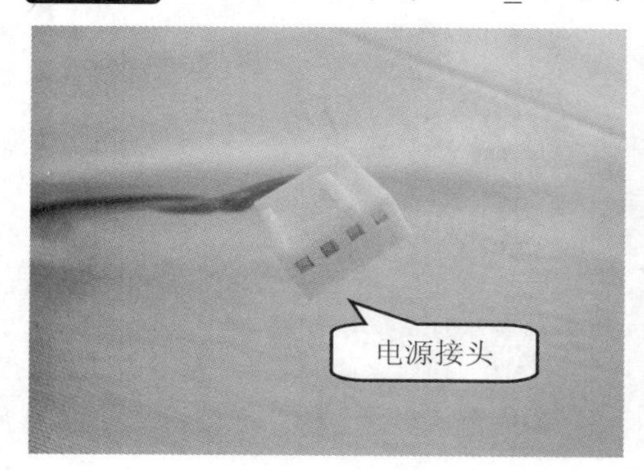

图 3-24

图 3-25

第 11 步 将 CPU 风扇的电源接头，正确连接到 CPU_FAN 接口上，如图 3-26 所示。

第 12 步 这样即可完成 CPU 及 CPU 散热风扇的安装，如图 3-27 所示。

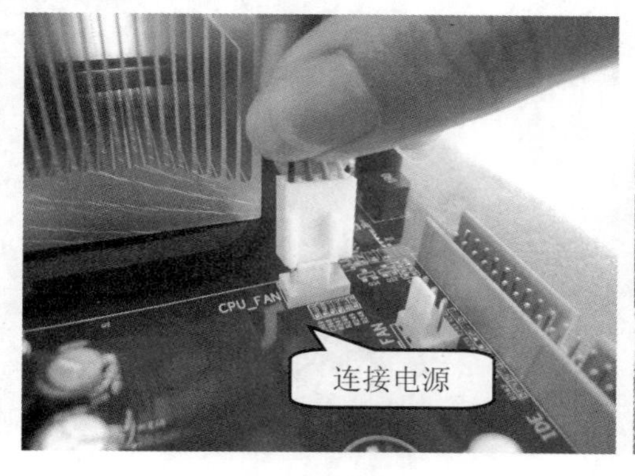

图 3-26

图 3-27

智慧锦囊

原装 CPU 风扇底部涂有硅脂，如果不是原装风扇，需要在 CPU 上均匀涂抹硅脂后再安装 CPU 风扇。

3.2.4　安装内存

内存是电脑中的主要部件，是电脑的存储器。一般主板上内存插槽的数量为 4 条或 6 条，可以组成双通道或三通道，下面将具体介绍安装内存的操作方法。

第 1 步　找到主板上的内存插槽，将内存插槽两侧的卡扣打开，如图 3-28 所示。

第 2 步　按照正确的方向，将内存与内存插槽对齐，两手同时均匀用力，在听到“啪”的一声之后，卡扣自动锁紧，即将内存固定在了内存插槽，如图 3-29 所示。

图 3-28

图 3-29

第 3 步　内存已经固定在主板的内存插槽中，这样就完成了安装内存的操作，如图 3-30 所示。

图 3-30

3.2.5　安装主板

机箱的侧面板上有不少孔用来固定主板，它们与主板的固定孔相对应，在把主板安装到机箱中之前，还需要做一些必要的准备工作，如调整固定主板的螺钉位置，查看后部的挡板是否适合主板接口，下面将具体介绍正确的安装操作步骤。

第 1 步 一般机箱后挡片与主板不符，使用尖嘴钳将挡片卸下，再用手取下挡片，如图 3-31 所示。

第 2 步 将主板附带的挡片取出，安装在机箱中卸载挡片的位置，如图 3-32 所示。

图 3-31

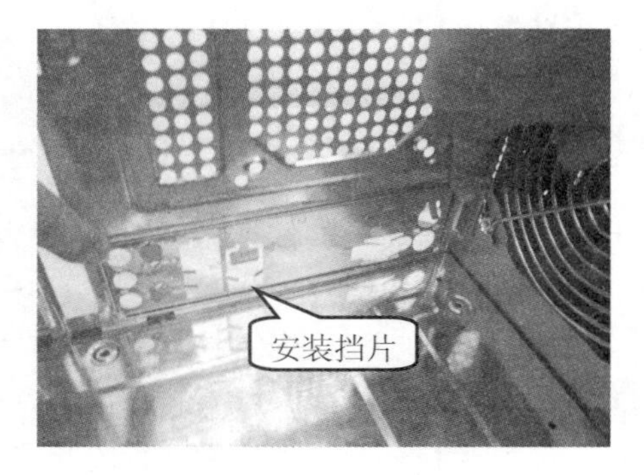

图 3-32

第 3 步 将挡片固定到机箱中后即可完成安装主板挡片的操作，如图 3-33 所示。

第 4 步 将机箱平放在桌面上，在机箱底部按照主板螺丝接口将铜质螺丝拧到机箱中，作为主板托架，如图 3-34 所示。

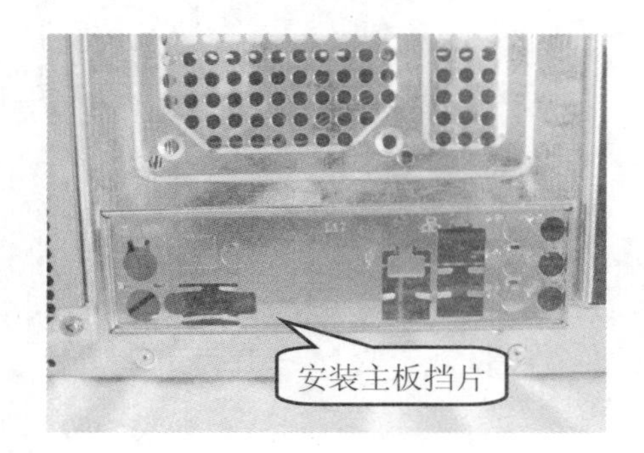

图 3-33

图 3-34

第 5 步 将主板接口一侧与挡片对应，并按照支架接口水平平稳地将主板放入到机箱内，如图 3-35 所示。

第 6 步 确定主板位置后，使用螺丝刀将主板固定，这样即可完成安装主板的操作，如图 3-36 所示。

图 3-35

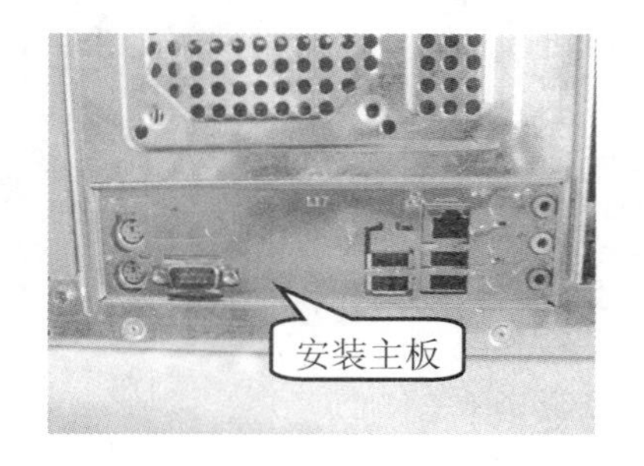

图 3-36

3.2.6　安装硬盘

将主板固定在机箱内以后，接下来需要安装硬盘，在安装硬盘的时候，需要注意硬盘的正反面，下面将详细介绍安装硬盘的具体步骤。

第 1 步 将硬盘放置在桌面，保证正面向上，如图 3-37 所示。

第 2 步 找到机箱内合适固定硬盘的支架，将硬盘正面向上，缓缓推入机箱的硬盘支架内，如图 3-38 所示。

图 3-37

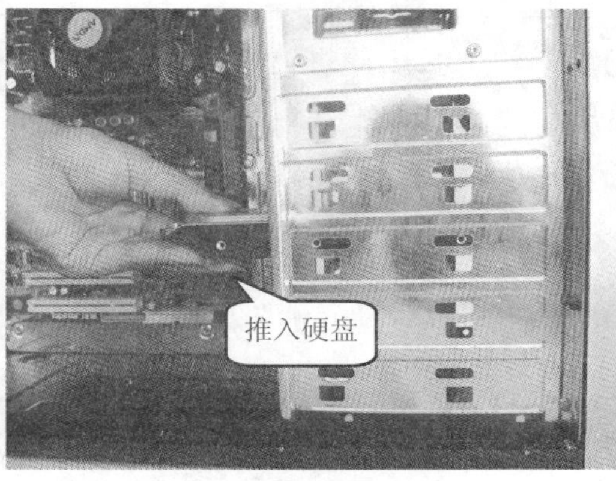

图 3-38

第 3 步 放置硬盘进入支架后，调整硬盘边对应的固定孔，拧紧两侧螺丝，以固定硬盘，如图 3-39 所示。

第 4 步 这样就完成了硬盘的安装操作，如图 3-40 所示。

图 3-39

图 3-40

3.2.7　安装光驱

安装硬盘之后即可安装光驱，安装光驱的方法与安装硬盘相似，下面将详细介绍安装光驱的具体步骤。

第 1 步 将光驱正面向上，缓缓推入光驱支架内，如图 3-41 所示。

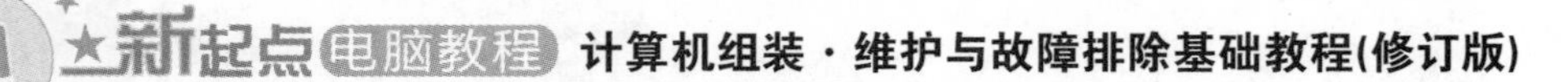

第 2 步 将光驱放入光驱支架后，调整光驱边对应的固定孔，拧紧螺丝以固定光驱，如图 3-42 所示。

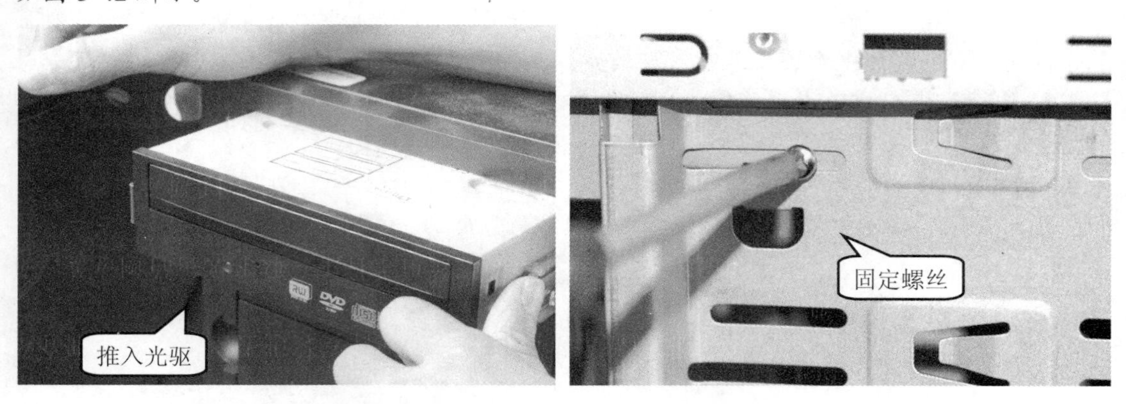

图 3-41　　　　图 3-42

第 3 步 光驱已被安装到机箱中，这样即可完成安装光驱，如图 3-43 所示。

图 3-43

智慧锦囊

光驱至少需要呈对角固定两面共 4 颗螺丝，最好固定全部的 8 颗螺丝，光驱固定螺丝为细纹螺丝，与硬盘的粗纹固定螺丝不同，两者不能混用。

3.2.8 安装显卡

在安装显卡之前，用户可以先看插槽是否能兼容准备安装的显卡，指定接口的显卡只能安装到主板的对应插槽内，例如 PCI-E 接口显卡只能安装到 PCI-E 插槽内，下面将具体介绍安装显卡的操作方法。

第 1 步 将显卡正面向上放置于桌面，用户可以看到显卡的散热片及风扇，如图 3-44 所示。

第 2 步 找到主板上对应显卡的插槽，如图 3-45 所示。

图 3-44

图 3-45

第 3 步 按照正确方向将显卡与卡槽对齐，双手同时均匀用力，将显卡固定在插槽内，如图 3-46 所示。

第 4 步 将显卡与机箱上的固定孔对齐，使用螺丝刀将螺丝固定，这样即可完成安装显卡的操作，如图 3-47 所示。

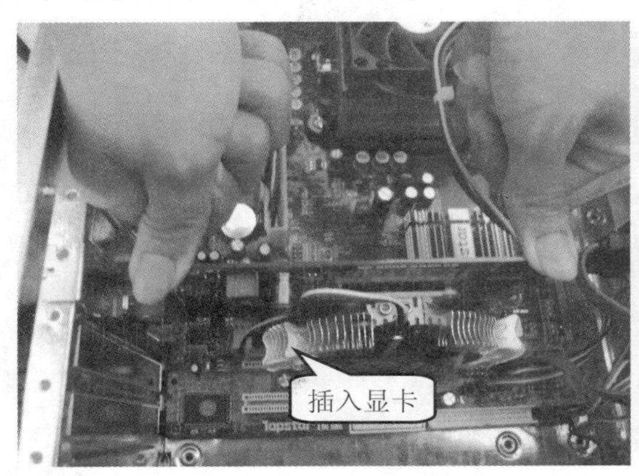

图 3-46

图 3-47

3.3　连接机箱内的电源线

在完成了机箱内各个硬件的安装之后，还需要连接机箱内的电源线。电源线包括主板电源线、SATA 电源线和 IDE 电源线，本节将详细介绍如何连接机箱内电源线。

3.3.1　认识电源的各种插头

ATX 电源是电脑的供电来源，由于每种硬件对电源要求不同，插头无法通过，为了防止插错，不同硬件的供电插头形状都有所差别，可以分为主板供电插头、PCI-E 设备供电插头、IDE 设备供电插头和 SATA 设备供电插头，下面将分别予以详细介绍。

1. ATX 电源的主板供电接口

ATX 的主电源接口主要有 20PIN 和 24PIN，CPU 供电专用接口主要有 4PIN 和 8PIN，目前，新电源都能提供 24PIN 的主电源接口和 8PIN 的 CPU 供电专用接口，如图 3-48 所示。

图 3-48

如果电源提供的接口与主板的接口要求不符，用户可以使用转换线，常见的有 20PIN→4PIN 转换线、24PIN→20PIN 转换线、D 形→4PIN CPU 专用供电转换线等。在使用除 24PIN→20PIN 以外的转换线时，注意电源的功率要足够，否则可能影响系统工作的稳定性，并有可能损坏硬件，如图 3-49、图 3-50 所示。

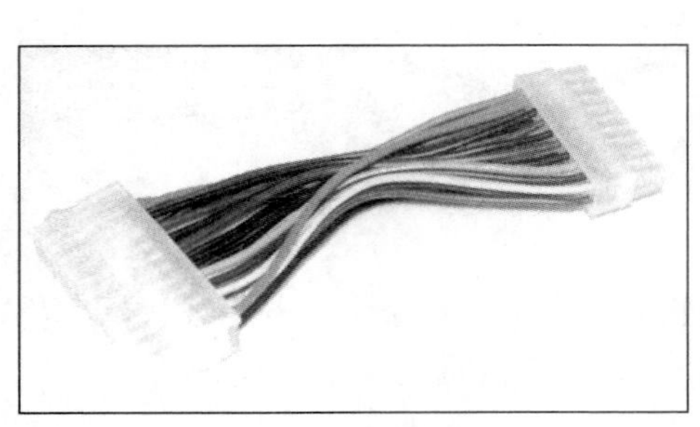

图 3-49

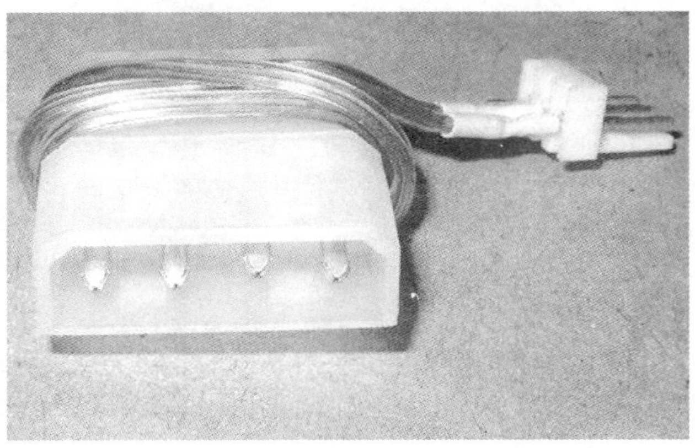

图 3-50

2. ATX 电源的 PCI-E 设备供电接口

PCI-E 专用供电接口有 6PIN 和 8PIN 的区别，其中 PCI-E 6PIN 接口能够提供最大 75W 的功率，PCI-E 8PIN 接口能够提供最大 150W 的功率。与 CPU 供电类似，有些电源使用了

6+2PIN 的形式，使 PCI-E 供电接口的应用范围更广，如图 3-51 所示。

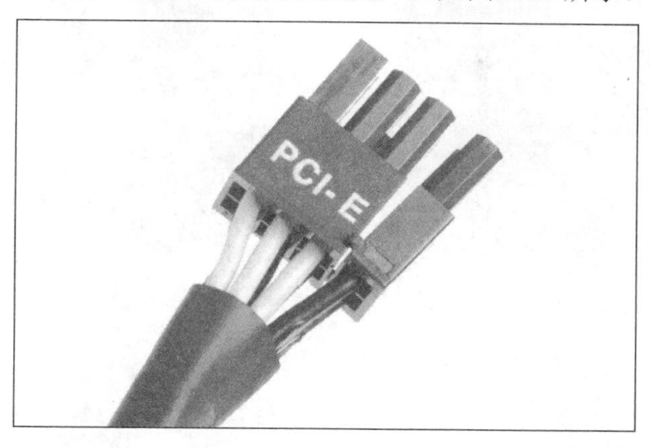

图 3-51

3. IDE 接口、SATA 接口和 FDD 接口

ATX 电源上还有数量众多的 D 型 IDE 接口、SATA 接口和一个 FDD 软驱供电接口，如图 3-52、图 3-53 所示。

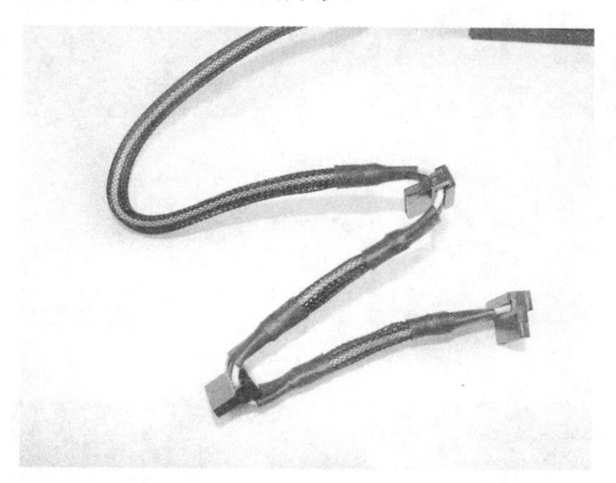

图 3-52

图 3-53

3.3.2 连接主板电源线

连接主板电源线包括连接 ATX 电源接口和连接+12V 电源接口，需要将这些接口连接到主板上相应的插座上，下面将具体介绍连接主板电源线的方法。

第 1 步 找到机箱电源中 ATX 电源接口，形状为长方形，接口的一侧有一个夹子，用来连接到主板的 ATX 电源插座，如图 3-54 所示。

第 2 步 在主板中找到 ATX 电源插座，一侧有一个用来固定夹子的挡板，如图 3-55 所示。

第 3 步 按照正确方向将 ATX 电源接口插入到 ATX 电源插座，如图 3-56 所示。

第 4 步 这样即可完成连接 ATX 电源，如图 3-57 所示。

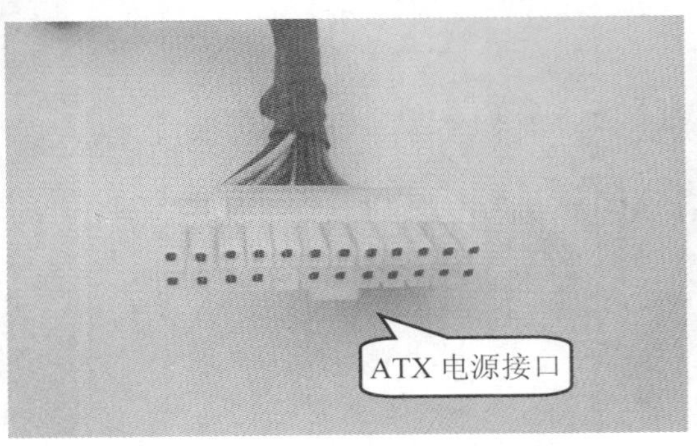

图 3-54

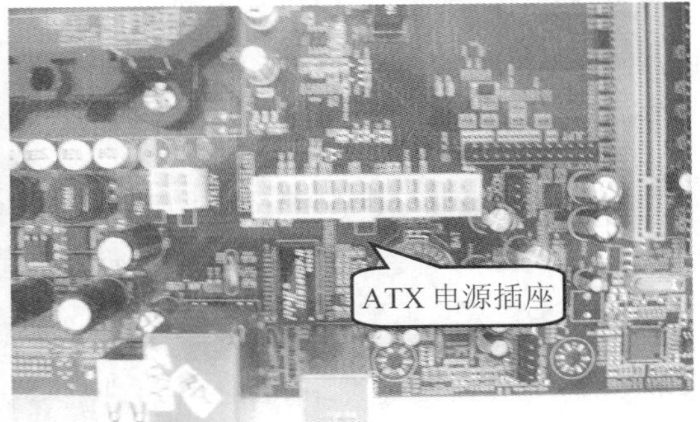

图 3-55

图 3-56

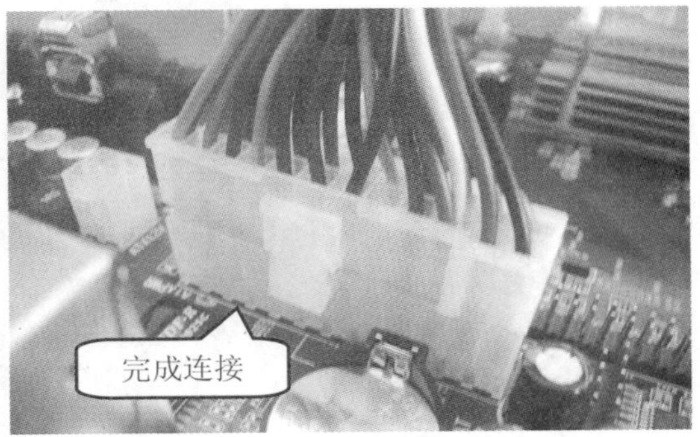

图 3-57

第 5 步 找到机箱电源中的+12V 电源插头，形状为方形，在一侧有一个夹子，用来为主板提供+12V 的电压，如图 3-58 所示。

第 6 步 在主板中找到+12V 电源插座，在插座附近有提示 ATX12V 字样，用于插入+12V 电源接口，如图 3-59 所示。

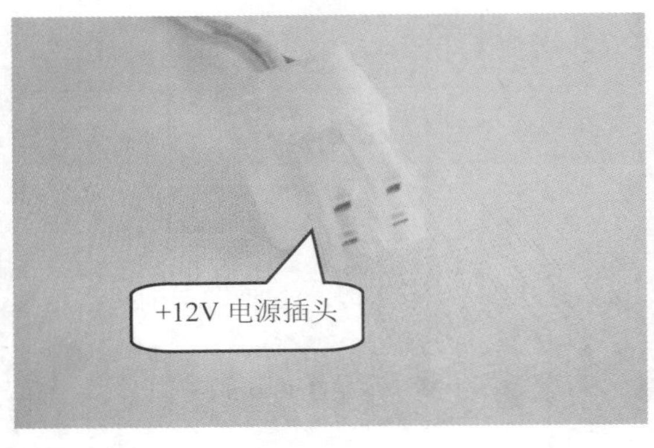

图 3-58

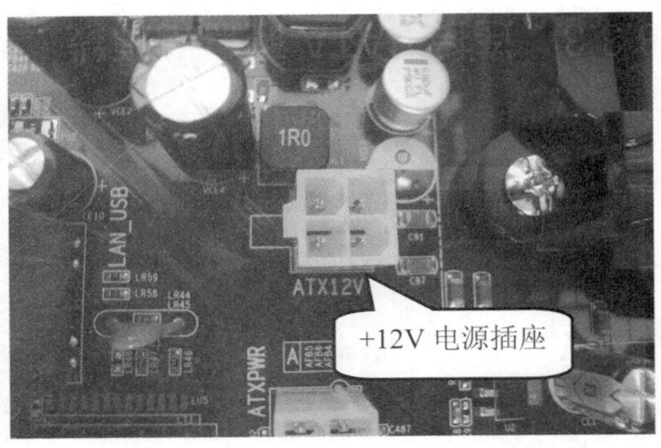

图 3-59

第 7 步 将+12V 电源插头按照正确的方向，插入+12V 电源插座中，如图 3-60 所示。

第 8 步 这样即可完成+12V 电源连接的操作，如图 3-61 所示。

图 3-60

图 3-61

3.3.3　连接 SATA 硬盘电源线

连接完主板电源线后即可连接硬盘电源线，目前，硬盘已基本采用 SATA 接口，下面将具体介绍连接 SATA 硬盘电源线的操作方法。

第 1 步　在机箱电源中有一个黑色的接口，为 SATA 硬盘的电源线，如图 3-62 所示。

第 2 步　将 SATA 硬盘的电源线，按照正确的方向插入硬盘的电源接口，这样即可完成连接 SATA 硬盘电源线的操作，如图 3-63 所示。

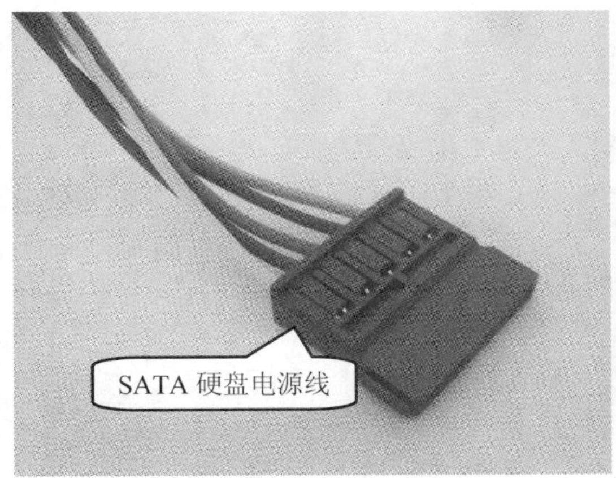

图 3-62

图 3-63

3.3.4　连接 IDE 光驱电源线

目前仍有很多光驱还在使用 IDE 接口，连接 IDE 光驱电源线的方法非常简单，下面将具体介绍连接 IDE 光驱电源线的操作方法。

第 1 步　在机箱电源插头中有一个 4 针 D 型的电源插头，即为光驱的电源线，用于为光驱供电，如图 3-64 所示。

第 2 步　将光驱的电源线插入光驱的电源接口中，用户通过以上方法即可完成连接 IDE 光驱电源线的操作，如图 3-65 所示。

图 3-64

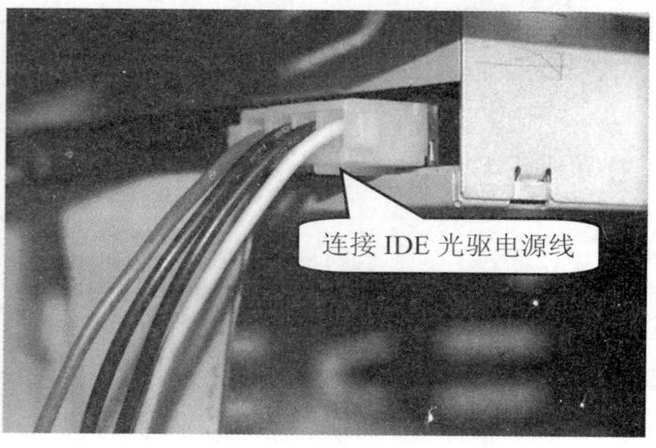

图 3-65

3.4 连接机箱内控制线和数据线

连接机箱内控制线和数据线包括连接 SATA 硬盘数据线、连接 IDE 光驱数据线和连接机箱内控制线和信号线，本节将详细介绍连接机箱内控制线和数据线的相关知识及方法。

3.4.1 连接 SATA 硬盘数据线

SATA 数据线一次只能连接一个设备，具有防止插反的设计，同时支持带电插拔，连接起来更加简单和方便，下面将具体介绍连接 SATA 硬盘数据线的操作方法。

第 1 步 在硬件的配件中有一条红色线体、黑色接头的线，即为 SATA 硬盘的数据线，用来将硬盘与主板的 SATA 接口相连，如图 3-66 所示。

第 2 步 在主板中找到 SATA 接口，一般主板上包含有两个 SATA 接口，用户可以任选其一进行连接，如图 3-67 所示。

图 3-66

图 3-67

第 3 步 将硬盘数据线与主板 SATA 接口相连的一端，按照正确的方向插入 SATA 接口，如图 3-68 所示。

第 4 步 这样即可完成连接 SATA 硬盘数据线的操作，如图 3-69 所示。

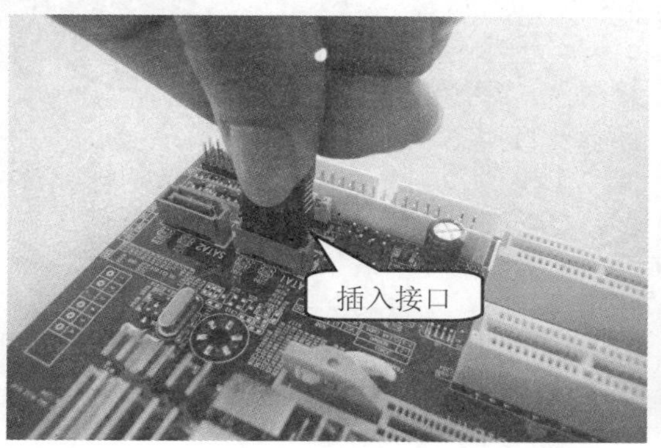

图 3-68

图 3-69

智慧锦囊

如果主板上提供的 SATA 插槽有多个，这是分别由南桥芯片和扩展芯片提供的。其中南桥芯片提供的 SATA 插槽功能相对简单，无需单独安装驱动；扩展芯片提供的 SATA 接口，则可能支持更多的功能，通常需要独立安装驱动才能发挥最大性能。

3.4.2　连接 IDE 光驱数据线

IDE 数据线是扁平的宽幅电缆线，由 40 条或 80 条连接线所组成，一般一条数据线上有 3 个接口，下面将具体介绍连接 IDE 光驱数据线的操作方法。

第 1 步 在配件中找出光驱数据线，光驱的数据线中带有 IDE 接口，如图 3-70 所示。

第 2 步 找到主板上 IDE 插槽，用来接连 IDE 光驱数据线，如图 3-71 所示。

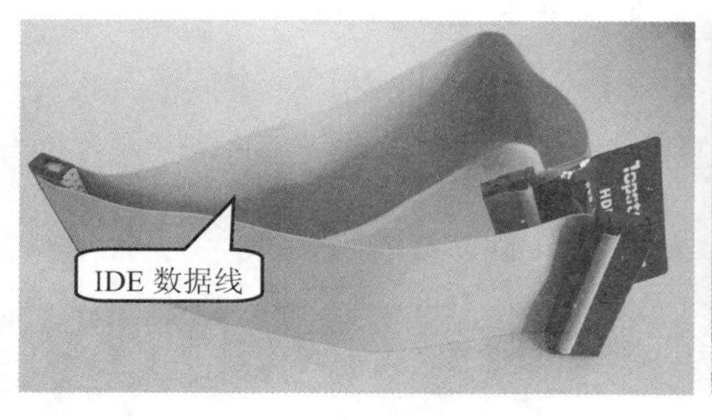

图 3-70

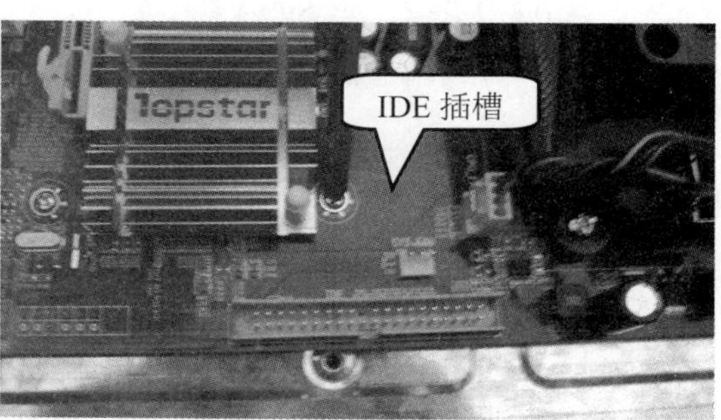

图 3-71

第 3 步 将 IDE 数据线接口的一端，按照正确的方向插入主板上的 IDE 插槽，如图 3-72 所示。

第 4 步 这样即可完成连接 IDE 光驱数据线的操作，如图 3-73 所示。

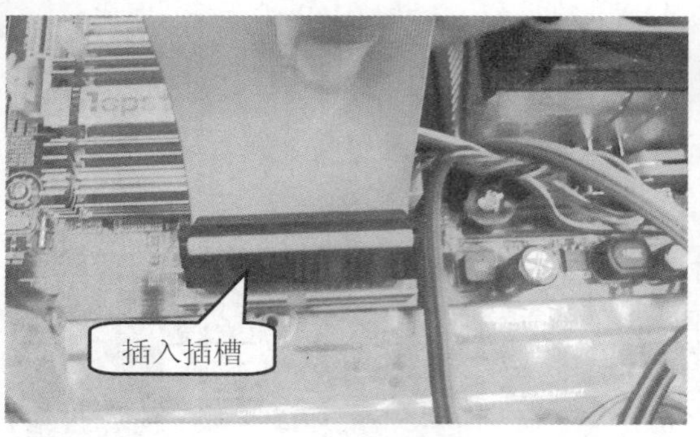

图 3-72

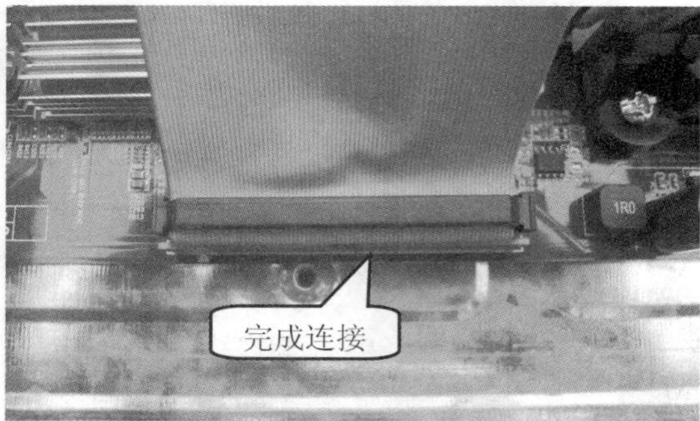

图 3-73

3.4.3 连接机箱内控制线和信号线

内部控制线包括 USB 接口、AUDIO 接口、POWER SW 接口、RESET SW 接口、POWER LED+接口和 H.D.D LED 接口等，下面将具体介绍连接机箱内控制线和信号线的操作方法。

第 1 步 找到机箱内的信号控制线，了解这些信号控制线的用途，例如，PWR LED 为电源指示灯，如图 3-74 所示。

第 2 步 在主板中找到带有“F_PANEL”字样的插座，了解其与控制线的关系，如图 3-75 所示。

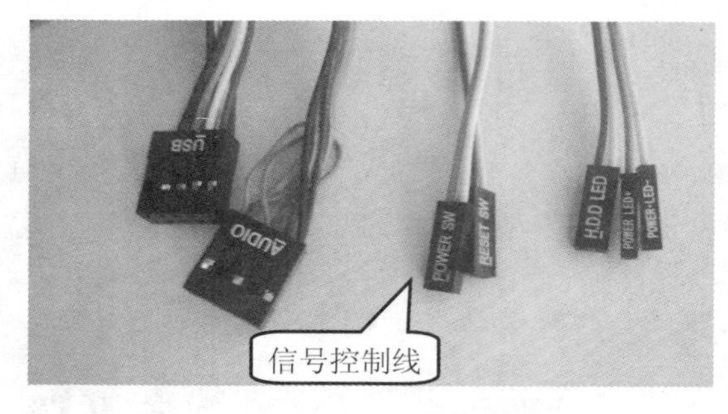

图 3-74

图 3-75

第 3 步 按照插座周围提示，对信号控制线进行相应的连接，依次插入到相应的插座中，如图 3-76 所示。

第 4 步 将 AUDIO 接口按照提示插入主板中的 AUDIO 插座中，如图 3-77 所示。

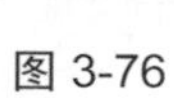

图 3-76

图 3-77

第 5 步 找到主板中带有“JUSB1”和“JUSB2”字样的插座，这是用于插入 USB 信号控制线的接口，如图 3-78 所示。

第 6 步 选择任意一个 USB 插座，将 USB 接口按照正确的方向插入到其中，这样即可完成连接机箱内控制线和信号线的操作，如图 3-79 所示。

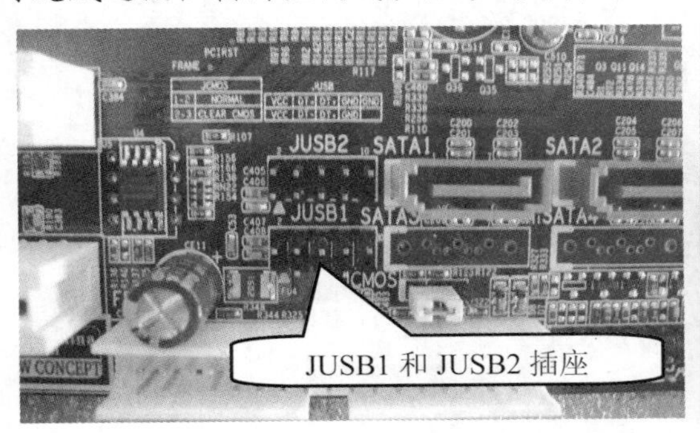

图 3-78

图 3-79

3.5 连接外部设备

台式电脑在使用时，还必须连接鼠标、键盘、显示器和主机电源线等外部设备，连接完成后即可使用电脑。本节将详细介绍连接外部设备的相关知识及操作方法。

3.5.1 装上机箱侧面板

安装完机箱内部硬件以后，需要对其进行检查与整理，在确认无误后，即可装上机箱的侧面板。具体操作方法为：将机箱的侧面板安装在机箱上，并拧紧机箱侧面板后方的固定螺丝，这样即可完成安装机箱侧面板的操作，如图 3-80 所示。

图 3-80

3.5.2 连接鼠标和键盘

鼠标和键盘是电脑重要的输入设备，需要将它们与机箱连接才能使用，下面将具体介绍连接鼠标和键盘的操作方法。

第1步 了解鼠标和键盘的接口，通常为PS/2接口，键盘接口为紫色，鼠标接口为绿色，如图3-81所示。

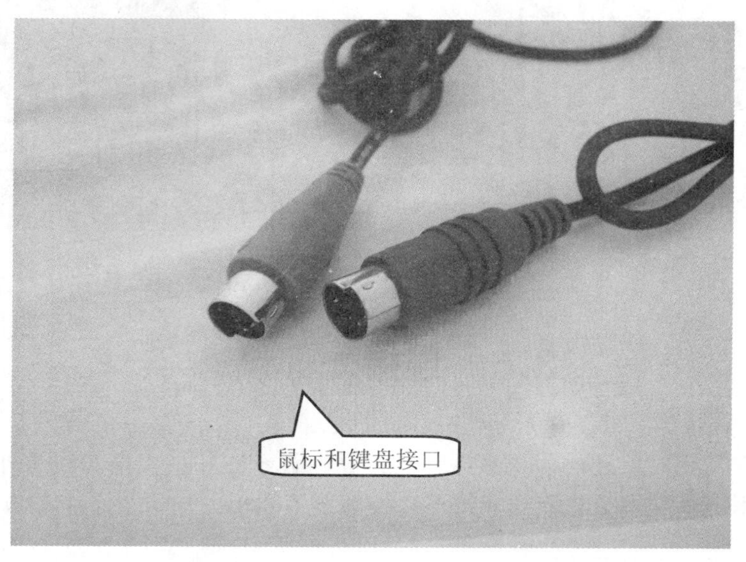

图3-81

第2步 在机箱的后面有供鼠标和键盘连接的插座，紫色为键盘插座，绿色为鼠标插座，如图3-82所示。

图3-82

第 3 步 将鼠标和键盘的接口按照正确的方向和颜色，依次插入机箱后鼠标和键盘的插座，如图 3-83 所示。

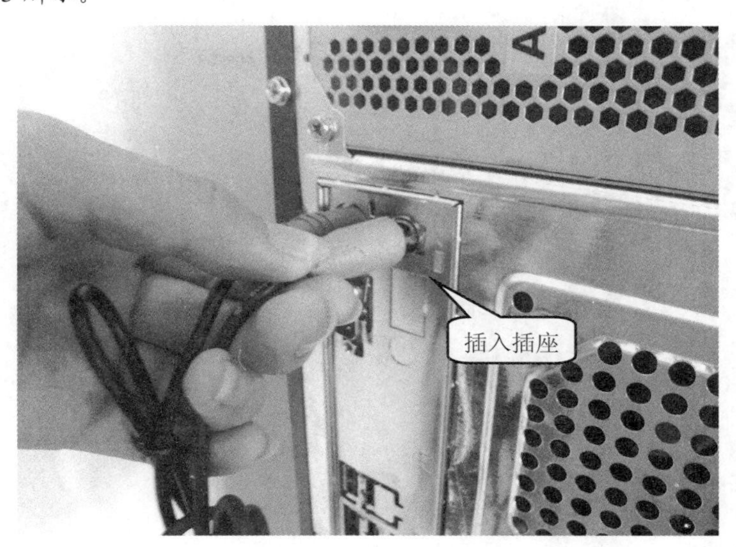

图 3-83

第 4 步 这样即可完成连接鼠标和键盘的操作，如图 3-84 所示。

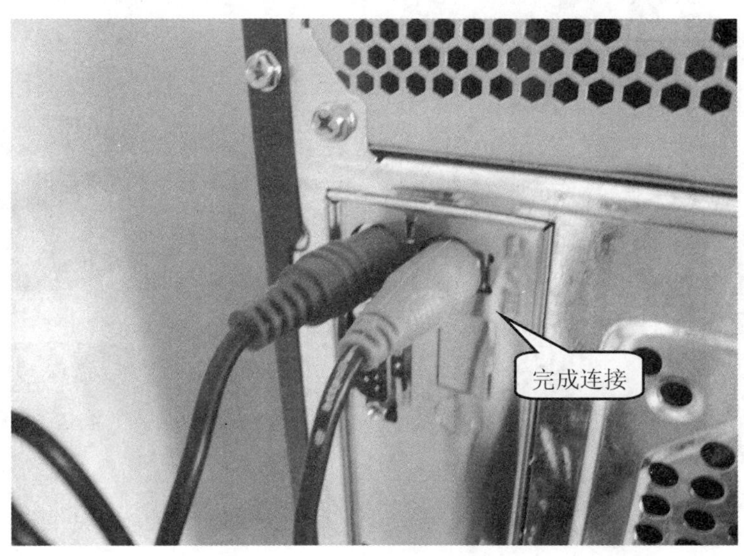

图 3-84

3.5.3　连接显示器

显示器是最主要的输出设备，需要将其与机箱中的显示器接口相连才可以使用，下面将详细介绍连接显示器的操作方法。

第 1 步 将显示器的接口轻轻插入机箱后的显示器插座，并将左右两侧的螺丝拧紧，如图 3-85 所示。

第 2 步 这样即可完成连接显示器的操作，如图 3-86 所示。

图 3-85

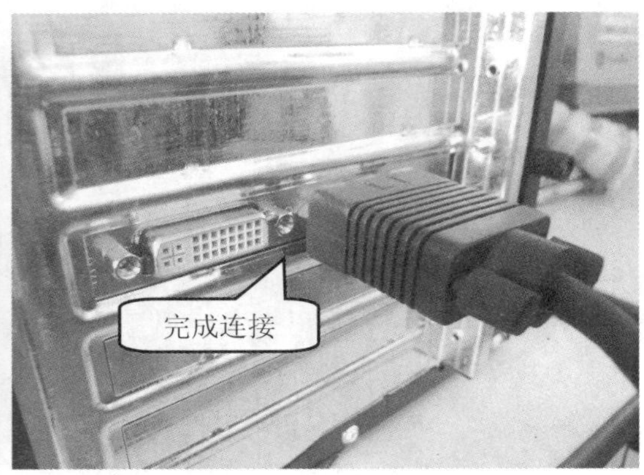

图 3-86

3.5.4 连接主机电源线

主机电源线是最后连接的部分，主机的电源线是同机箱中的电源相连的接线，另一端与电源插座相连，用于提供电能，下面将介绍连接主机电源线的方法。

第 1 步 将电源线的 D 形插头与主机相连的一端，按照正确的方向插入到机箱后方插座，如图 3-87 所示。

第 2 步 这样即可完成连接主机电源线的操作，如图 3-88 所示。

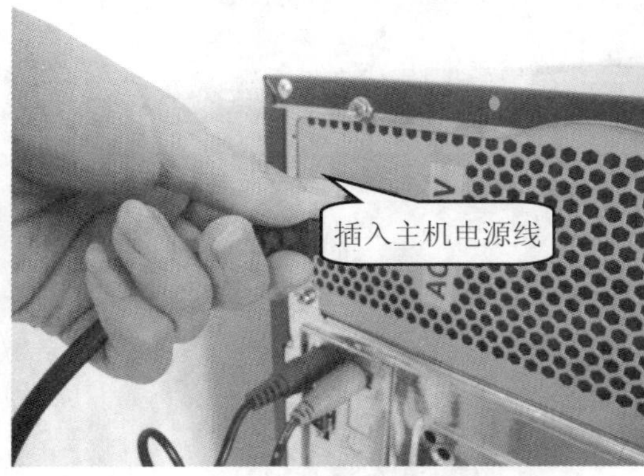

图 3-87

图 3-88

3.5.5 按下电源开关开机测试

电脑组装完成后，需要进行开机测试，检查是否组装正确，以便及时发现问题并纠正。下面将具体介绍进行开机测试的方法。

第 1 步 组装完成后，首先按下显示器的电源开关，然后按下机箱中的电源开关，如图 3-89 所示。

第 2 步 电脑将自动启动并进入自检界面，通过以上方法即可完成组装电脑的操作，如图 3-90 所示。

图 3-89

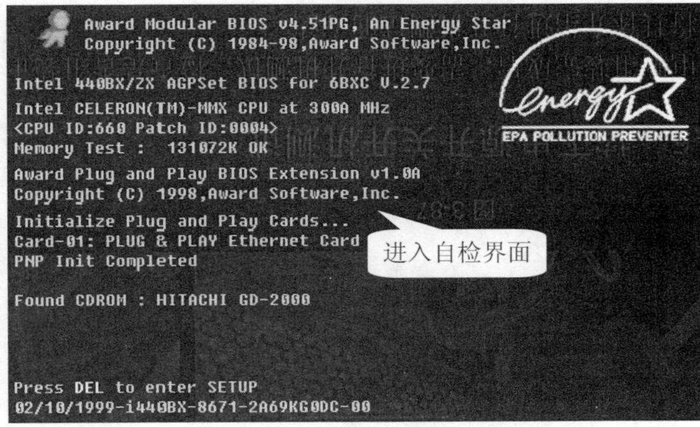

图 3-90

3.6　思考与练习

一、填空题

1. 组装一台电脑，首先需要准备常见的装机工具，包括________、尖嘴钳、导热硅脂、镊子和________以及一些其他常用工具。

2. 安装电脑硬件的基本设备包括打开机箱盖、________、安装 CPU 及散热风扇、安装内存、________、安装硬盘、安装光驱和显卡。

3. 在完成了机箱内各个硬件的安装之后，还需要连接机箱内的电源线。电源线包括主板电源线、________和________。

4. 连接机箱内控制线和数据线包括连接________、连接________和连接机箱内控制线和信号线。

5. 台式电脑在使用时，还必须连接鼠标、________、显示器和________等外部设备，连接完成后即可使用电脑。

二、判断题

1. 电脑的组装包括硬件组装和软件安装两个方面。　　（　　）

2. 一般主板上内存插槽的数量为 1 条或 2 条，不可以组成双通道或三通道。　　（　　）

新起点电脑教程

第 4 章

BIOS 设置与应用

本章要点

- 认识 BIOS
- BIOS 的设置方法
- 常用的 BIOS 设置

本章主要内容

本章主要介绍了 BIOS 方面的知识，同时讲解了 BIOS 的设置方法和常见的 BIOS 设置方面的知识与技巧，最后还讲解了如何设置系统日期和时间以及如何设置光驱为第一启动项方面的知识与技巧。通过对本章的学习，读者可以掌握 BIOS 设置与应用方面的知识和技巧，为深入学习计算机组装、维护与故障排除奠定基础。

4.1 认识 BIOS

BIOS 是英文 Basic Input Output System 的缩略语，翻译成中文名称是“基本输入/输出系统”。其实，它是一组固化到计算机内主板上一个 ROM 芯片上的程序，它保存着计算机最重要的基本输入输出的程序、系统设置信息、开机后自检程序和系统自启动程序。其主要功能是为计算机提供最底层的、最直接的硬件设置和控制。

4.1.1 认识主板上的 BIOS 芯片

BIOS 设置程序是储存在 BIOS 芯片中的，BIOS 芯片是主板上一块长方形或正方形芯片，只有在开机时才可以进行设置。BIOS 是连接软件程序与硬件设备的一座“桥梁”，负责解决硬件的即时要求。一般它是一块 32 针的双列直插式的集成电路，上面印有 BIOS 字样，如图 4-1 所示。

图 4-1

4.1.2 BIOS 的分类

BIOS 通常按照品牌分类，目前 BIOS 的品牌有三种，包括美国安迈 AMI、美国惟尔科技 Award 和美国凤凰科技 Phoenix，下面分别予以详细介绍。

1. AMI BIOS

AMI BIOS 是安迈公司出品的 BIOS 系统软件，开发于 20 世纪 80 年代中期，早期的 286、386 大多采用 AMI BIOS，它对各种软、硬件的适应性好，能保证系统性能的稳定，到 20 世纪 90 年代后，绿色节能电脑开始普及，AMI 却没能及时推出新版本来适应市场，使得 Award BIOS 占领了大半壁江山。当然，现在的 AMI 也有非常不错的表现，新推出的版本依然功能强劲。

2. Award BIOS

Award BIOS 是由惟尔科技公司开发的 BIOS 产品，在目前的主板中使用最为广泛。Award BIOS 功能较为齐全，支持许多新硬件。目前，市面上多数主机板都采用了这种 BIOS。

3. Phoenix BIOS

Phoenix BIOS 是凤凰科技公司的产品，Phoenix 意为凤凰或埃及神话中的长生鸟，有完

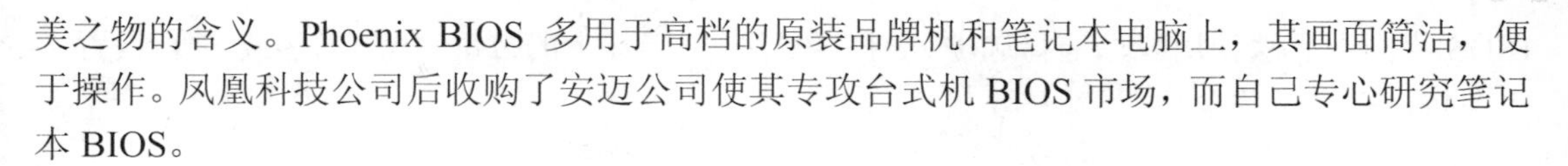

美之物的含义。Phoenix BIOS 多用于高档的原装品牌机和笔记本电脑上，其画面简洁，便于操作。凤凰科技公司后收购了安迈公司使其专攻台式机 BIOS 市场，而自己专心研究笔记本 BIOS。

4.1.3　BIOS 和 CMOS 的关系

CMOS 是 Complementary Metal Oxide Semiconductor(互补金属氧化物半导体)的缩写。它是指制造大规模集成电路芯片用的一种技术或用这种技术制造出来的芯片。它是电脑主板上的一块可读写的 RAM 芯片。因为可读写的特性，所以在电脑主板上用来保存 BIOS 设置完电脑硬件参数后的数据，这个芯片仅仅是用来存放数据的。

4.2　BIOS 设置方法

如果需要安装操作系统，则需要进入 BIOS 进行设置，BIOS 的设置对操作系统有着至关重要的作用。本节将详细介绍 BIOS 的设置方法。

4.2.1　进入 BIOS 的方法

通常在电脑开机后的自检界面中，都会出现进入 BIOS 设置界面的提示，用户可以通过不同机器的 BIOS 设置程序，使用不同的快捷键进入。下面以 Phoenix BIOS 为例介绍进入 BIOS 的方法。

第 1 步　打开电脑，进入开机自检界面，看到提示 Press F2 to enter SETUP 的信息，按下 F2 键，如图 4-2 所示。

第 2 步　进入到 BIOS 界面，这样即完成了进入 BIOS，如图 4-3 所示。

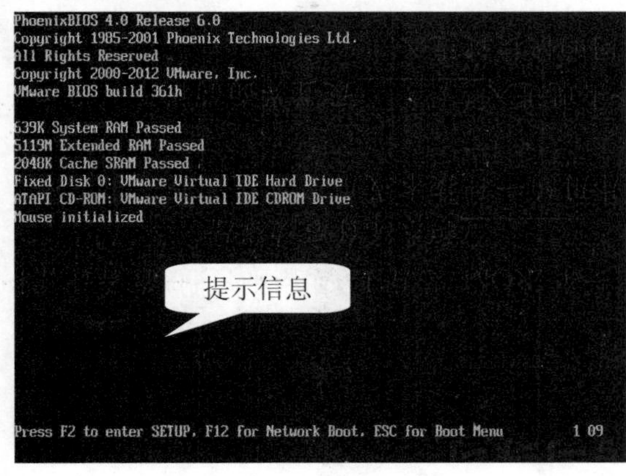

图 4-2

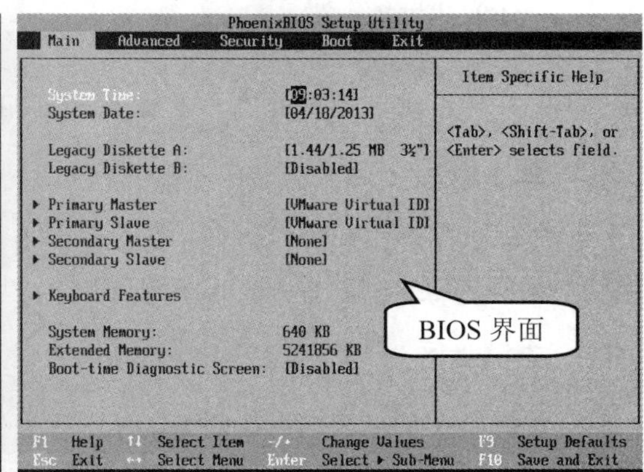

图 4-3

4.2.2　设置 BIOS 的方法

进入 BIOS 以后，则需要对 BIOS 进行设置，以保证对安装操作系统做出最大优化。在

BIOS 界面中无法使用鼠标选择选项，用户可以使用键盘上的按键对 BIOS 参数进行设置，下面将详细介绍各个功能键的作用。

1. 编辑键区

在编辑键区中，用户可以对 BIOS 进行设置的功能键包括方向键、Page Up 键和 Page Down 键，下面将详细介绍这些按键的具体作用。

- ↑：移到上一个项目。
- ↓：移到下一个项目。
- ←：移到左边的项目。
- →：移到右边的项目。
- Page Up：改变设定状态，或增加字段中之数值内容。
- Page Down：改变设定状态，或减少字段中之数值内容。

2. 功能键区

在功能键区中，用户可以对 BIOS 进行设置的功能键包括 Esc 键以及 F1 键～F10 键。下面将详细介绍这些按键的具体作用。

- Esc：退回上一级菜单，或从主菜单中结束 SETUP 程序。
- F1：显示所有功能键的相关说明。
- F2：可显示目前设定项目的相关说明。
- F3：功能保留。
- F4：功能保留。
- F5：可加载该画面原先所有项目设定(但不适用主画面)。
- F6：可加载该画面之优化(Optimized)预设设定(但不适用主画面)。
- F7：可加载该画面之标准(Standard)预设设定(但不适用主画面)。
- F8：功能保留。
- F9：功能保留。
- F10：储存设定并离开 CMOS SETUP 程序。

3. 数字键区

在数字键区中，用户可以对 BIOS 进行设置的功能键包括+键、-键以及数字键，+键、-键的作用与 PageUp 键、PageDown 键相同，这里不再赘述；数字键的作用则是调整数值参数。

4. 主键盘区

在主键盘区中，用户可以对 BIOS 进行设置的功能键只有 Enter 键，其功能是确定当前可用选项，是最常用的按键之一。

4.3 常用的 BIOS 设置

常用的 BIOS 设置包括 BIOS 密码设置、加载系统默认设置和退出 BIOS，下面将详细介绍 BIOS 常用的设置方法。

4.3.1　密码设置

BIOS 的密码设置包括：设置管理员密码和设置用户密码。下面以设置和取消管理员密码为例，详细介绍具体操作步骤。

1. 设置管理员密码

设置管理员密码，用户可以利用管理员密码进入 BIOS 程序进行各种参数的修改和设定，下面将详细介绍设置管理员密码的具体操作步骤。

第 1 步 进入 BIOS 界面，①选择 Security 选项卡；②选择 Set Supervisor Password 选项，按下 Enter 键，如图 4-4 所示。

第 2 步 弹出 Set Supervisor Password 对话框，①在 Enter New Password 区域中，输入需要设定的密码，按下 Enter 键；②在 Confirm New Password 区域中，再次输入需要设定的密码，按下 Enter 键，如图 4-5 所示。

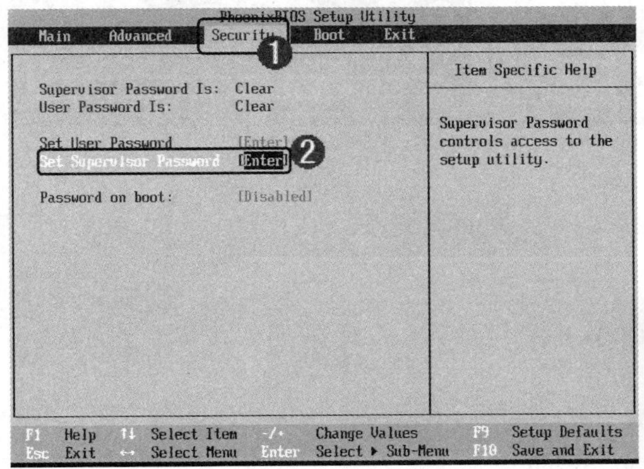

图 4-4

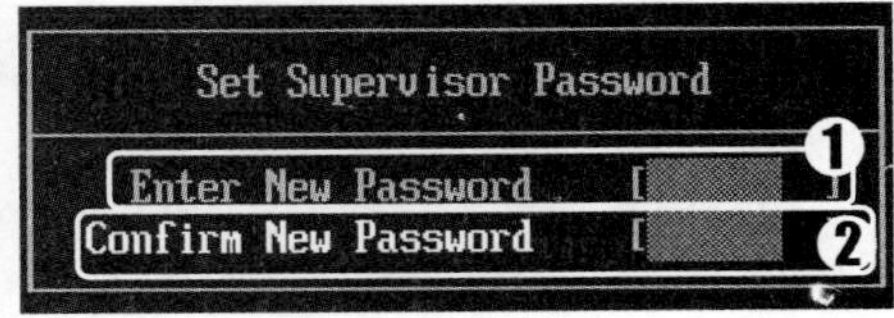

图 4-5

第 3 步 弹出 Setup Notice 对话框，提示 Continue 信息，按下 Enter 键，这样即可完成管理员密码的设置，如图 4-6 所示。

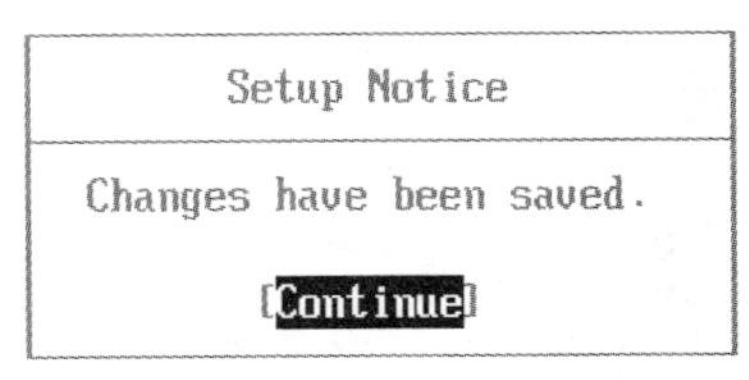

图 4-6

第 4 步 重复以上步骤，也可完成用户密码设置，这里不再赘述。

2. 取消管理员密码

如果不需要使用管理员密码进入 BIOS，用户可以选择取消管理员密码。下面将详细介绍取消管理员密码的具体操作步骤。

第 1 步 进入 BIOS 界面，①选择 Security 选项卡；②选择 Set Supervisor Password 选项，按下 Enter 键，如图 4-7 所示。

第 2 步 弹出 Set Supervisor Password 对话框，①在 Enter Current Password 区域中输入已经设定的管理员密码，按下 Enter 键；②在 Enter New Password 区域中按下 Enter 键；③在 Confirm New Password 区域中再次按下 Enter 键，如图 4-8 所示。

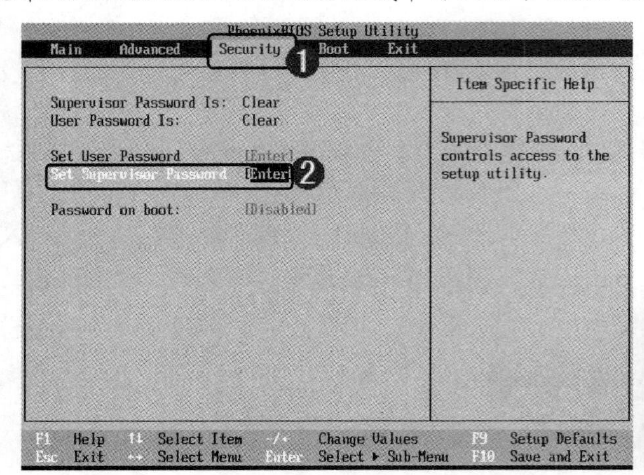

图 4-7

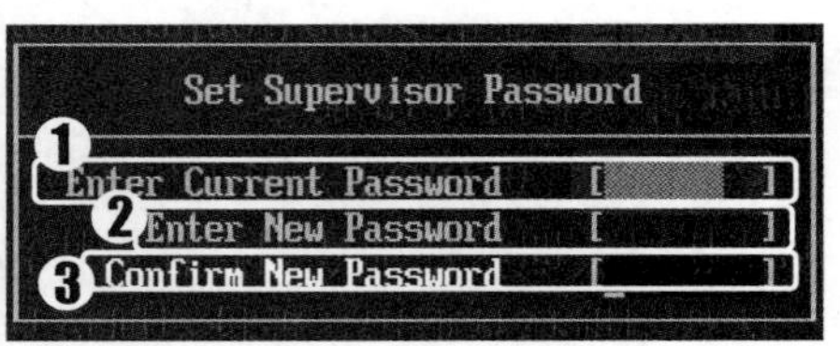

图 4-8

第 3 步 弹出 Setup Notice 对话框，提示 Continue 信息，按下 Enter 键，这样即可完成取消管理员密码，如图 4-9 所示。

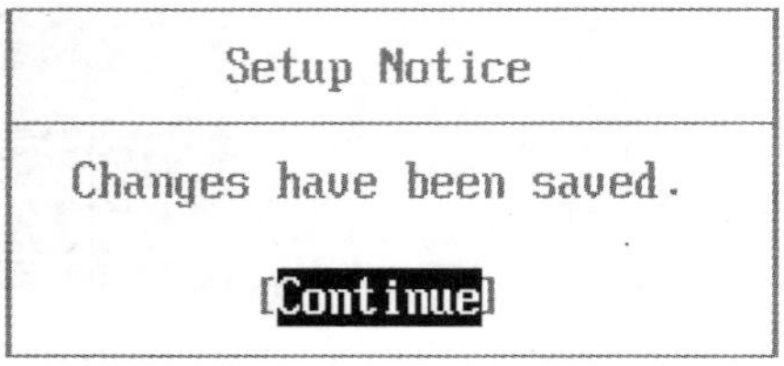

Setup Notice

Changes have been saved.

[Continue]

图 4-9

第 4 步 重复以上步骤，也可完成取消用户密码，这里不再赘述。

4.3.2 加载系统默认设置

加载系统默认设置，用户可以恢复系统配置中装入的默认值。这些默认设置是最优化的，可以发挥所有硬件的高性能。下面将详细介绍加载系统默认设置的具体操作步骤。

第 1 步 进入 BIOS 界面，①选择 Exit 选项卡；②选择 Load Setup Defaults 选项，按下 Enter 键，如图 4-10 所示。

第 2 步 弹出 Setup Confirmation 对话框，选择 Yes 选项，按下 Enter 键，这样即可完成加载系统默认设置，如图 4-11 所示。

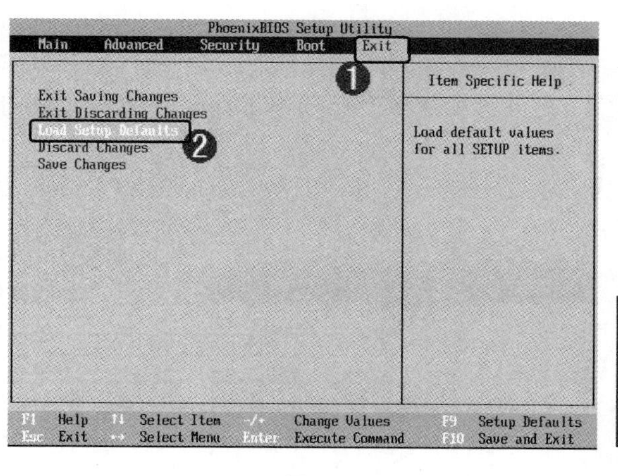

图 4-10

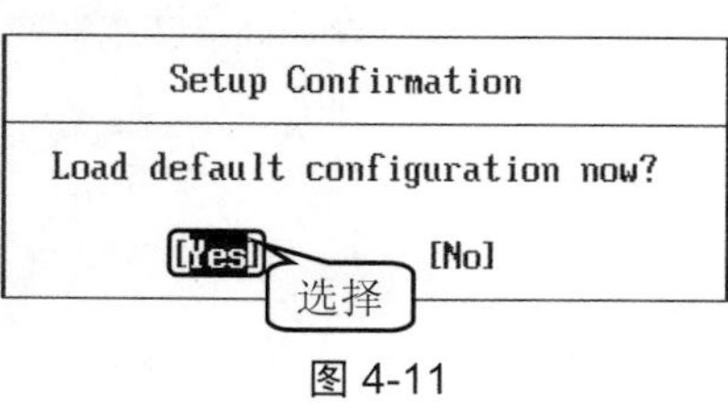

图 4-11

4.3.3　退出 BIOS 的方法

退出 BIOS 的方法包括，保存当前设置退出和不保存当前设置退出，下面将对这两种退出 BIOS 的方法分别予以详细介绍。

1. 保存当前设置退出

保存当前设置退出，是将当前设置、更改的参数或者选项进行保存，然后退出 BIOS 界面的操作，下面将详细介绍具体操作步骤。

第 1 步 在 BIOS 界面中，①选择 Exit 选项卡；②选择 Exit Saving Changes 选项，按下 Enter 键，如图 4-12 所示。

第 2 步 弹出 Setup Confirmation 对话框，选择 Yes 选项，按下 Enter 键，这样即可完成保存当前设置退出，如图 4-13 所示。

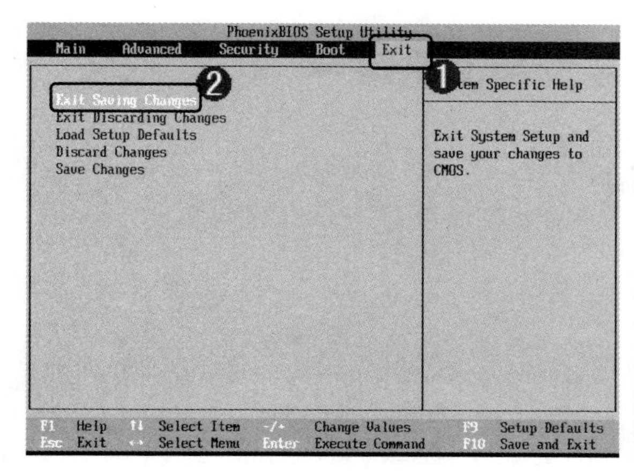

图 4-12

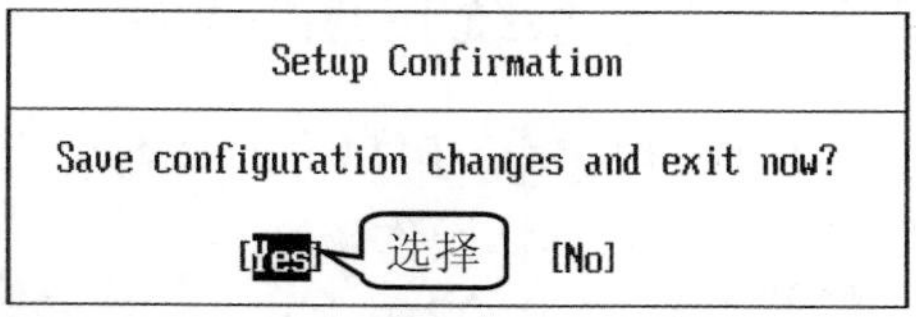

Setup Confirmation

Save configuration changes and exit now?

[Yes] 选择 [No]

图 4-13

2. 不保存当前设置退出

不保存当前设置退出，是将当前设置、更改的参数或者选项不进行保存，然后退出 BIOS 界面的操作。下面将详细介绍具体操作步骤。

第 1 步 在 BIOS 界面中，①选择 Exit 选项卡；②选择 Exit Discarding Changes 选项，按下 Enter 键，如图 4-14 所示。

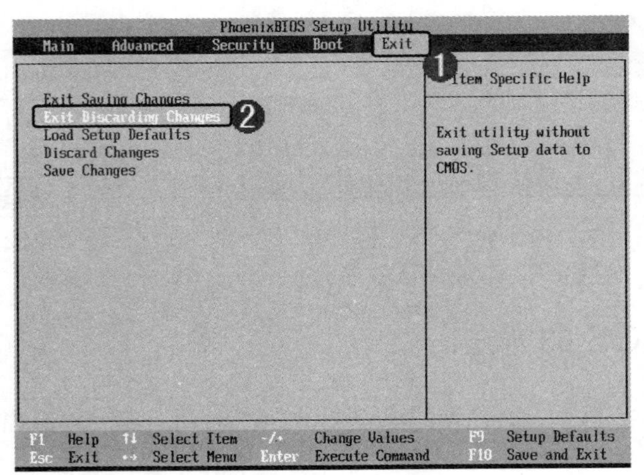

图 4-14

第 2 步 退出 BIOS 界面，这样即可完成不保存当前设置退出。

智慧锦囊

保存当前设置退出，适用于操作无误的 BIOS 设置；不保存当前设置退出，适用于错误的操作了 BIOS 设置。BIOS 程序中的参数，需要保存以后才可以生效。

4.4 实践案例与上机指导

通过对本章的学习，读者可以掌握 BIOS 设置与应用的基本知识以及一些常见的操作方法。下面通过练习操作，以达到巩固学习、拓展提高的目的。

4.4.1 设置系统日期和时间

在 BIOS 程序中，用户可以对系统的日期以及时间进行设定，下面将详细介绍设置系统日期以及时间的具体操作步骤。

第 1 步 在 BIOS 界面中，①选择 Main 选项卡；②在 System Time 区域中调整时间数值；③在 System Date 区域中调整日期数值，如图 4-15 所示。

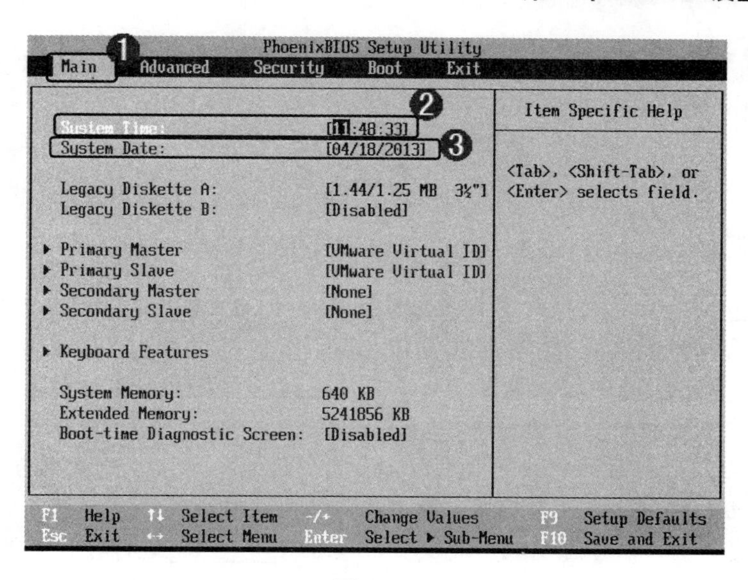

图 4-15

第 2 步 设置系统日期和时间完毕之后，保存当前设置并退出，即可完成设置系统日期和时间的操作。

4.4.2　设置光驱为第一启动项

如果使用光盘安装操作系统，则需要设置光驱为第一启动项。下面将详细介绍设置光驱为第一启动项的具体操作步骤。

第 1 步 在 BIOS 界面中，①选择 Boot 选项卡；②将 CD-ROM Drive 选项使用+键或者-键，调整至最上端，如图 4-16 所示。

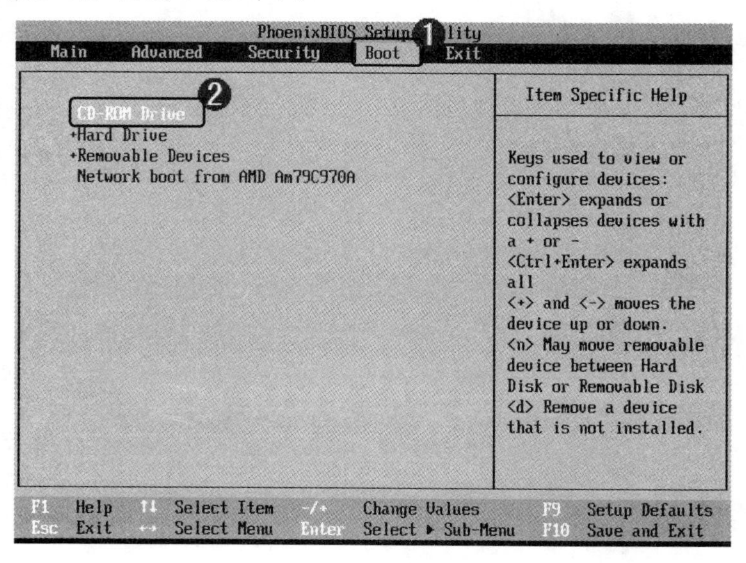

图 4-16

第 2 步 调整完毕之后，保存当前设置并退出，即可完成设置第一启动项为光驱的操作。

4.5 思考与练习

一、填空题

1. ________是一组固化到计算机内主板上一个 ROM 芯片上的程序，它保存着计算机最重要的基本输入输出的程序、系统设置信息、________和系统自启动程序。

2. ________是指制造大规模集成电路芯片用的一种技术或用这种技术制造出来的芯片。它是电脑主板上的一块可读写的________。

3. 通常在电脑开机后的自检界面中，都会出现进入________设置界面的提示，用户可以通过不同机器的________设置程序，使用不同的快捷键进入。

4. 设置________，用户可以利用管理员密码进入________进行各种参数的修改和设定。

5. ________可以恢复系统配置中装入的默认值。这些默认设置是最优化的，可以发挥所有________的高性能。

二、判断题

1. BIOS 的密码设置包括，设置管理员密码和设置用户密码。 (　　)

2. 在数字键区中，用户可以对 BIOS 进行设置的功能键只有+键和-键。 (　　)

3. 保存当前设置退出，是将当前设置、更改的参数或者选项进行保存，然后退出 BIOS 界面的操作。 (　　)

4. 在 BIOS 程序中，用户可以对系统的日期以及时间进行设定。 (　　)

5. 如果使用光盘安装操作系统，则需要设置硬盘为第一启动项。 (　　)

三、思考题

1. 用户可以对 BIOS 进行设置的功能键有哪些？

2. 退出 BIOS 的方法有哪些？

第 5 章

硬盘的分区与格式化

本章要点

- 硬盘分区的概念
- 如何启动硬盘
- 使用 DiskGenius 分区软件
- 使用 Partition Magic 命令分区

本章主要内容

本章主要介绍了硬盘的分区与格式化，包括硬盘分区概述、使用启动盘启动电脑、使用 DiskGenius 分区软件和使用 Partition Magic 命令分区等方面的知识与技巧，同时还讲解了使用光盘启动电脑、用 U 盘启动电脑、快速分区、手工创建分区、激活分区、删除分区、调整分区大小、合并分区、隐藏分区和转换分区格式等方法。通过对本章的学习，读者可以掌握硬盘的分区与格式化的方法及相关知识，为深入学习计算机知识奠定了基础。

5.1 硬盘分区概述

一块新的硬盘必须经过分区才能使用，硬盘分区实质上是对硬盘的一种格式化，然后才能使用硬盘保存各种信息。

5.1.1 什么是硬盘分区

硬盘分区实质上是对硬盘的一种格式化，是指将硬盘的整体存储空间划分成相互独立的多个区域(即 C 盘、D 盘、E 盘、F 盘等)，这些区域可以用来安装不同的操作系统、存储文件和安装应用程序等。

硬盘分区后会呈现三种类型包括非 DOS 分区、主分区和扩展分区。

- 非 DOS 分区：一种特殊的分区形式，它是将硬盘中的一块区域单独划分出来供另一个操作系统使用，对主分区的操作系统来讲，它是一块被划分出去的存储空间。只有非 DOS 分区的操作系统才能管理和使用这块存储区域。
- 主分区：一个比较单纯的分区，通常位于硬盘的最前面一块区域中，构成逻辑 C 磁盘。其中的主引导程序是它的一部分，此段程序主要用于检测硬盘分区的正确性，并确定活动分区，负责把引导权移交给活动分区的 DOS 或其他操作系统。
- 扩展分区：分出主分区后，其余的部分可以分成扩展分区，扩展分区是不能直接使用的，需要分成若干个逻辑分区后才可以使用。

智慧锦囊

扩展分区的容量是各个逻辑分区容量的总和，它们的关系是包含的关系，所有的逻辑分区都是扩展分区的一部分。

5.1.2 常见的分区格式

硬盘必须经过低级格式化、分区和高级格式化这三个处理步骤后才能够使用。低级格式化通常由生产厂家完成；而分区和高级格式化则需要使用操作系统所提供的磁盘工具等程序进行。

根据目前流行的操作系统来看，常用的分区格式有四种，分别是 FAT16、FAT32、NTFS 和 exFAT，下面将详细介绍这几个分区格式。

1. FAT16

FAT16 是 MS-DOS 和最早期的 Win 95 操作系统中最常见的磁盘分区格式。它采用 16 位的文件分配表，能支持最大为 2GB 的分区，是目前应用最为广泛和获得操作系统支持最多的一种磁盘分区格式，几乎所有的操作系统都支持这一种格式。但 FAT16 分区格式有一个最大的缺点：磁盘利用效率低。由于分区表容量的限制，FAT16 支持的分区越大，磁盘

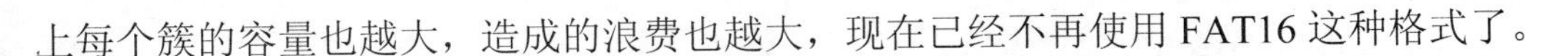

上每个簇的容量也越大，造成的浪费也越大，现在已经不再使用 FAT16 这种格式了。

2. FAT32

FATA32 采用 32 位的文件分配表，其对磁盘的管理能力大大增强，突破了 FAT16 对每一个分区的容量只有 2GB 的限制。但在 WIN2000&XP 系统中，由于系统限制，单个分区最大容量为 32GB。采用 FAT32 格式分区的磁盘，由于文件分配表的扩大，运行速度比采用 FAT16 格式分区的磁盘要慢。

3. NTFS

它的优点是安全性和稳定性极其出色，在使用中不易产生文件碎片。它能对用户的操作进行记录，通过对用户权限进行非常严格的限制，使每个用户只能按照系统赋予的权限进行操作，充分保护了系统与数据的安全。这种格式采用 NT 核心的纯 32 位 Windows 系统才能识别。

4. exFAT

exFAT 是 Microsoft 在 Windows Embeded 5.0 以上(包括 Windows CE 5.0、6.0，Windows Mobile 5、6、6.1)中引入的一种适合于闪存的文件系统，为了解决 FAT32 等不支持 4G 及其更大的文件而推出。对于 U 盘，NTFS 文件系统不适合使用，exFAT 更为适用。

5.1.3　分区的基本顺序

无论使用何种方法分区，在分区的过程中都要遵循以下顺序：建立主分区→建立扩展分区→建立逻辑分区→激活主分区→格式化所有分区。

如果在此之前硬盘已经建立了分区，在新建之前，需要删除硬盘中的原有分区后才能创建新的分区。在建立分区时应遵循实用性、合理性和安全性原则，提高硬盘的使用效率和寿命，方便管理数据。

5.1.4　硬盘分区方案

硬盘分区方案包括单系统硬盘分区方案、双系统硬盘分区方案和多系统硬盘分区方案等，下面将分别予以详细介绍硬盘分区方案的相关知识。

1. 单系统硬盘分区方案

单系统硬盘分区方案可以考虑家庭型和办公型两种类型，以容量为 500GB 的硬盘为例介绍单系统硬盘分区的方案，如表 5-1 所示。

表 5-1　单系统硬盘分区方案

盘　符	容　量	分区格式	存储内容
C 盘	30GB	FAT32/NTFS	Windows XP
D 盘	200GB	NTFS	应用程序及软件安装
E 盘	200GB	NTFS	影音娱乐及个人文件
F 盘	70GB	NTFS	备份资料

2. 双系统硬盘分区方案

如果电脑中同时装有 Windows XP 和 Windows 7 系统，需要将其分别安装在不同的分区中，下面以容量为 500GB 的硬盘为例，介绍双系统硬盘分区的方案，如表 5-2 所示。

表 5-2 双系统硬盘分区方案

盘 符	容 量	分区格式	存储内容
C 盘	30GB	FAT32/NTFS	Windows XP
D 盘	50GB	FAT32/NTFS	Windows 7
E 盘	150GB	NTFS	应用程序及软件安装
F 盘	200GB	NTFS	影音娱乐及个人文件
G 盘	70GB	NTFS	备份资料

3. 多系统硬盘分区方案

如果电脑中安装了三个以上的系统，通常在本地磁盘(C)中以安装最常使用的操作系统，其他依次在本地磁盘(D)和本地磁盘(E)等中安装其他操作系统，如表 5-3 所示。

表 5-3 多系统硬盘分区方案

盘 符	容 量	分区格式	存储内容
C 盘	30GB	FAT32/NTFS	Windows XP
D 盘	50GB	FAT32/NTFS	Windows 7
E 盘	40GB	FAT32/NTFS	Windows Vista
F 盘	300GB	NTFS	应用程序及软件安装
G 盘	80GB	NTFS	个人文件与备份资料

5.1.5 常用的硬盘分区软件

确定了分区方案之后，需要按照拟定好的分区方案进行分区，分区常用的软件包括：DiskGenius 和 Partition Magic，下面将详细介绍一下这两款软件。

1. DiskGenius

DiskGenius 是一款硬盘分区及数据恢复软件。最初是在 DOS 版的基础上开发而成的。Windows 版本的 DiskGenius 软件，除了继承并增强了 DOS 版的大部分功能外，还增加了许多新的功能：已删除文件恢复、分区复制、分区备份、硬盘复制等功能。另外还增加了对 VMWare 虚拟硬盘的支持。

2. Partition Magic

Partition Magic 可以说是目前硬盘分区管理工具中的佼佼者，其最大特点是允许在不损失硬盘中原有数据的前提下对硬盘进行重新设置分区、分区格式化、复制、移动、格式转换、更改硬盘分区大小和隐藏硬盘分区以及多操作系统启动设置等操作。Partition Magic 具有方便、快捷和稳定的特点。

5.2 使用启动盘启动电脑

在硬盘无法启动的时候，用户可以选择启动盘来启动电脑，常见的启动盘有光盘启动盘和 U 盘启动盘，下面详细介绍一下这两款启动盘。

5.2.1 使用光盘启动电脑

使用光盘启动电脑，首先需要有带系统启动功能的 Windows 安装光盘，下面将介绍具体操作步骤。

第 1 步 进入 BIOS 程序，①使用方向键，选择 BOOT 选项卡；②使用按键+或者-设置 CD-ROM Drive 为第一启动项，如图 5-1 所示。

第 2 步 使用方向键，①选择 EXIT 选项卡；②选择 Exit Saving Changes 选项，如图 5-2 所示。

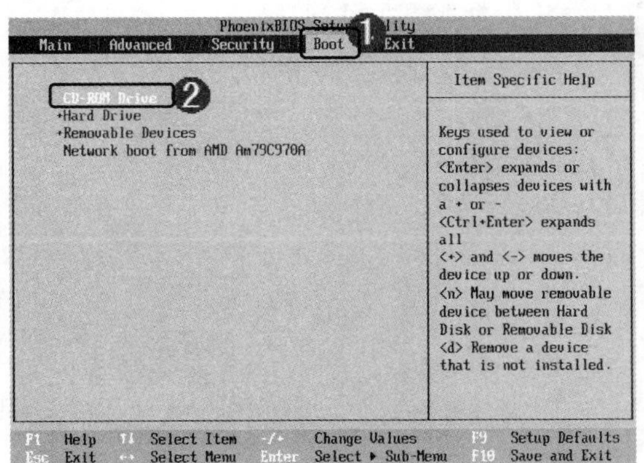

图 5-1

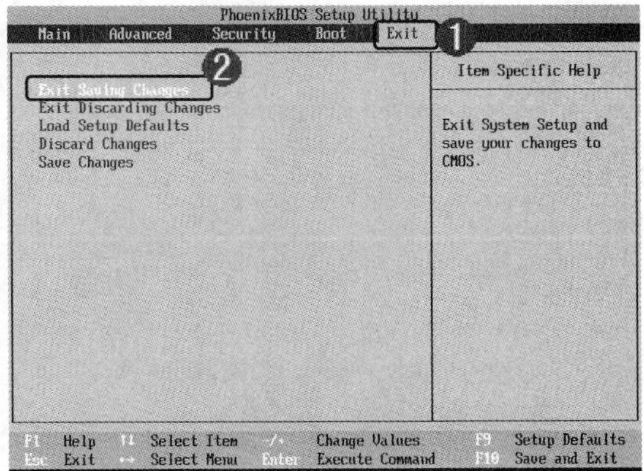

图 5-2

第 3 步 弹出 Setup Confirmation 对话框，选择 Yes 选项，如图 5-3 所示。

第 4 步 重新启动电脑，将 Windows 安装光盘放入光驱，在出现的界面中选择“2. Boot from CD-ROM”选项即可启动电脑，如图 5-4 所示。

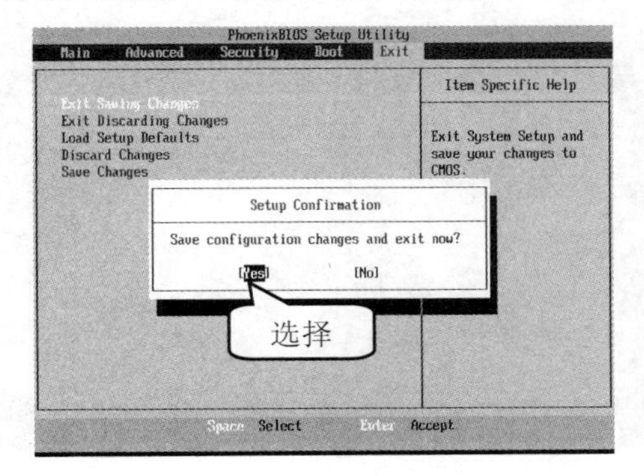

图 5-3

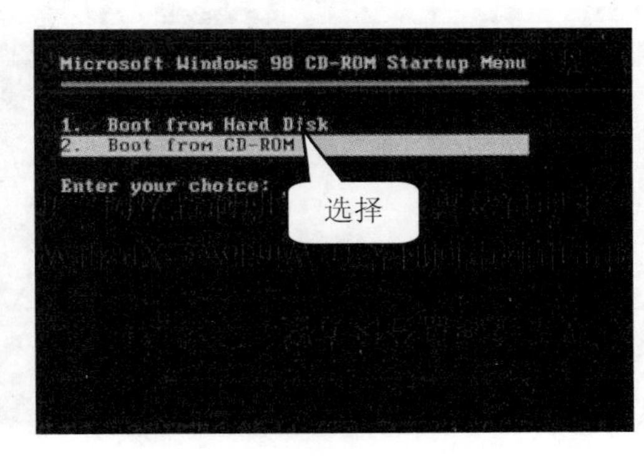

图 5-4

智慧锦囊

现在市面上带有系统启动功能的光盘随处可见，多数为 Ghost 版，在选择的时候要谨慎。

5.2.2　使用 U 盘启动电脑

在没有光驱的情况下，用户也可以使用 U 盘作为启动工具。首先要制作 U 盘启动盘，然后将 U 盘插入电脑 USB 接口。下面将详细介绍具体步骤。

第 1 步 进入 BIOS 程序，①使用方向键，选择 BOOT 选项卡；②使用按键+或者-设置 Hard Drive 为第一启动项，如图 5-5 所示。

第 2 步 使用方向键，①选择 Exit 选项卡；②选择 Exit Saving Changes 选项，如图 5-6 所示。

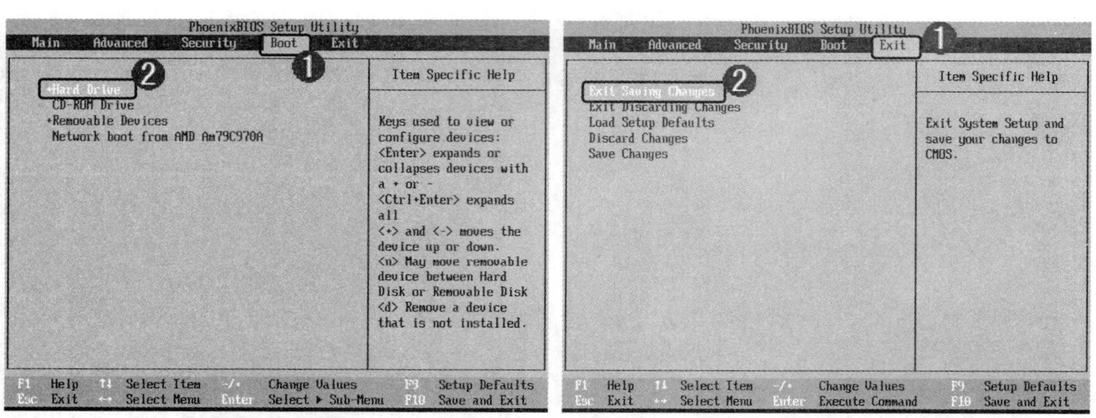

图 5-5　　图 5-6

第 3 步 弹出 Setup Confirmation 对话框，选择 Yes 选项，如图 5-7 所示。

第 4 步 重新启动电脑，当屏幕上出现 A:\>提示符号时，即可完成使用 U 盘启动电脑的操作，如图 5-8 所示。

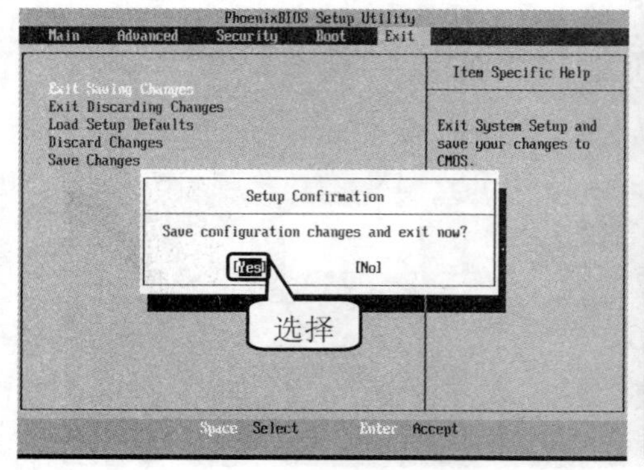

图 5-7

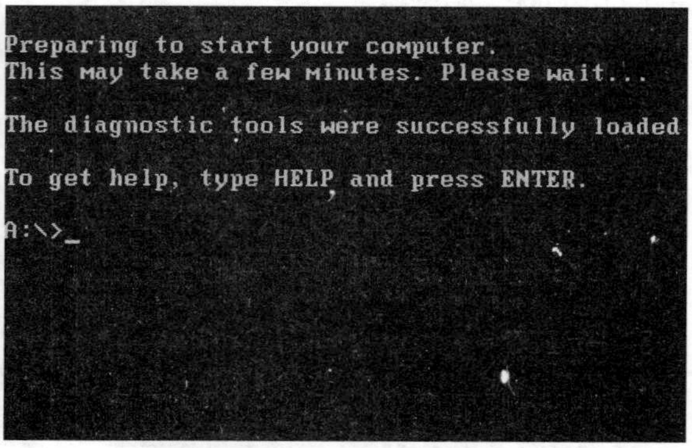

图 5-8

5.3　使用 DiskGenius 分区软件

DiskGenius 是一款集磁盘分区管理与数据恢复功能于一身的工具软件。它是一款功能强大、灵活易用的分区软件。本章将介绍如何使用 DiskGenius 进行快速分区、手工创建主分区、手工创建扩展分区、激活分区、删除分区、调整分区大小和隐藏磁盘分区。

5.3.1　快速分区模式

DiskGenius 软件为初级用户提供快速分区模式，通过快速分区模式，用户可以快速地将硬盘分成几个区域，下面将详细介绍一下具体操作步骤。

第 1 步　打开分区软件 DiskGenius，单击【快速分区】按钮，如图 5-9 所示。

第 2 步　弹出【快速分区】对话框，①选择分区数目、调整分区大小、更改卷标和调整分区格式；②单击【确定】按钮，如图 5-10 所示。

图 5-9

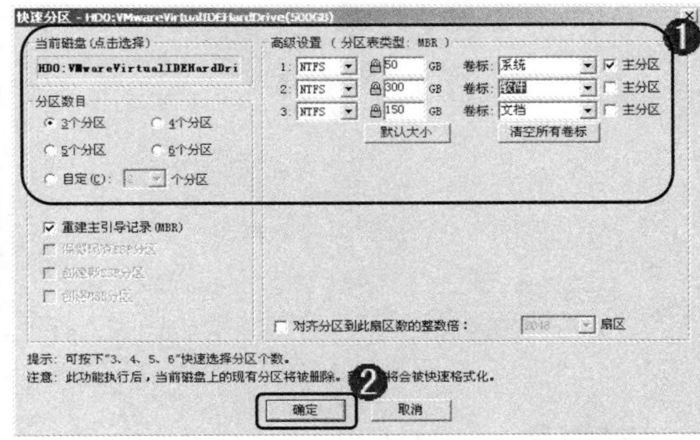

图 5-10

第 3 步　在线等待一段时间，返回到 DiskGenius 主界面，用户可以看到已经将磁盘分区为 C 盘、D 盘和 E 盘，这样即可完成快速分区的操作，如图 5-11 所示。

卷标	序号(状态)	文件系统	标识	起始柱面	磁头	扇区	终止柱面	磁头	扇区	容量
系统(C:)	0	NTFS	07	0	1	1	6527	254	63	50.0GB
扩展分区	1	EXTEND	0F	6528	0	1	65269	254	63	450.0GB
软件(D:)	4	NTFS	07	6528	1	1	45691	254	63	300.0GB
文档(E:)	5	NTFS	07	45692	1	1	65269	254	63	150.0GB

图 5-11

5.3.2 手工创建主分区

主分区也称为主磁盘分区，它是一种分区类型。任何一种操作系统的启动程序都是放在主分区上的，下面将详细介绍手工创建主分区的具体操作步骤。

第 1 步 打开 DiskGenius 分区软件，①单击菜单栏中的【分区】菜单；②选择【建立新分区】菜单项，如图 5-12 所示。

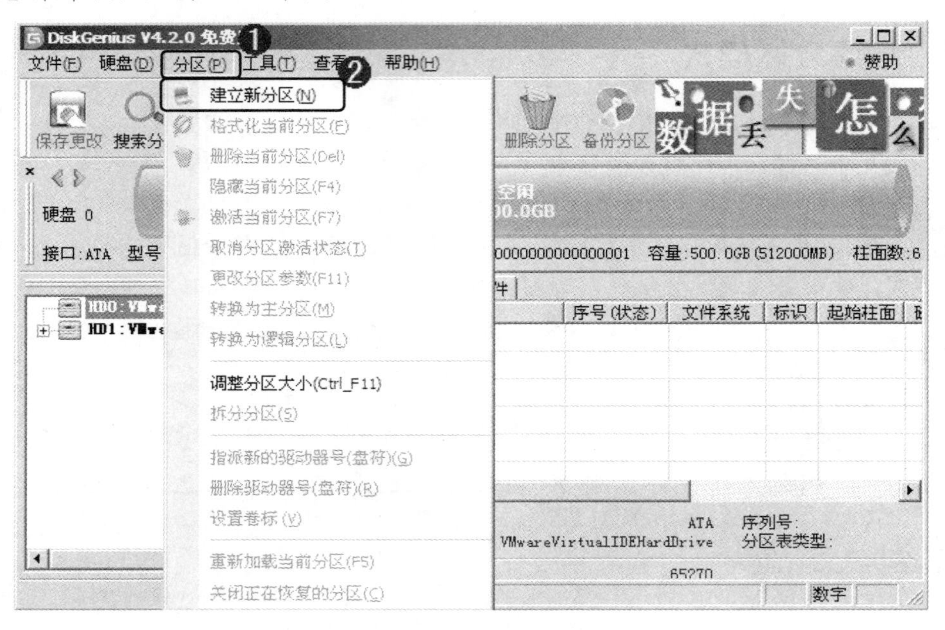

图 5-12

第 2 步 弹出【建立新分区】对话框，①调整主分区的容量大小、文件系统类型等属性；②单击【确定】按钮，如图 5-13 所示。

第 3 步 返回到 DiskGenius 软件界面，完成主分区的创建，其显示为未格式化状态，如图 5-14 所示。

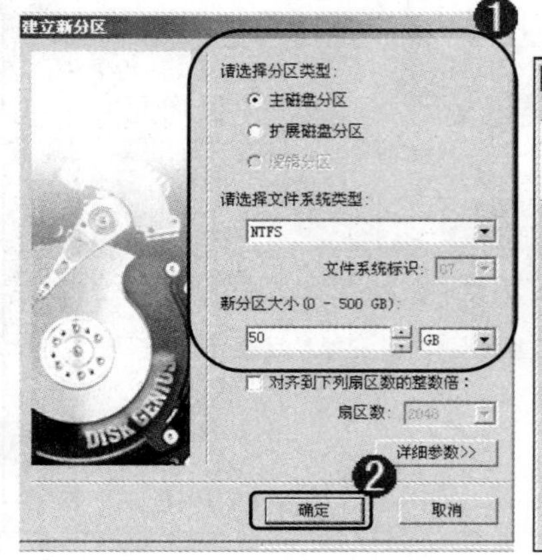

图 5-13

图 5-14

5.3.3　手工创建扩展分区

创建了主分区之后，接下来需要创建扩展分区，扩展分区容量是各个逻辑分区容量的总和，下面详细介绍创建扩展分区的操作步骤。

第 1 步 在 DiskGenius 软件主界面中，①单击菜单栏中的【分区】菜单；②在弹出的菜单中选择【建立新分区】菜单项，如图 5-15 所示。

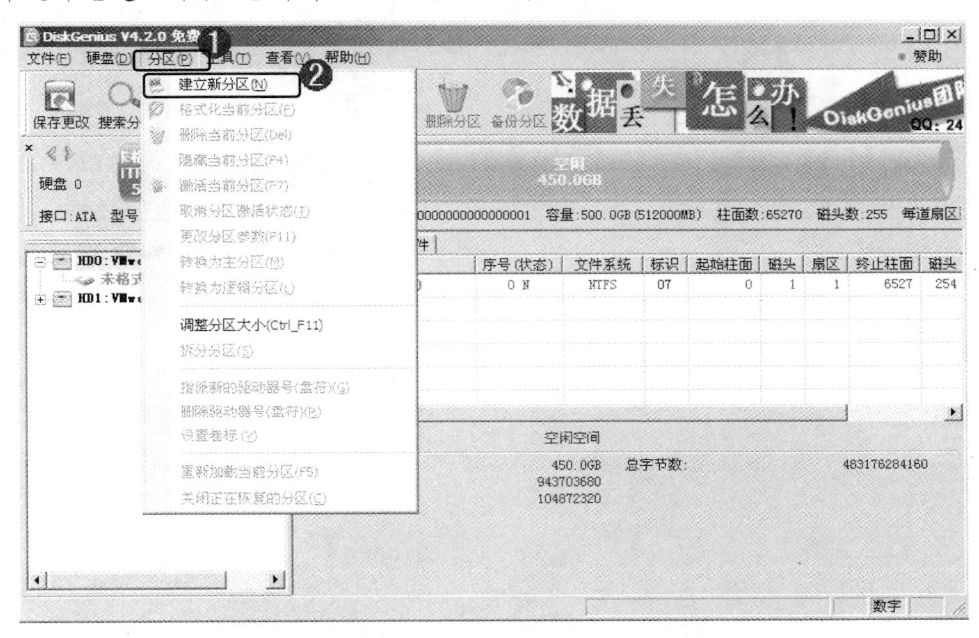

图 5-15

第 2 步 弹出【建立新分区】对话框，①选中【扩展磁盘分区】单选按钮；②单击【确定】按钮，如图 5-16 所示。

第 3 步 返回到 DiskGenius 软件主界面，用户可以看到扩展分区创建完毕，如图 5-17 所示。

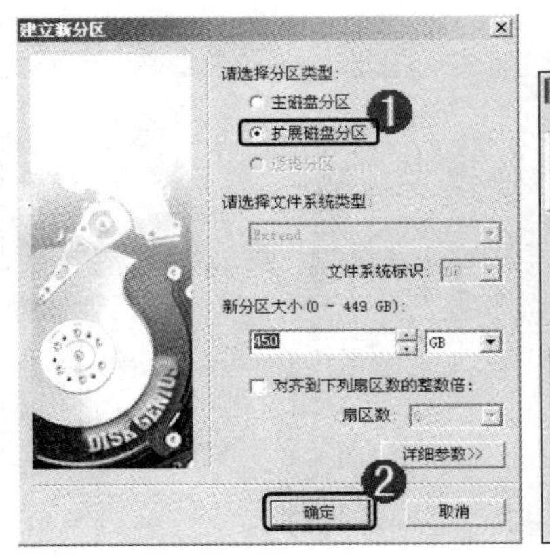

图 5-16

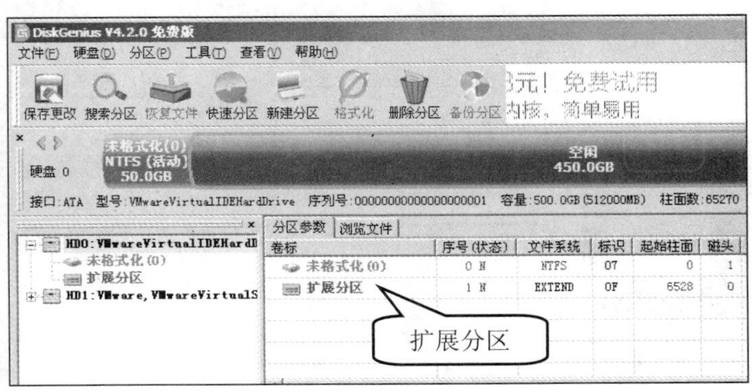

图 5-17

5.3.4 手工创建逻辑分区

逻辑分区是扩展分区的一部分，用户可以说扩展分区和逻辑分区是包含关系，下面将详细介绍创建逻辑分区的具体操作步骤。

第 1 步 创建好扩展分区以后，①单击菜单栏中的【分区】按钮；②在弹出的菜单中选择【建立新分区】菜单项，如图 5-18 所示。

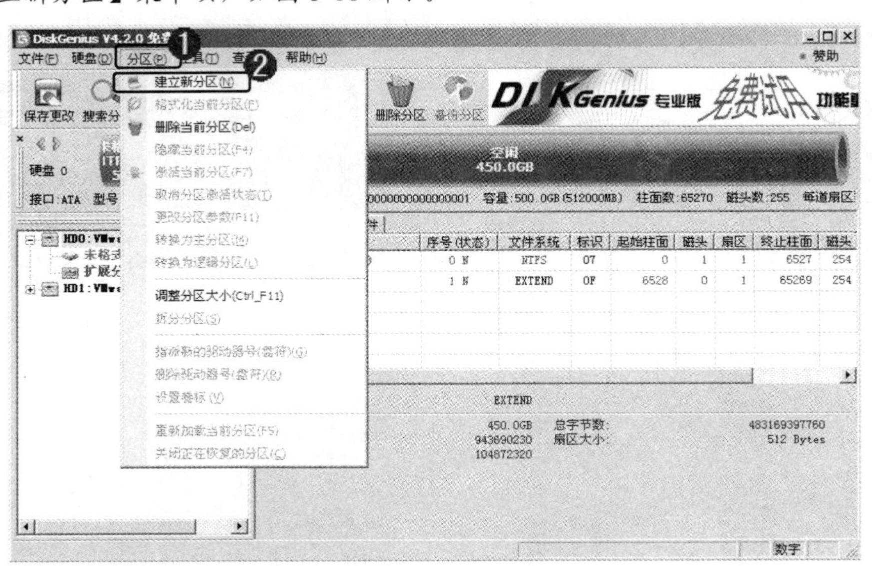

图 5-18

第 2 步 弹出【建立新分区】对话框，①选择【逻辑分区】单选按钮；②选择文件系统类型；③调整分区大小；④单击【确定】按钮，如图 5-19 所示。

第 3 步 返回到 DiskGenius 软件界面，即可完成逻辑分区的创建，显示为未格式化状态，如图 5-20 所示。

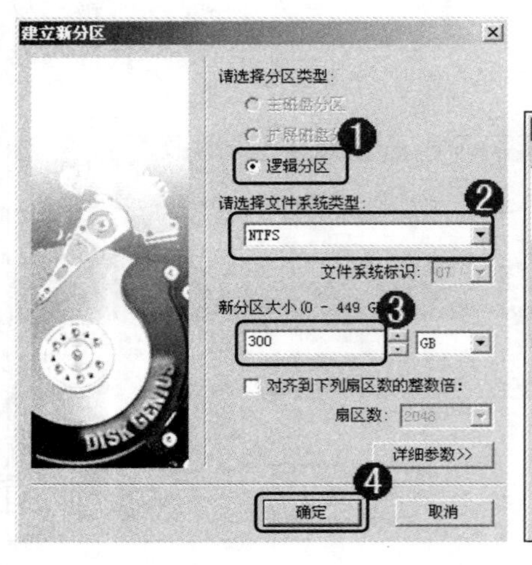

图 5-19

图 5-20

第 4 步 重复以上步骤，用户可以继续创建其他逻辑分区，例如 E 盘、F 盘等，这里不再赘述，如图 5-21 所示。

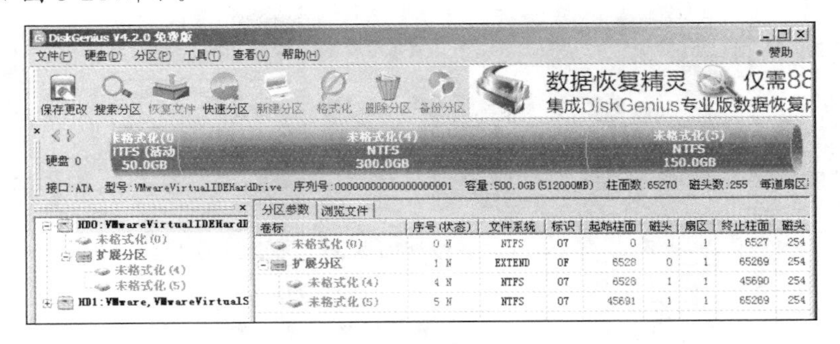

图 5-21

第 5 步 所有逻辑分区创建成功后，单击【保存更改】按钮，如图 5-22 所示。

第 6 步 在弹出的对话框中单击【是】按钮，如图 5-23 所示。

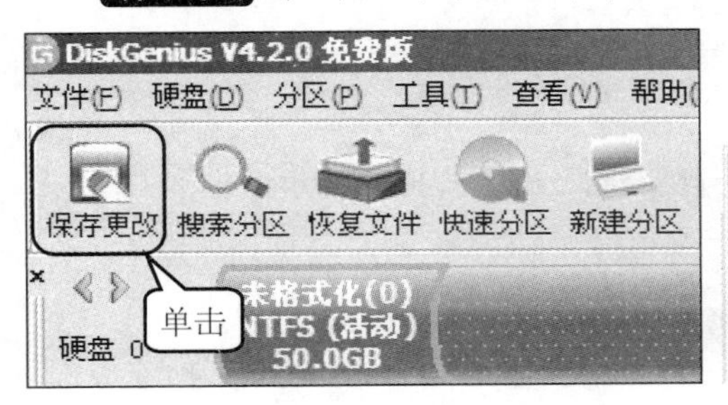

图 5-22

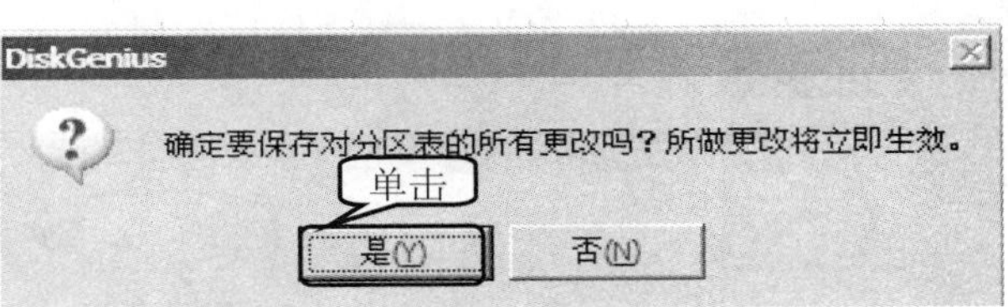

图 5-23

第 7 步 经过一段时间的在线等待，返回到 DiskGenius 软件主界面，用户可以看到完成了逻辑分区的创建，如 D 盘和 E 盘，如图 5-24 所示。

图 5-24

5.3.5　删除分区

在建立分区的过程中，用户发现分区不理想可以选择删除分区，重新建立新的分区方案。下面以删除 D 盘为例，详细介绍删除分区的具体步骤。

第 1 步 打开 DiskGenius 分区软件，①单击需要删除的分区，如【本地磁盘 (D:)】；

②单击菜单栏中的【分区】菜单；③弹出下列菜单，选择【删除当前分区】菜单项，如图 5-25 所示。

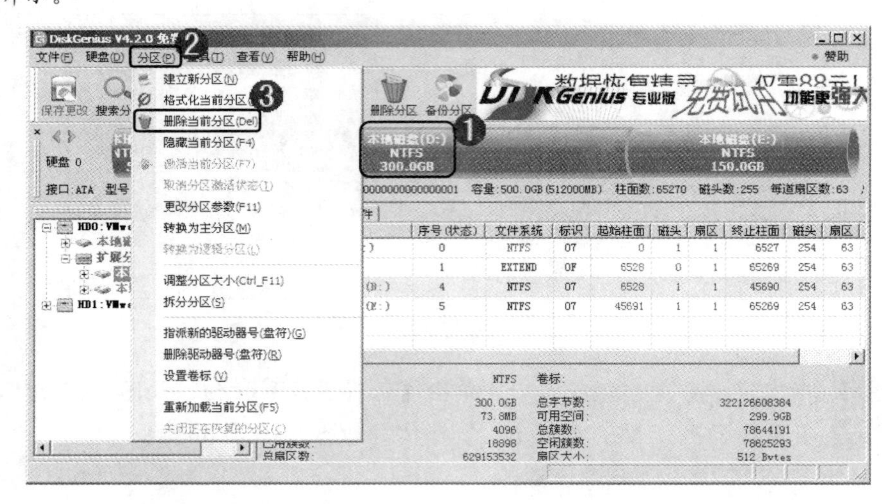

图 5-25

第 2 步 弹出 DiskGenius 对话框，单击【是】按钮，如图 5-26 所示。

图 5-26

第 3 步 返回到 DiskGenius 软件界面，①单击【保存更改】按钮；②弹出 DiskGenius 对话框，单击【是】按钮，如图 5-27 所示。

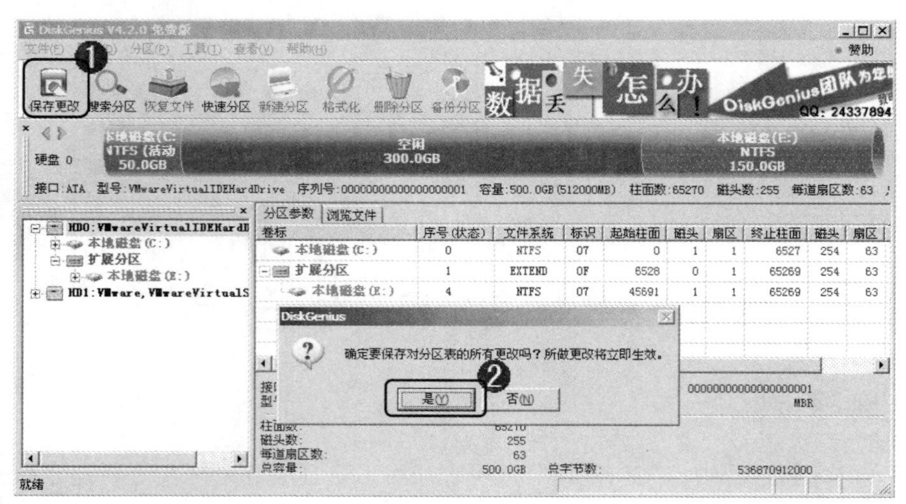

图 5-27

第 4 步 经过一段时间在线等待后，完成 D 盘删除，如图 5-28 所示。

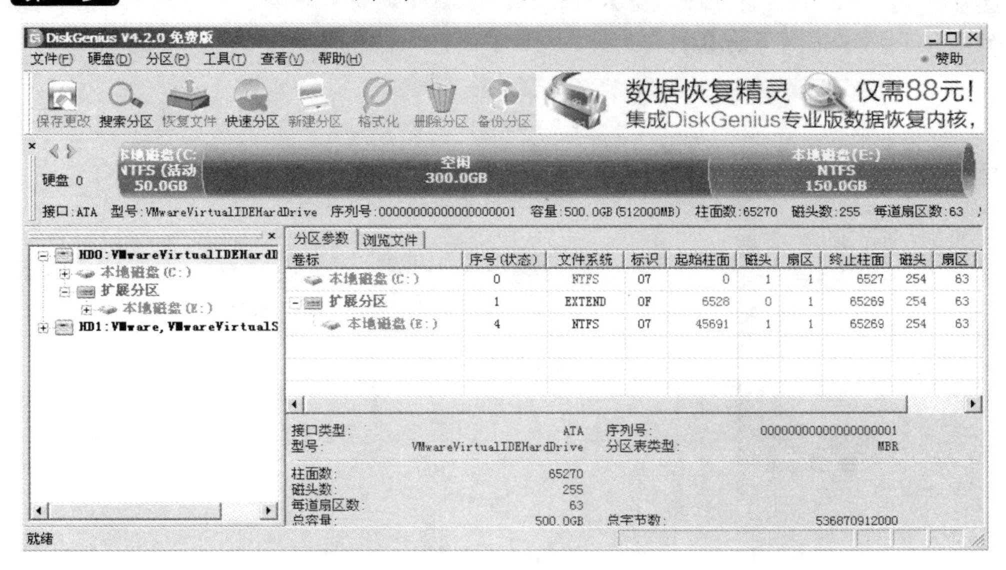

图 5-28

重复以上步骤即可删除其他分区，这里不再赘述。

5.3.6　调整分区大小

在分区之后发现把两个逻辑分区分到了一起，形成一个逻辑分区过大的现象，那么用户可以使用调整分区大小来调整。下面以 D 盘为例，详细介绍调整分区大小的具体步骤。

第 1 步 打开 DiskGenius 分区软件，①单击需要调整分区大小的分区，如【本地磁盘(D:)】；②单击菜单栏中的【分区】菜单；③选择【调整分区大小】菜单项，如图 5-29 所示。

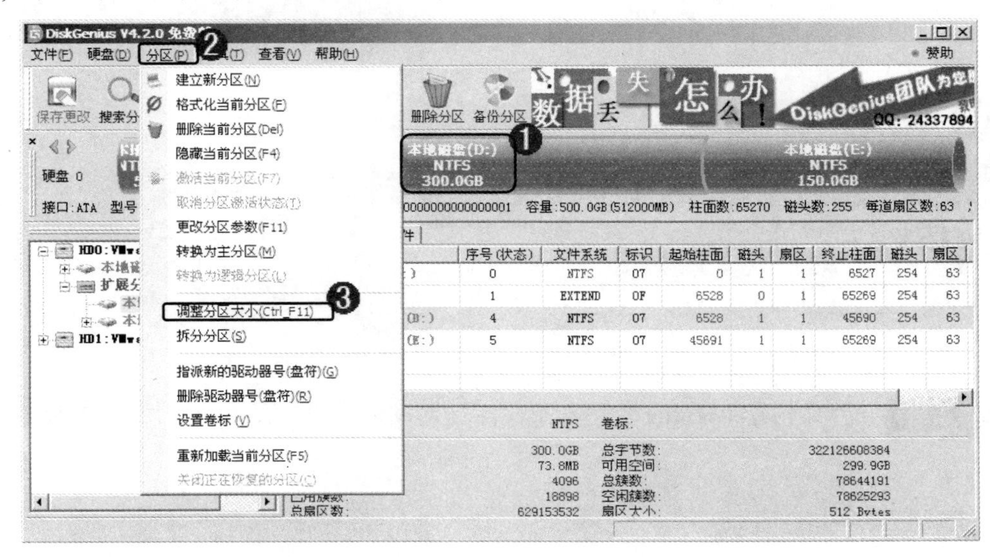

图 5-29

第 2 步 弹出【调整分区容量】对话框，①在【调整后容量】文本框中输入需要调整大小的数值；②单击【开始】按钮，如图 5-30 所示。

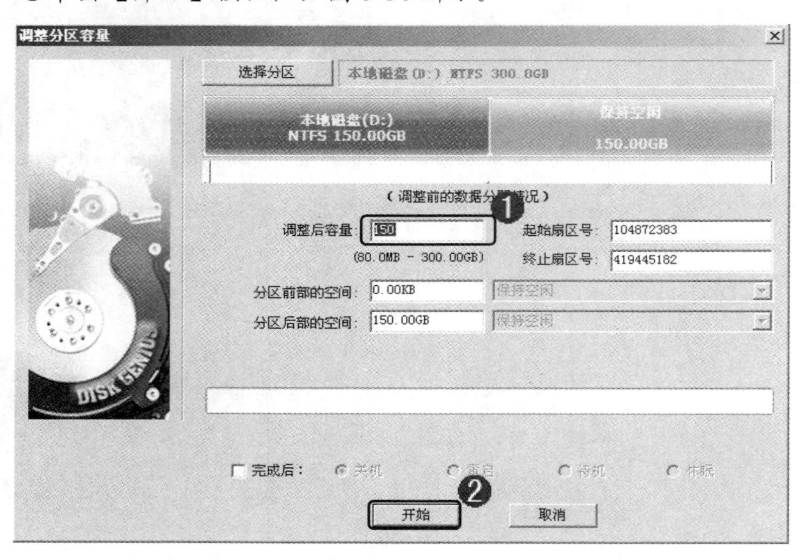

图 5-30

第 3 步 弹出 DiskGenius 对话框，显示提示信息“确定要立即调整此分区的容量吗？”，单击【是】按钮，如图 5-31 所示。

第 4 步 经过一段时间的在线等待后，单击【调整分区容量】对话框中的【完成】按钮，如图 5-32 所示。

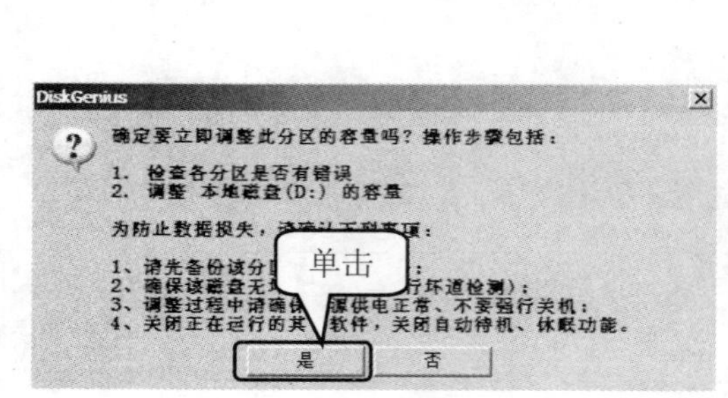

图 5-31

图 5-32

第 5 步 返回到 DiskGenius 软件界面，即可完成调整分区大小，如图 5-33 所示。

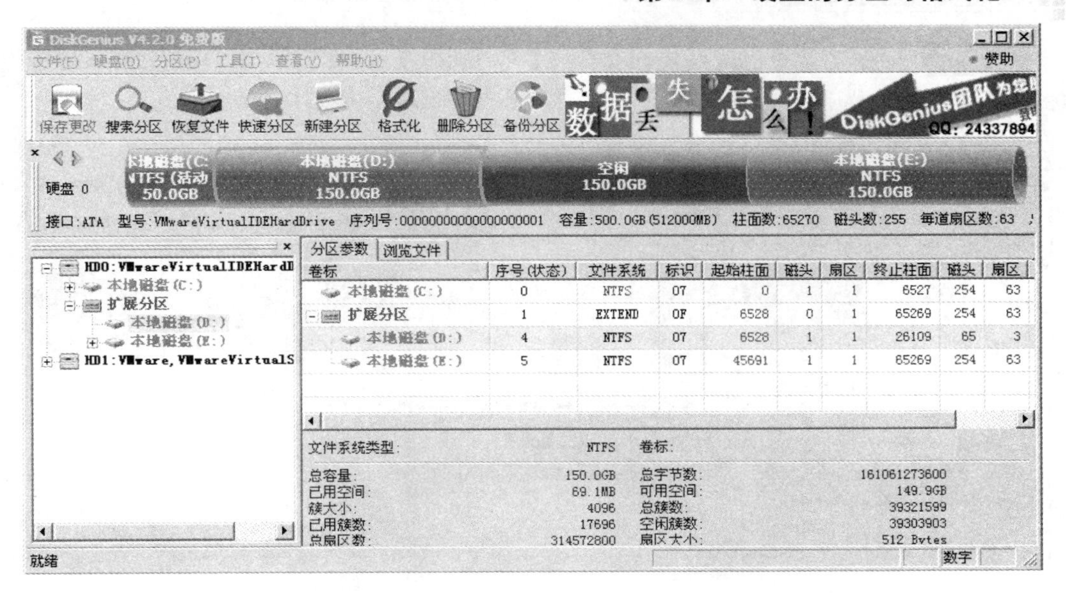

图 5-33

重复以上步骤即可完成其他分区大小的调整，这里不再赘述。

5.3.7　隐藏磁盘分区

当分区处于隐藏状态时，操作系统将不为其分配盘符，应用程序也不能对其进行访问。但隐藏分区内的文件没有丢失。下面将详细介绍隐藏磁盘分区的具体操作步骤。

第 1 步　打开 DiskGenius 分区软件，①单击需要隐藏的分区；②单击菜单栏中的【分区】菜单；③选择【隐藏当前分区】菜单项，如图 5-34 所示。

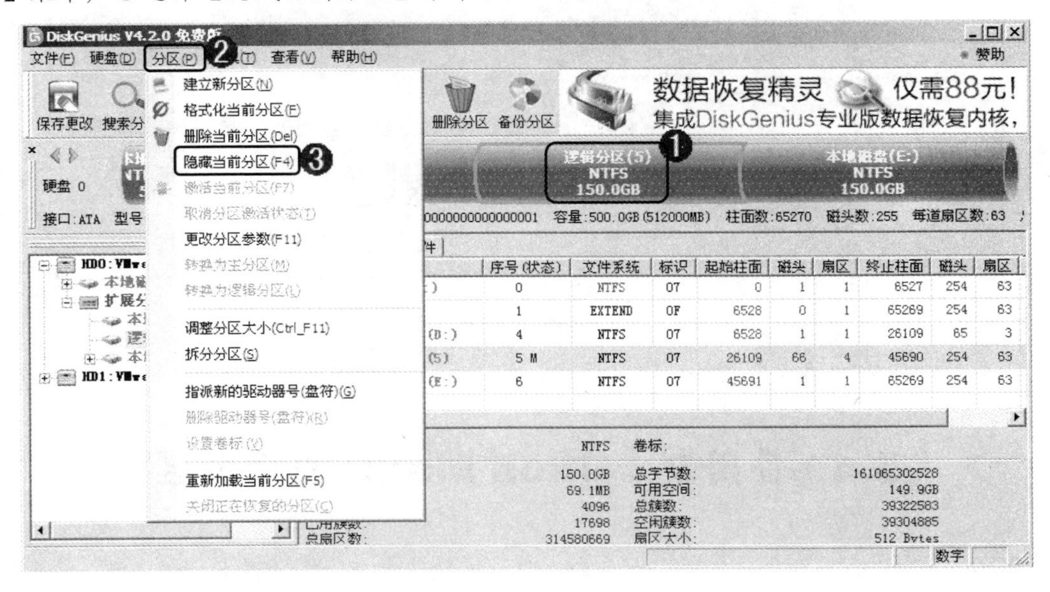

图 5-34

第 2 步 磁盘显示为隐藏状态，①单击【保存更改】按钮；②弹出 DiskGenius 对话框，单击【是】按钮，如图 5-35 所示。

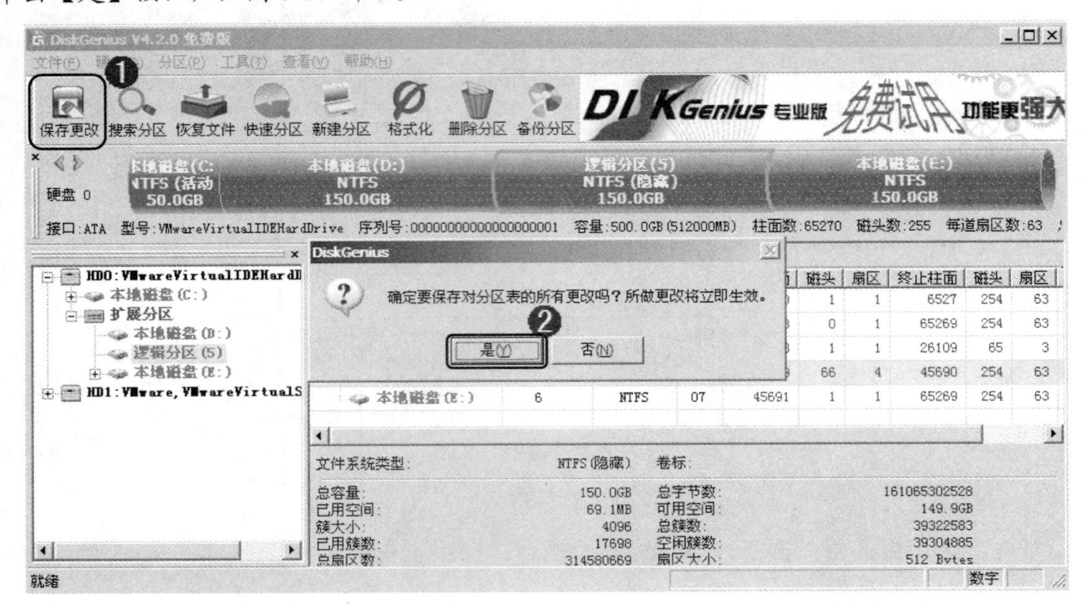

图 5-35

第 3 步 返回 DiskGenius 软件界面，即可完成隐藏磁盘分区，如图 5-36 所示。

图 5-36

重复以上步骤即可完成其他分区的隐藏，这里不再赘述。

5.4 使用 Partition Magic 命令分区

Partition Magic 是经常用到的分区软件，具有创建主分区、创建扩展分区、激活主分区、调整分区大小、合并分区、转换分区格式和隐藏磁盘分区的功能，下面将详细介绍 Partition Magic 的相关知识和技巧。

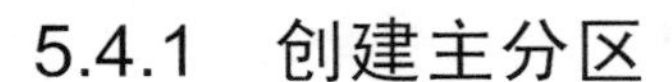

5.4.1　创建主分区

主分区的作用是电脑进行操作系统启动的，因此每一个操作系统的启动，都应该存放在主分区上。下面将详细介绍如何使用 Partition Magic 创建主分区。

第 1 步 打开 PartitionMagic 软件，单击【选择一个任务】窗格中的【创建一个新分区】链接项，如图 5-37 所示。

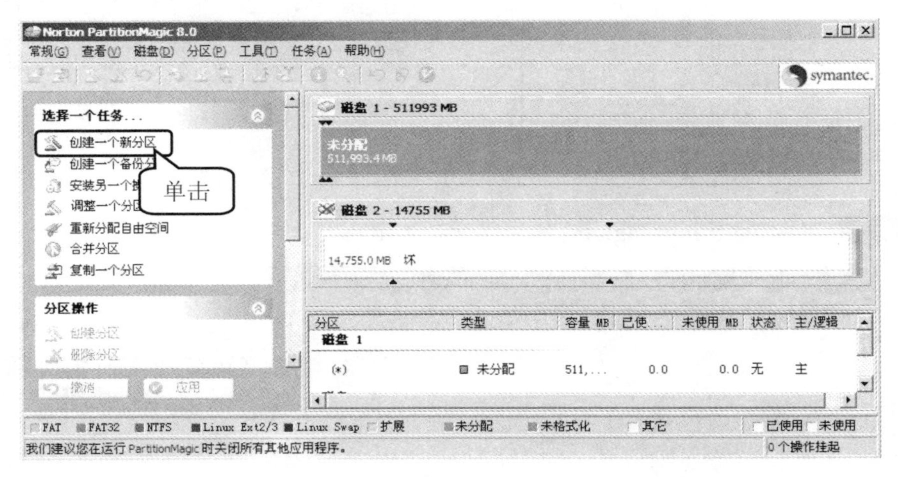

图 5-37

第 2 步 弹出【创建新的分区】对话框，单击【下一步】按钮，如图 5-38 所示。

第 3 步 进入【选择磁盘】界面，①选择需要分区的磁盘；②单击【下一步】按钮，如图 5-39 所示。

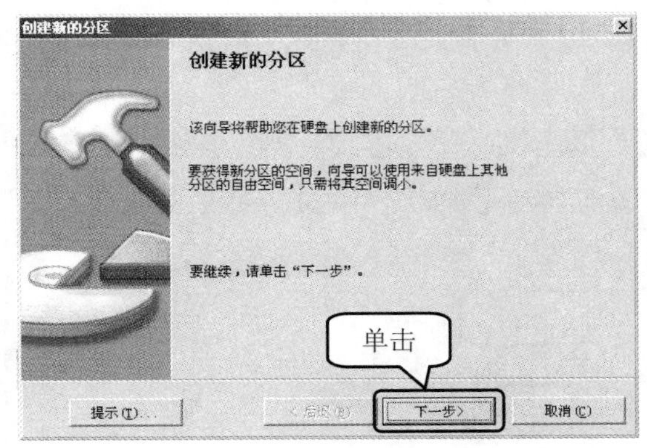

图 5-38

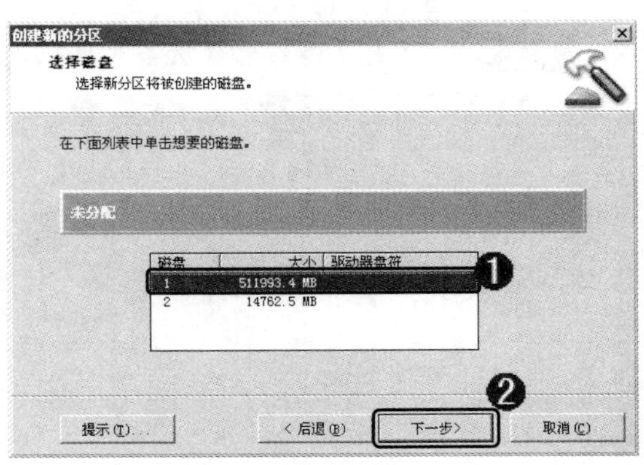

图 5-39

第 4 步 进入【分区属性】界面，①调整主分区的容量大小、卷标和驱动器盘符等属性；②单击【下一步】按钮，如图 5-40 所示。

第 5 步 进入【确认选择】界面，单击【完成】按钮，如图 5-41 所示。

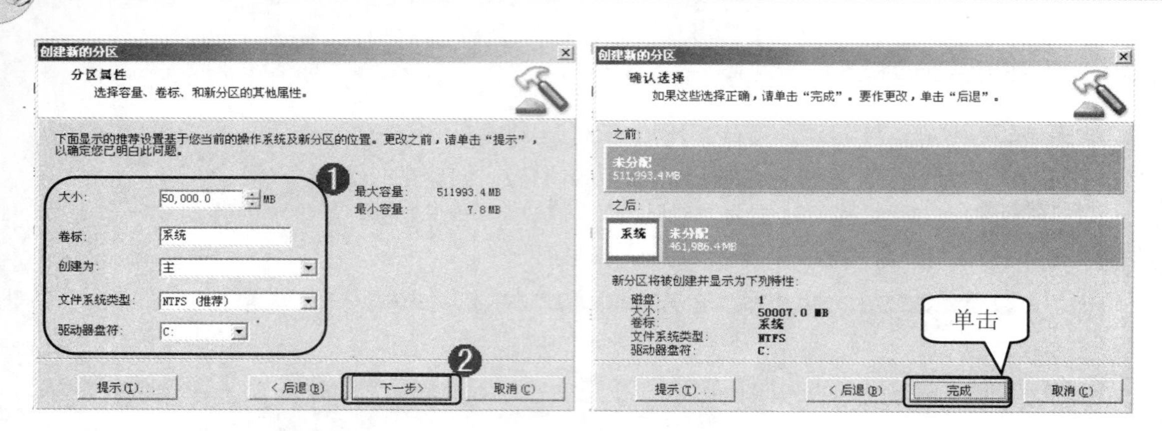

图 5-40　　　　图 5-41

第 6 步 返回 PartitionMagic 软件主界面，显示已完成创建的主分区，如图 5-42 所示。

图 5-42

第 7 步 刚刚创建的分区还不能使用，需要格式化后方可使用，①选择刚刚创建的分区；②单击菜单栏中的【分区】菜单；③选择【格式化】菜单项，如图 5-43 所示。

第 8 步 弹出【格式化分区】对话框，单击【确定】按钮，如图 5-44 所示。

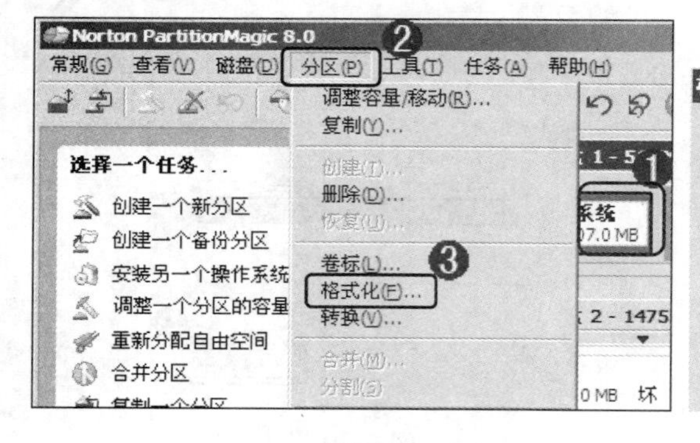

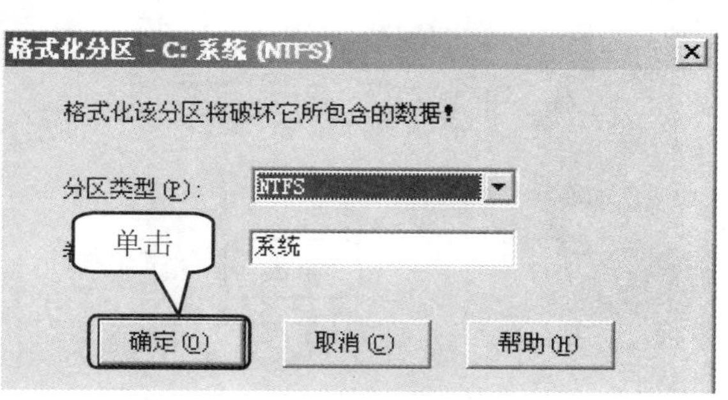

图 5-43　　　　图 5-44

第 9 步 返回 PartitionMagic 软件主界面，单击【分区操作】窗格下方的【应用】按钮，完成挂起操作，如图 5-45 所示。

第 10 步 弹出【应用更改】对话框，单击【是】按钮，如图 5-46 所示。

第 11 步 弹出【无活动分区】对话框，单击【是】按钮即可完成主分区创建，如图 5-47 所示。

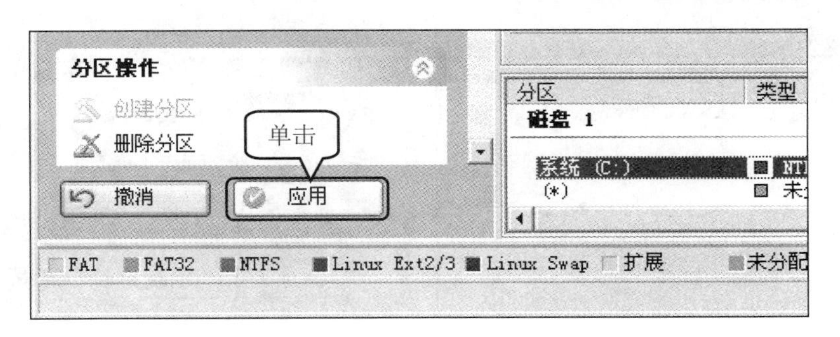

图 5-45

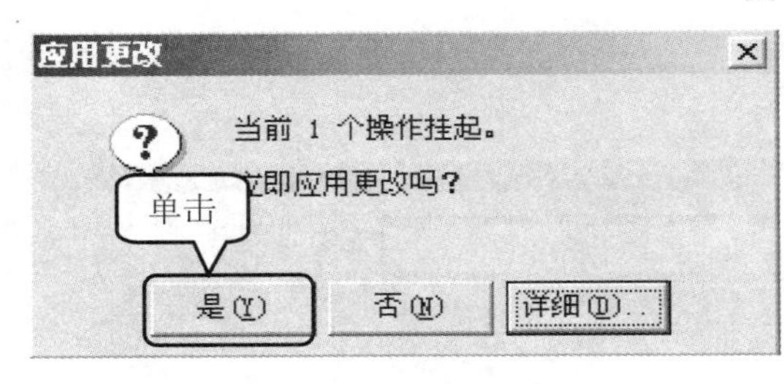

图 5-46

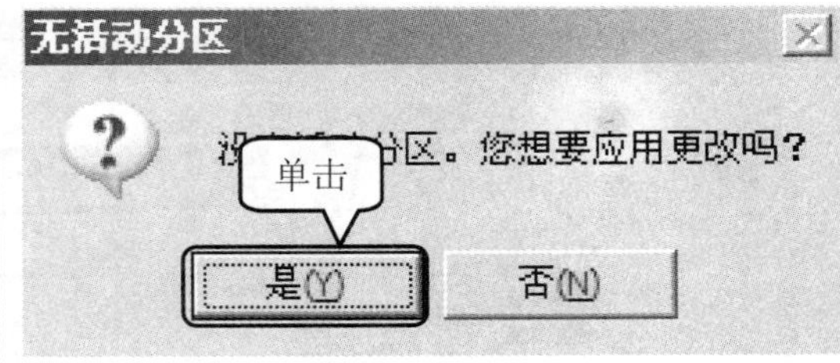

图 5-47

5.4.2　创建逻辑分区

创建主分区后即可创建逻辑分区，下面以创建 D 盘为例，详细介绍创建分区的具体步骤。

第 1 步 打开 PartitionMagic 软件，①右击【未分配】磁盘；②弹出快捷菜单，选择【创建】菜单项，如图 5-48 所示。

第 2 步 弹出【创建分区】对话框，①调整逻辑分区容量大小、盘符等属性；②单击【确定】按钮，如图 5-49 所示。

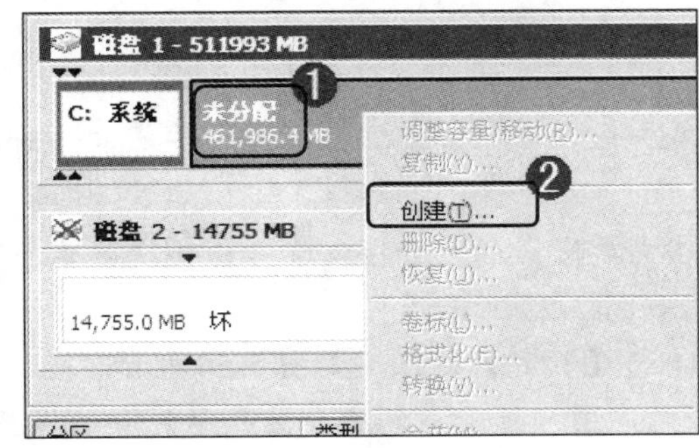

图 5-48

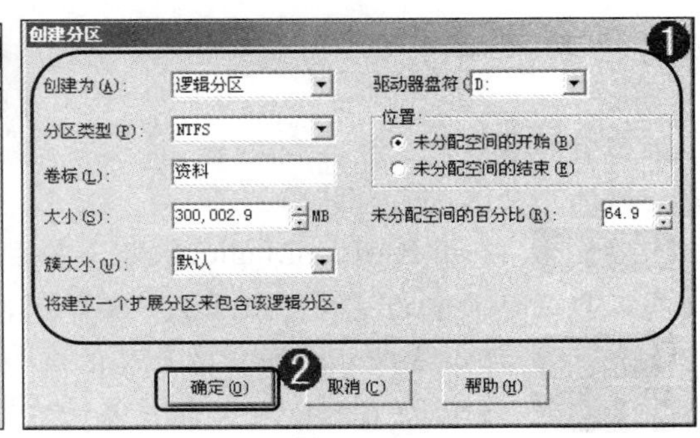

图 5-49

第 3 步 返回 PartitionMagic 软件界面，①右击刚刚创建的 D 盘；②弹出快捷菜单，选择【格式化】菜单项，如图 5-50 所示。

第 4 步 弹出【格式化分区】对话框，单击【确定】按钮，如图 5-51 所示。

第 5 步 返回 PartitionMagic 软件界面，①单击【分区操作】窗格下方的【应用】按钮；②弹出【应用更改】对话框，单击【是】按钮，如图 5-52 所示。

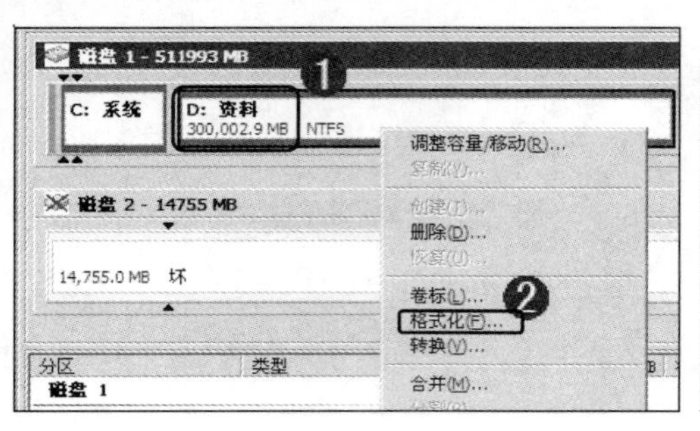

图 5-50

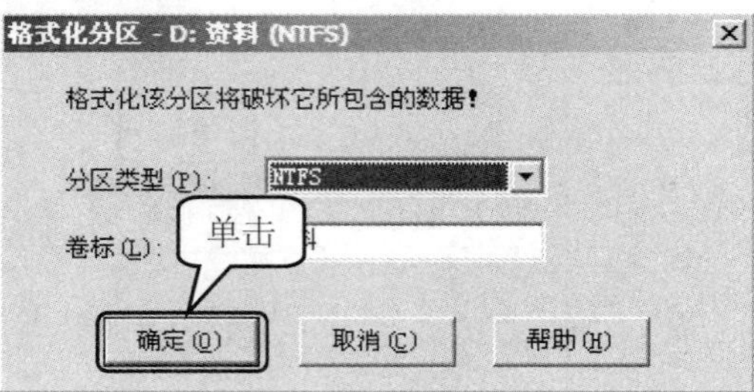

图 5-51

图 5-52

重复以上步骤即可创建其他逻辑分区，例如 E 盘等，这里不再赘述。

5.4.3 激活主分区

当主分区和逻辑分区全部创建完毕，需要激活主分区硬盘才可以正常运行，下面将详细介绍激活主分区的具体步骤。

第 1 步 打开 PartitionMagic 软件，①右击需要激活的主分区；②弹出快捷菜单，选择【高级】菜单项中的【设置激活】子菜单项，如图 5-53 所示。

第 2 步 弹出【设置活动分区】对话框，单击【确定】按钮，如图 5-54 所示。

第 3 步 返回 PartitionMagic 软件界面右下方，用户可以看到主分区显示为活动状态，这样即可完成主分区激活，如图 5-55 所示。

智慧锦囊

对于一块物理硬盘来说，只能激活一个分区。如果希望激活其他分区，首先要取消已经激活的分区，然后才可以激活其他需要激活的分区。

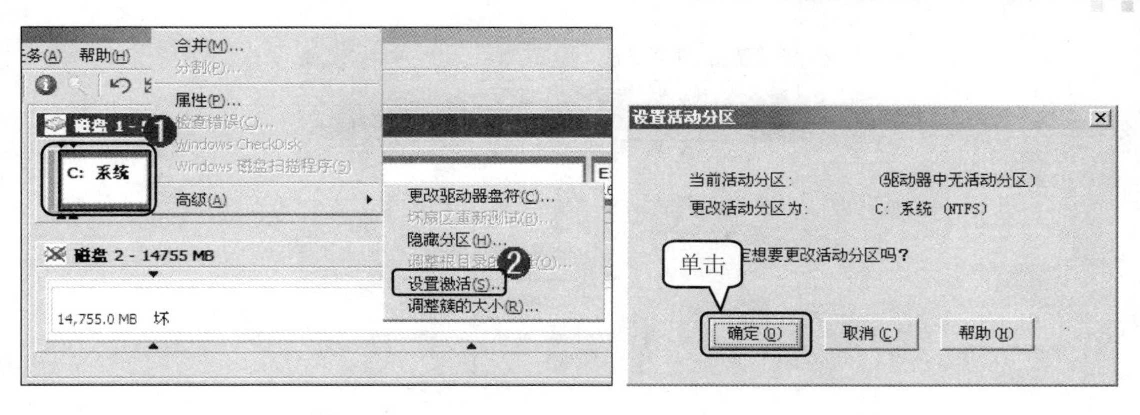

图 5-53　　　　　　　　图 5-54

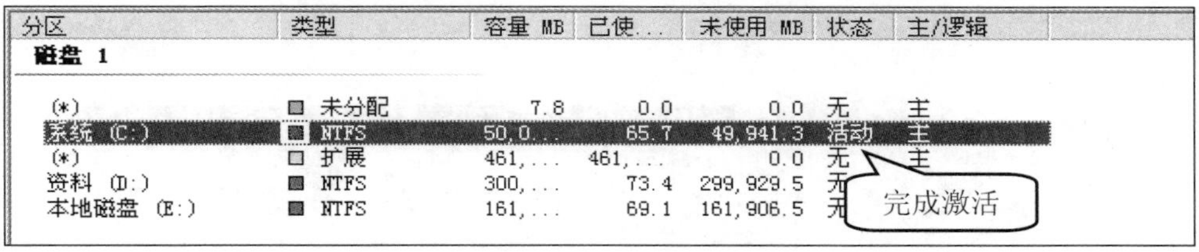

分区	类型	容量 MB	已使...	未使用 MB	状态	主/逻辑
磁盘 1						
(*)	未分配	7.8	0.0	0.0	无	主
系统 (C:)	NTFS	50,0...	65.7	49,941.3	活动	主
(*)	扩展	461,...	461,...	0.0	无	主
资料 (D:)	NTFS	300,...	73.4	299,929.5	无	
本地磁盘 (E:)	NTFS	161,...	69.1	161,906.5	无	

完成激活

图 5-55

5.4.4　调整分区大小

如果对分区的容量大小不满意，用户可以使用 PartitionMagic 软件的调整分区大小功能，下面以调整 D 盘为例，详细介绍调整分区大小的具体操作步骤。

第 1 步　打开 PartitionMagic 软件，①选择需要调整分区大小的分区，如【D 盘】；②选择菜单栏中的【分区】菜单；③在弹出的菜单中选择【调整容量/移动】菜单项，如图 5-56 所示。

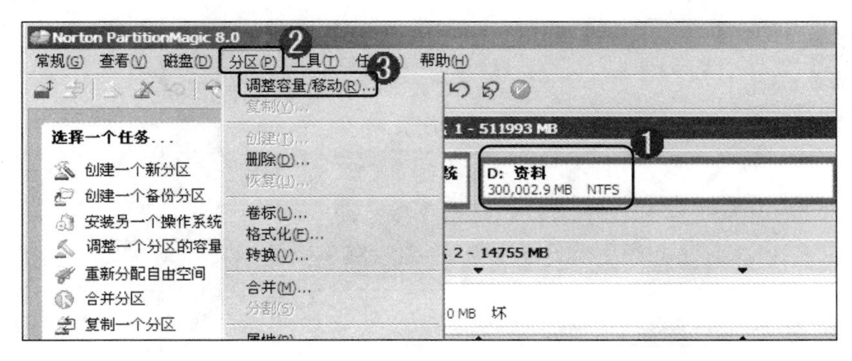

图 5-56

第 2 步　弹出【调整容量/移动分区】对话框，①在【自由空间之后】文本框中输入需要调整大小的数值。②单击【确定】按钮，如图 5-57 所示。

第 3 步　返回到 PartitionMagic 主界面，①用户可以看到已经调整大小的分区；②单击【应用】按钮，如图 5-58 所示。

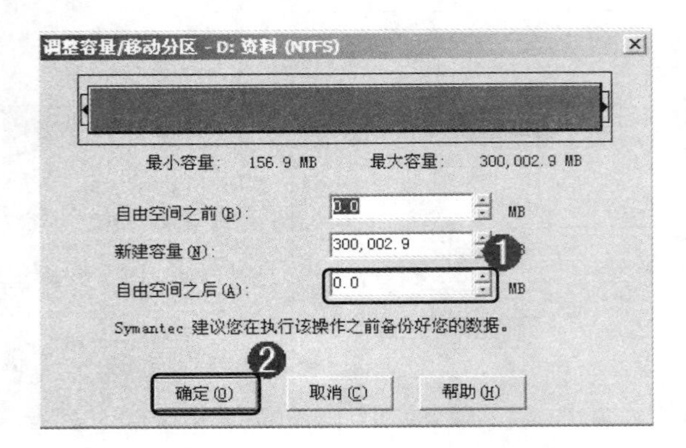

图 5-57

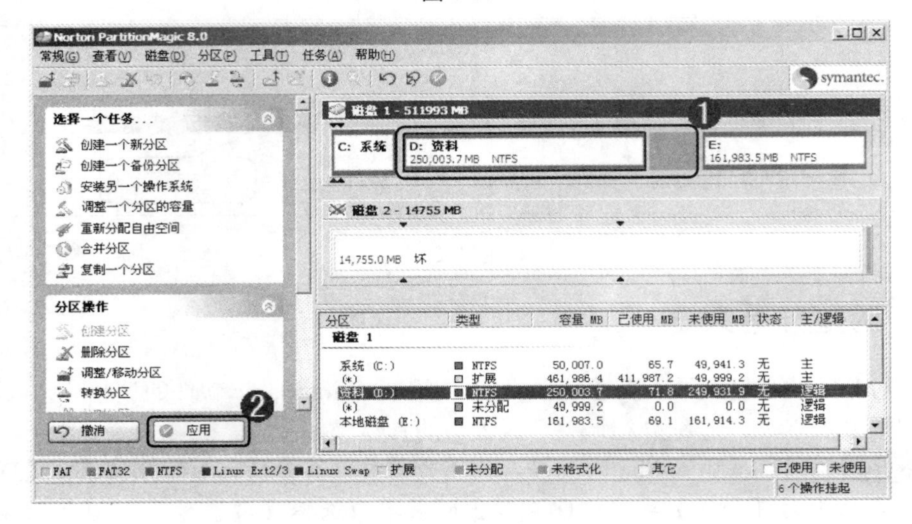

图 5-58

第 4 步 弹出【应用更改】对话框，单击【是】按钮，如图 5-59 所示。

第 5 步 弹出【过程】对话框，经过一段时间的等待，单击【确定】按钮，如图 5-60 所示。

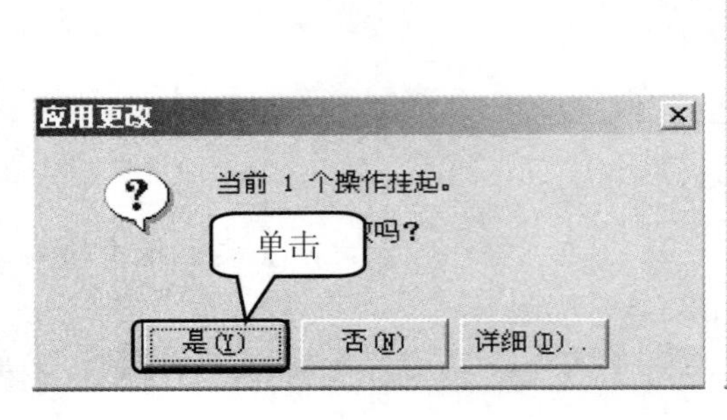

图 5-59

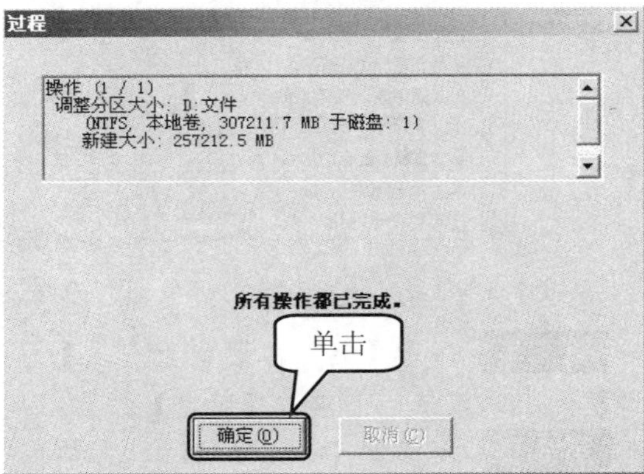

图 5-60

第 6 步 返回到 PartitionMagic 主界面，用户可以看到已经调整大小的分区的具体信息，如图 5-61 所示。

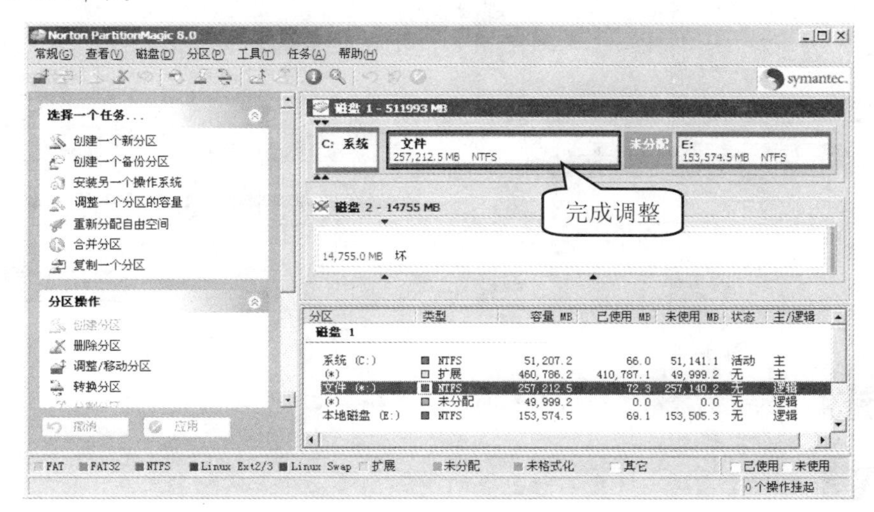

图 5-61

按照以上步骤即可完成其他分区大小的调整，例如 E 盘，这里不再赘述。

5.4.5 合并分区

如果觉得分区的大小不够使用需求，用户可以选择 PartitionMagic 的合并分区功能，下面将详细介绍合并分区的具体操作步骤。

第 1 步 单击【选择一个任务】窗格中的【合并分区】链接项，如图 5-62 所示。

第 2 步 在弹出的【合并分区】对话框中，单击【下一步】按钮，如图 5-63 所示。

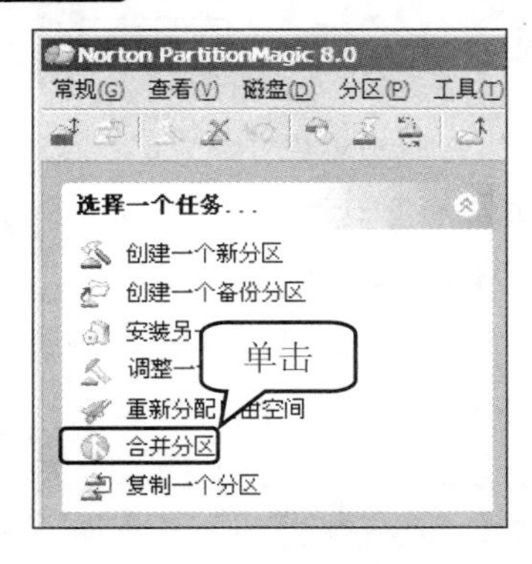

图 5-62

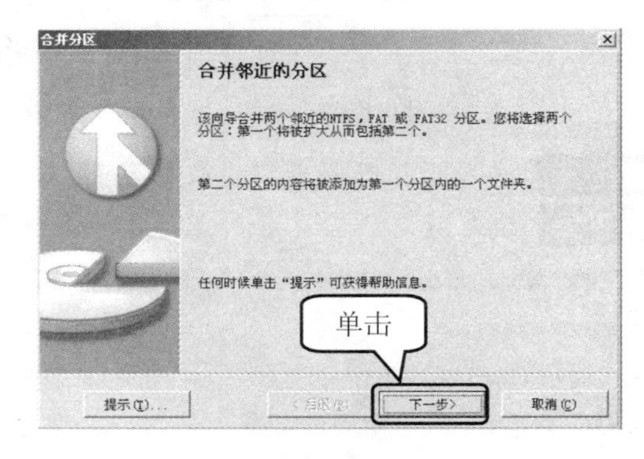

图 5-63

第 3 步 进入【选项硬盘】界面，①选择需要合并的磁盘；②单击【下一步】按钮，如图 5-64 所示。

第 4 步 进入【选择第一分区】界面，①选择第一个需要合并分区；②单击【下一步】按钮，如图 5-65 所示。

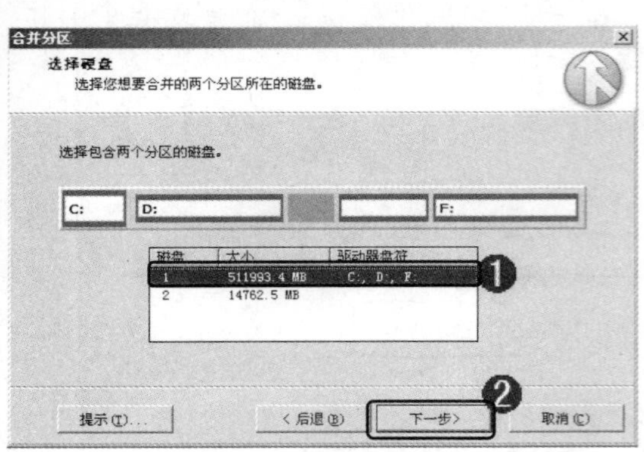

图 5-64

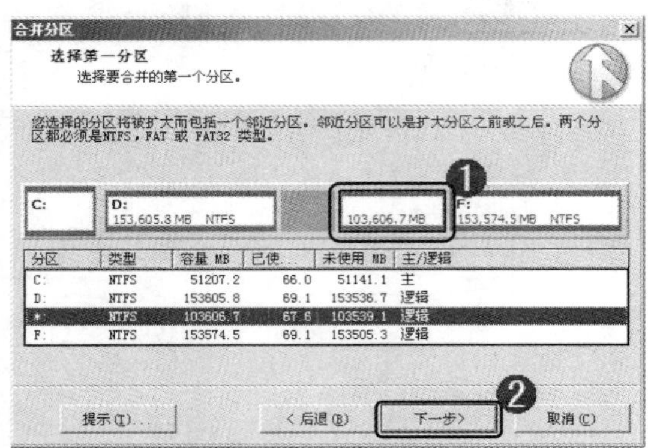

图 5-65

第 5 步 进入【选择第二分区】界面，①选择第二个需要合并的分区；②单击【下一步】按钮，如图 5-66 所示。

第 6 步 进入【选择文件夹名称】界面，①在【文件夹名称】文本框中输入合并后的分区名称；②单击【下一步】按钮，如图 5-67 所示。

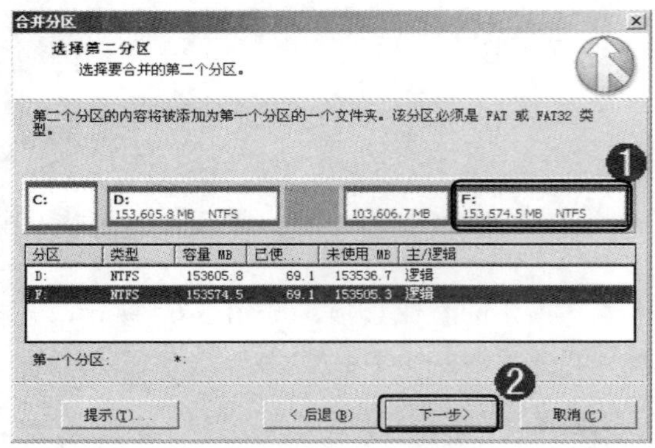

图 5-66

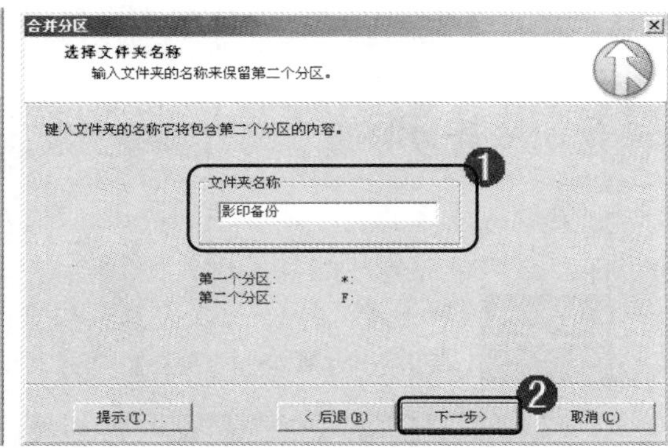

图 5-67

第 7 步 进入【驱动器盘符更改】界面，单击【下一步】按钮，如图 5-68 所示。

第 8 步 进入【确认分区合并】界面，单击【完成】按钮，如图 5-69 所示。

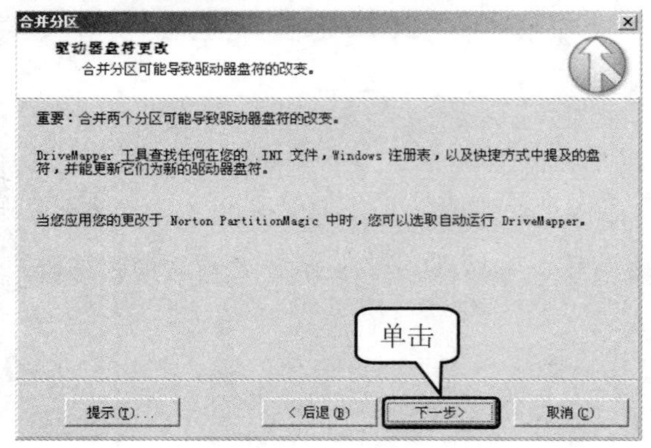

图 5-68

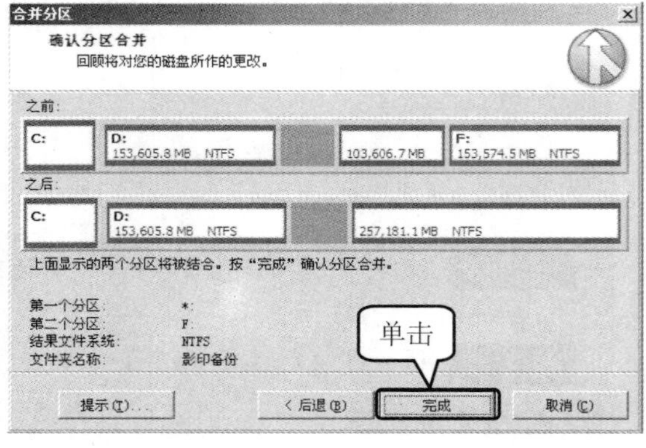

图 5-69

第 9 步 单击【操作挂起】窗格下方的【应用】按钮，如图 5-70 所示。

第 10 步 弹出【应用更改】对话框，单击【是】按钮，如图 5-71 所示。

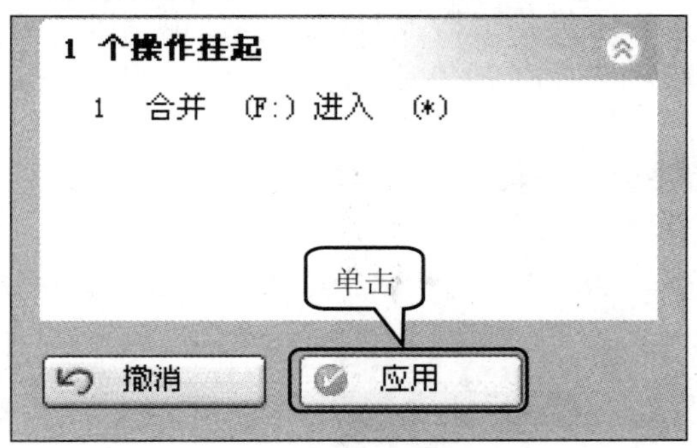

图 5-70

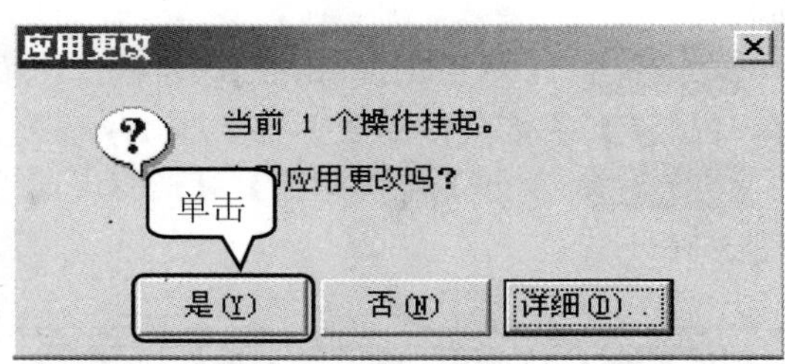

图 5-71

第 11 步 弹出【过程】对话框，显示合并分区的具体过程，如图 5-72 所示。

第 12 步 经过一段时间的在线等待，单击【过程】对话框中的【确定】按钮，如图 5-73 所示。

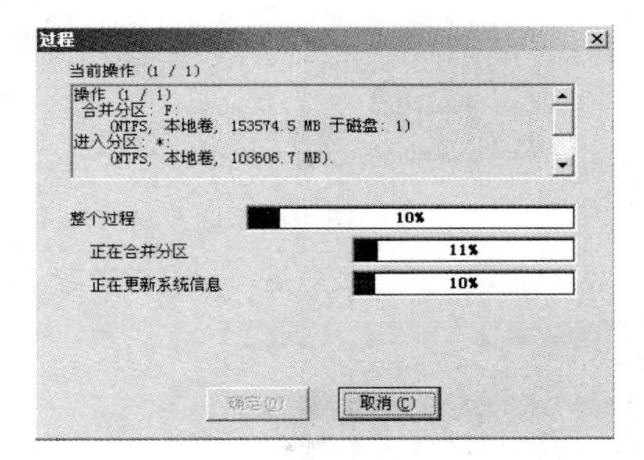

图 5-72

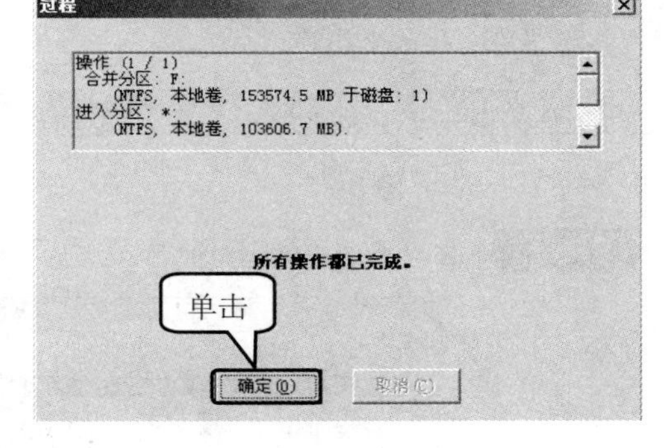

图 5-73

第 13 步 返回 PartitionMagic 软件界面，用户可以看到已经合并的分区，按照以上步骤，即可完成合并分区的操作，如图 5-74 所示。

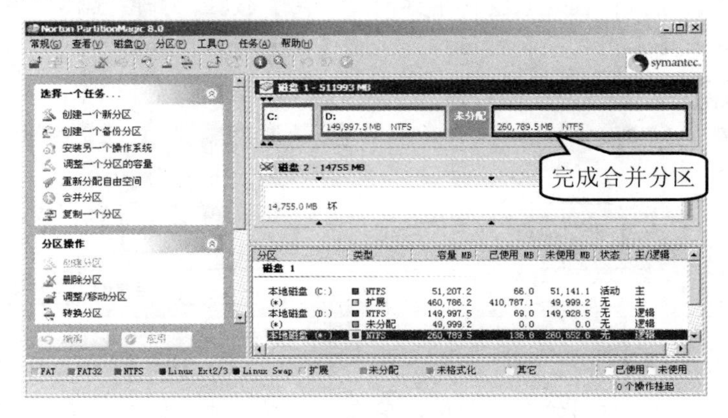

图 5-74

5.4.6 转换分区格式

在分区软件 PartitionMagic 中可以将格式 FAT 32 转换成格式 NTFS，同样也可以将格式 NTFS 转换成格式 FAT 32。下面以格式 NTFS 转换成格式 FAT 32 为例，详细介绍具体操作步骤。

第 1 步 打开 PartitionMagic 软件，①右击需要转换格式的分区；②弹出快捷菜单，选择【转换】菜单项，如图 5-75 所示。

第 2 步 弹出【转换分区】对话框，①选择 FAT32 单选按钮；②单击【确定】按钮，如图 5-76 所示。

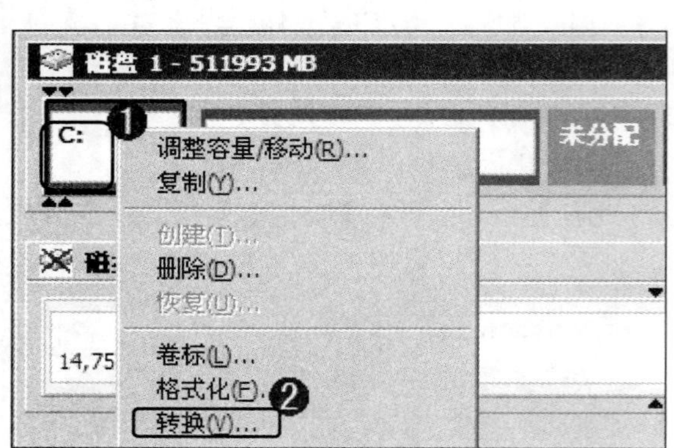

图 5-75

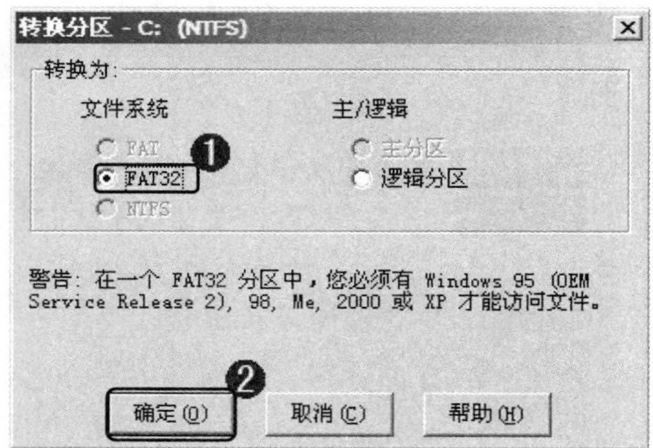

图 5-76

第 3 步 返回 PartitionMagic 软件界面中，显示完成分区格式转换，如图 5-77 所示。

分区	类型	容量 MB	已使用 MB	未使用 MB	状态	主/逻辑
磁盘 1						
本地磁盘 (C:)	FAT32	51,207.2	100.1	51,107.1	活动	主
(*)	扩展	460,786.2	410,787.1	49,999.2	无	主
本地磁盘 (D:)	NTFS	153,605.8	69.1	153,536.7	无	逻辑
(*)	未分配	49,999.2	0.0	0.0	无	逻辑
本地磁盘 (*:)	NTFS	257,181.2	136.7	257,044.4	无	逻辑

图 5-77

第 4 步 单击【操作挂起】窗格下方的【应用】按钮，如图 5-78 所示。

第 5 步 弹出【应用更改】对话框，单击【是】按钮，如图 5-79 所示。

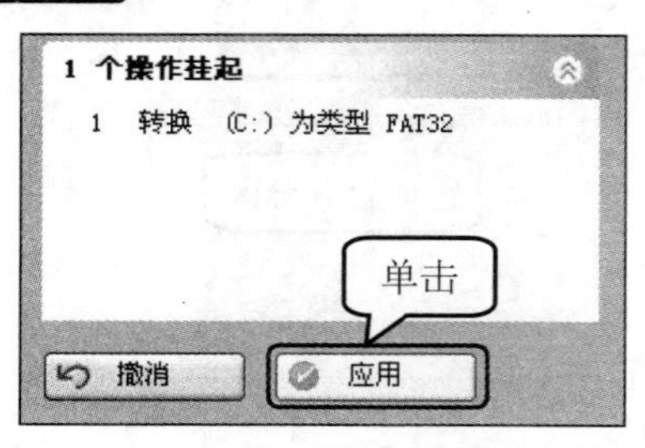

图 5-78

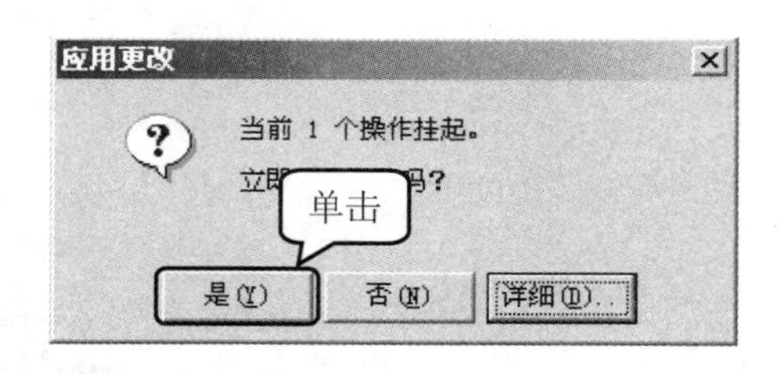

图 5-79

第 6 步 经过一段时间的在线等待，单击【过程】对话框中的【确定】按钮，完成分区格式转换，如图 5-80 所示。

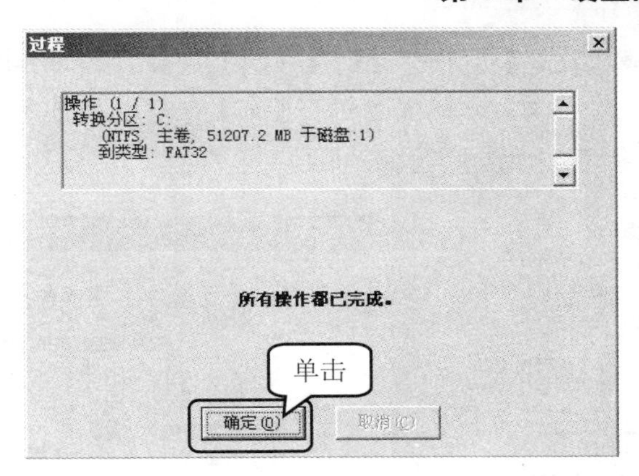

图 5-80

通过以上步骤即可实现其他分区的格式转换，这里不再赘述。

5.4.7　隐藏磁盘分区

在分区软件 PartitionMagic 中提供了隐藏磁盘分区的功能，用户可以保护不希望被看到的文件或者数据。下面将详细介绍隐藏磁盘分区的具体操作步骤。

第 1 步 选择需要隐藏的磁盘分区，如图 5-81 所示。

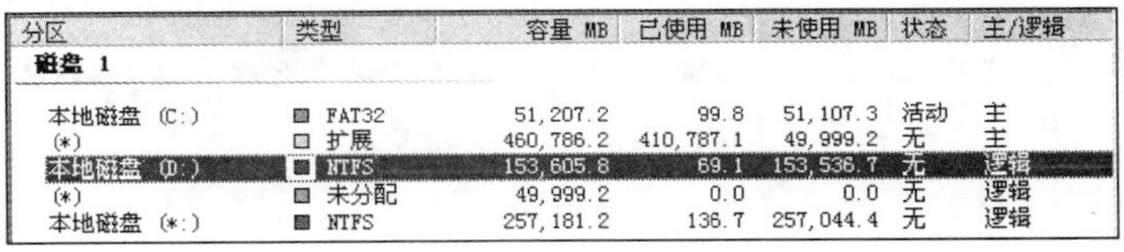

分区	类型	容量 MB	已使用 MB	未使用 MB	状态	主/逻辑
磁盘 1						
本地磁盘 (C:)	FAT32	51,207.2	99.8	51,107.3	活动	主
(*)	扩展	460,786.2	410,787.1	49,999.2	无	主
本地磁盘 (D:)	NTFS	153,605.8	69.1	153,536.7	无	逻辑
(*)	未分配	49,999.2	0.0	0.0	无	逻辑
本地磁盘 (*:)	NTFS	257,181.2	136.7	257,044.4	无	逻辑

图 5-81

第 2 步 在 PartitionMagic 软件界面中，①单击菜单栏【分区】菜单项；②弹出菜单，选择【高级】菜单项，选择【隐藏分区】子菜单项，如图 5-82 所示。

第 3 步 弹出【隐藏分区】对话框，单击【确定】按钮，如图 5-83 所示。

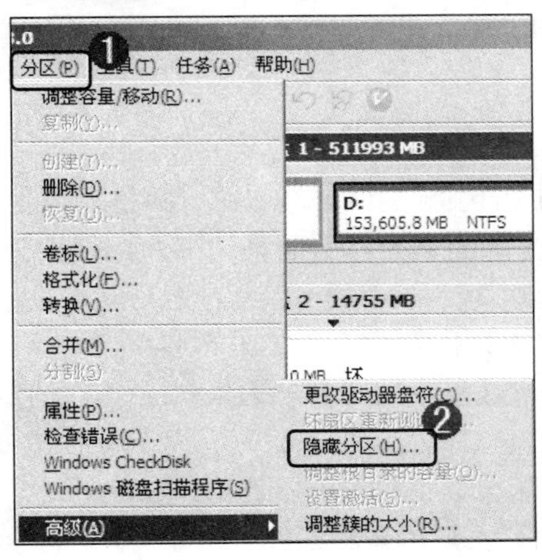

图 5-82

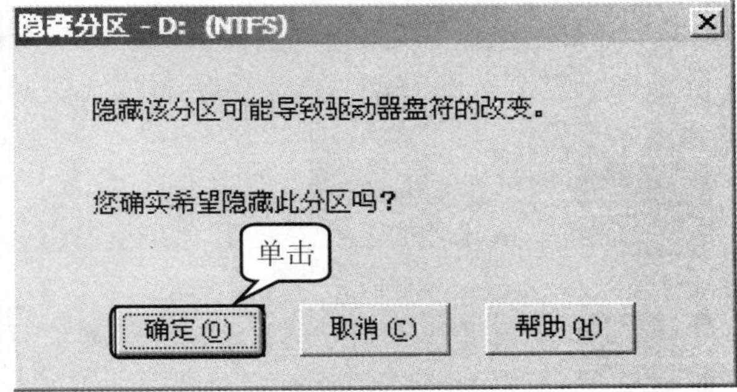

图 5-83

第 4 步 单击【操作挂起】窗格下方的【应用】按钮，如图 5-84 所示。

第 5 步 弹出【应用更改】对话框，单击【是】按钮，如图 5-85 所示。

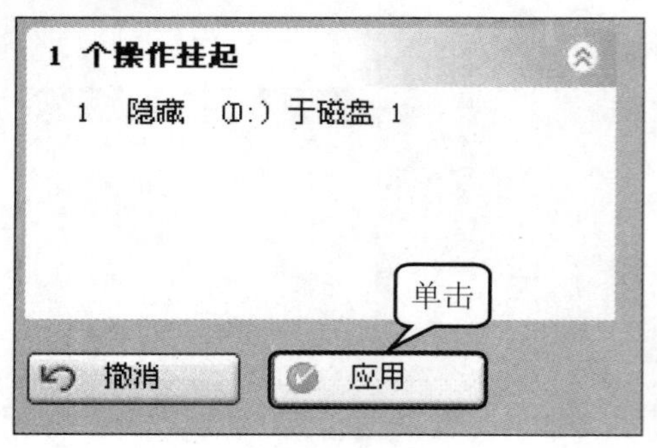

图 5-84

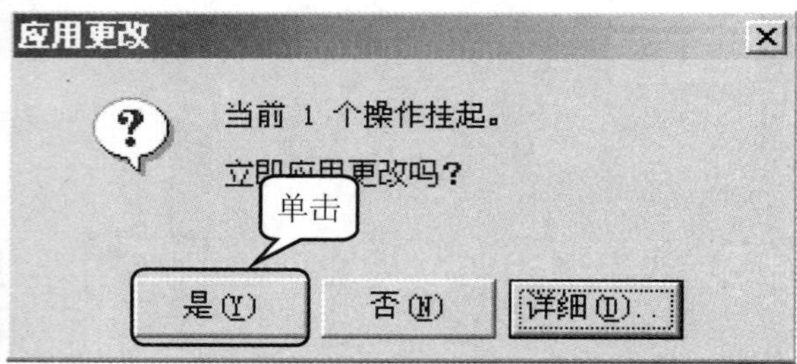

图 5-85

第 6 步 经过一段时间的在线等待后，完成磁盘分区的隐藏操作，如图 5-86 所示。

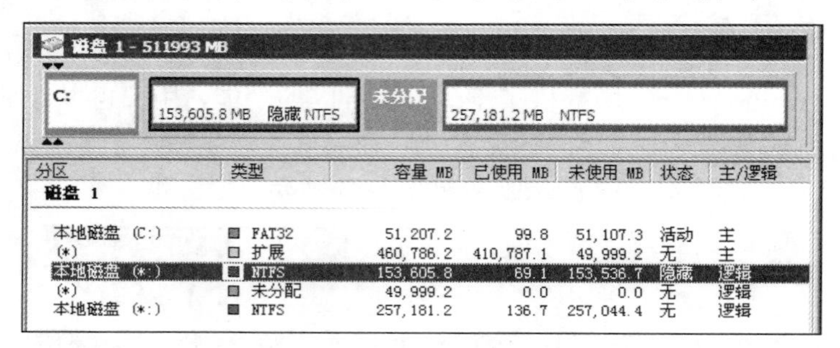

图 5-86

5.5 实践案例与上机指导

通过对本章的学习，读者可以掌握硬盘的分区与格式化的基本知识以及一些常见的操作方法，下面通过练习操作，以达到巩固学习、拓展提高的目的。

5.5.1 DiskGenius 的搜索分区

DiskGenius 通过搜索硬盘扇区，找到已丢失分区的引导扇区，通过引导扇区及其他扇区中的信息确定分区的类型、大小，从而达到恢复分区的目的，下面将详细介绍搜索分区的具体操作步骤。

第 1 步 打开 DiskGenius 分区软件，单击【搜索分区】按钮，如图 5-87 所示。

第 2 步 弹出【搜索丢失分区】对话框，①选中【整个硬盘】单选按钮；②单击【开始搜索】按钮，如图 5-88 所示。

第 3 步 弹出【搜索到分区】对话框，单击【保留】按钮，如图 5-89 所示。

第 4 步 弹出 DiskGenius 对话框，单击【确定】按钮，如图 5-90 所示。

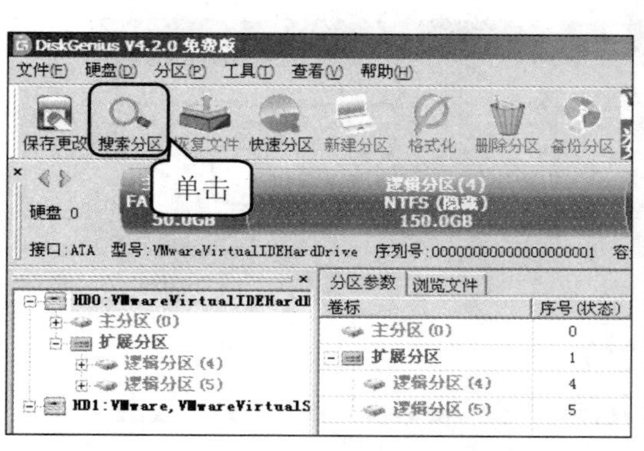

图 5-87

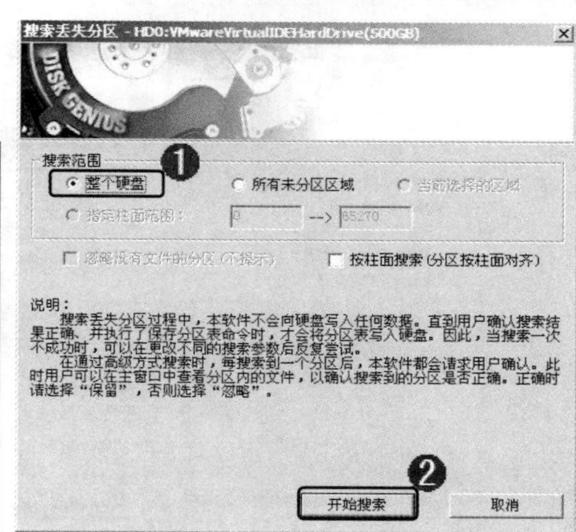

图 5-88

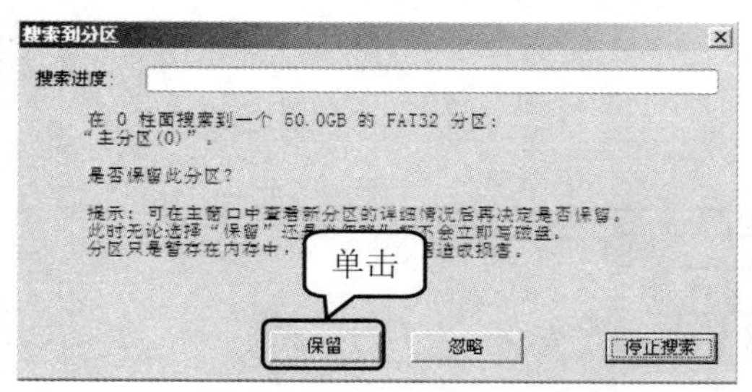

图 5-89

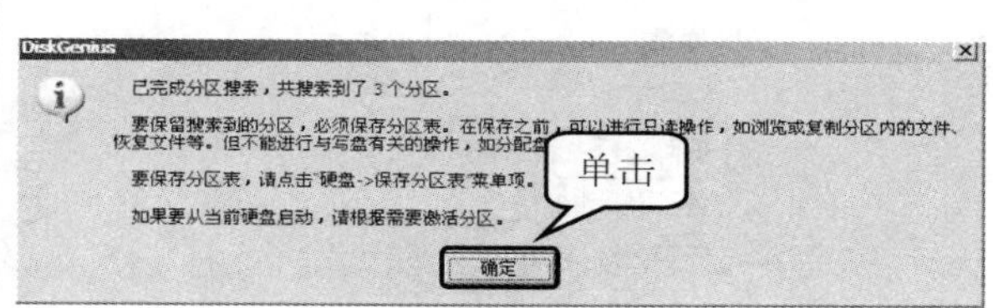

图 5-90

第 5 步 返回 DiskGenius 软件界面，完成磁盘分区搜索，如图 5-91 所示。

卷标	序号(状态)	文件系统	标识	起始柱面	磁头	扇区	终止柱面	磁头	扇区	容量
主分区(0)	0	FAT32	0C	0	1	1	6527	254	63	50.0GB
扩展分区	1	EXTEND	0F	6528	0	1	65269	254	63	450.0GB
逻辑分区(4)	4	NTFS	17	6528	1	1	26109	254	63	150.0GB
逻辑分区(5)	5	NTFS	07	32484	1	1	65269	254	63	251.2GB

图 5-91

5.5.2 使用 PartitionMagic 删除分区

如果需要删除电脑中的一个分区，用户可以使用 PartitionMagic 软件的删除分区功能删除电脑中的分区，下面将具体介绍删除分区的操作方法。

第 1 步 打开 PartitionMagic 软件，选择需要删除的分区，如图 5-92 所示。

第 2 步 单击【分区操作】窗格中的【删除分区】链接项，如图 5-93 所示。

第 3 步 弹出【删除分区】对话框，①选中【删除】单选按钮；②单击【确定】按钮，如图 5-94 所示。

第 4 步 返回 PartitionMagic 软件界面，显示分区为已删除状态，如图 5-95 所示。

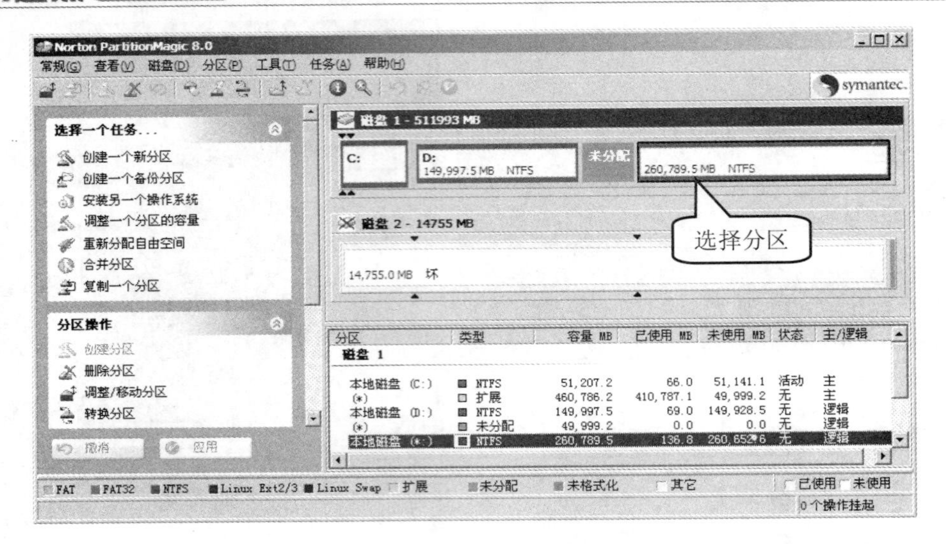

图 5-92

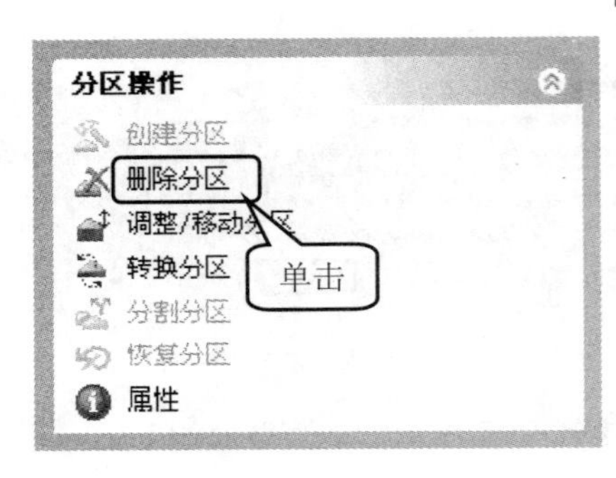

图 5-93

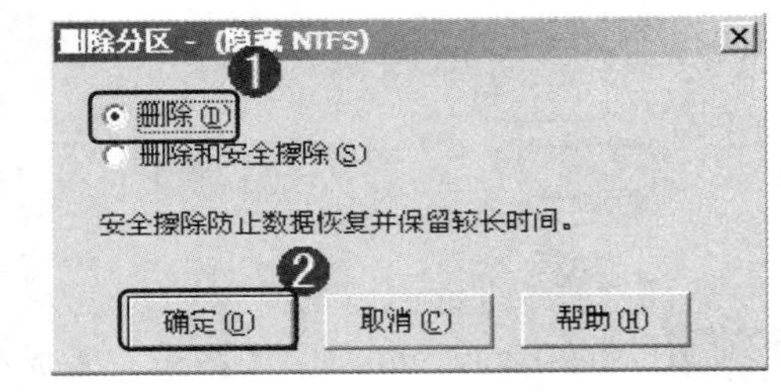

图 5-94

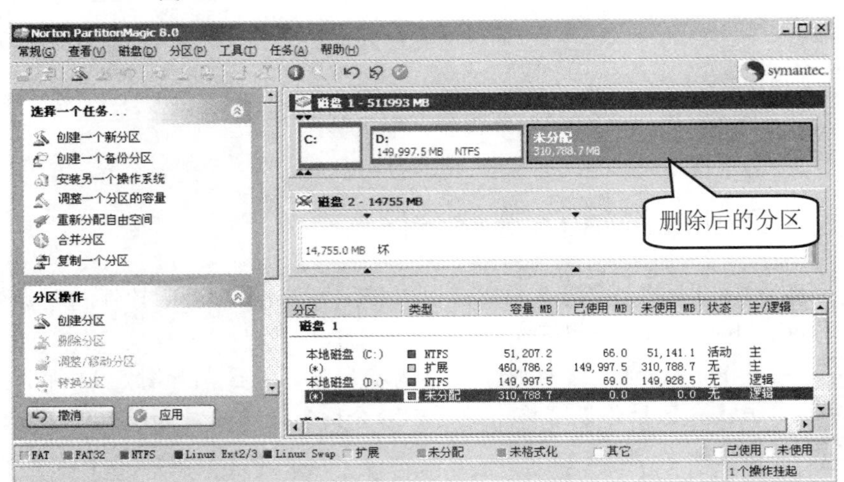

图 5-95

第 5 步 单击【操作挂起】窗格下方的【应用】按钮，如图 5-96 所示。

第 6 步 弹出【应用更改】对话框，单击【是】按钮，如图 5-97 所示。

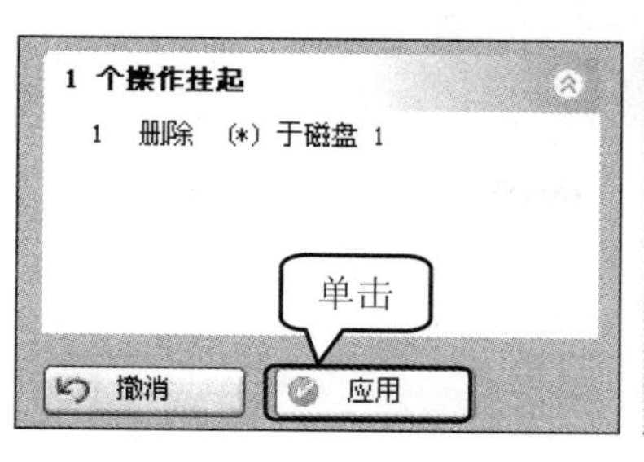

图 5-96

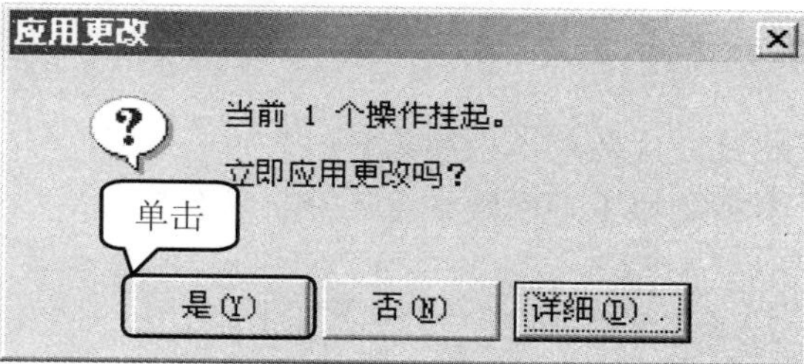

图 5-97

第 7 步 经过一点时间的在线等待，用户可以看到已删除的分区显示为“未分配”状态，如图 5-98 所示。

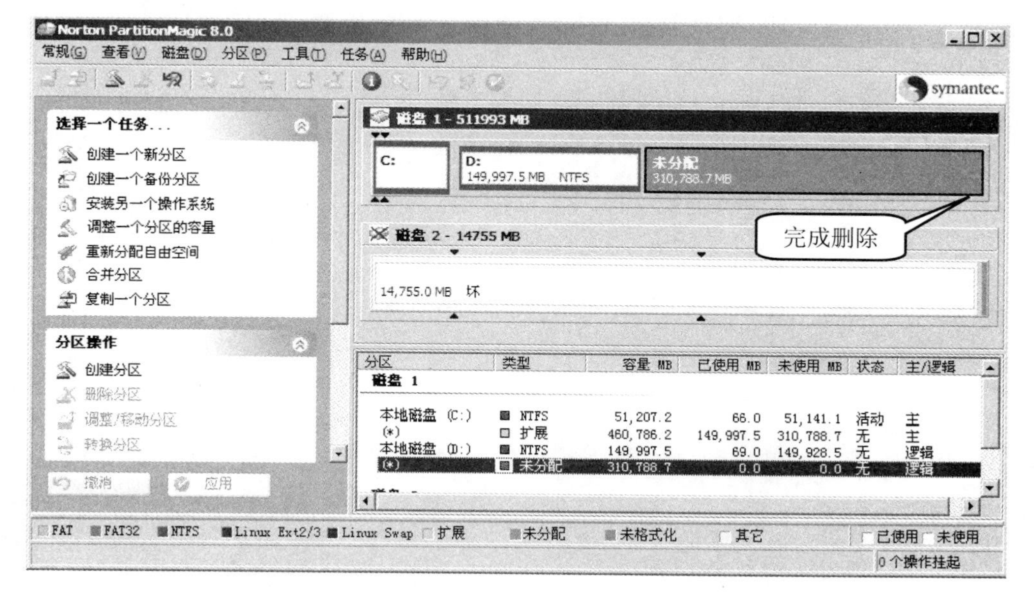

图 5-98

通过以上步骤即可完成其他分区的删除，例如 C 盘等，这里不再赘述。

5.6 思考与练习

一、填空题

1. DiskGenius 是一款集__________与________功能于一身的工具软件。

2. PartitionMagic 是经常用到的分区软件，具有____________、创建扩展分区、激活主分区、调整分区大小、合并分区、____________和隐藏磁盘分区的功能。

二、判断题

1. 逻辑分区是扩展分区的一部分，可以说扩展分区和逻辑分区是包含关系。 (　　)

2. PartitionMagic 软件为初级用户提供快速分区模式。 (　　)

三、思考题

1. 硬盘分区的基本顺序是什么？
2. 本章介绍了哪两种常见的分区软件？

第 6 章

安装 Windows 操作系统与驱动程序

本章要点

- 认识 Windows 7
- 安装 Windows7
- 了解驱动程序
- 安装驱动程序
- 使用驱动精灵

本章主要内容

本章主要介绍什么是 Windows 7 和安装 Windows 7 方面的知识与技巧，同时还讲解了什么是驱动程序以及如何安装驱动程序、卸载驱动程序和更新驱动程序，在本章的最后还介绍了驱动精灵的使用方法。通过对本章的学习，读者可以掌握系统安装和驱动安装方面的知识和技巧，为深入学习计算机组装、维护与故障排除奠定基础。

6.1 认识 Windows 7

Windows 7 是由微软公司开发的操作系统，核心版本号为 Windows NT 6.1。Windows 7 可供家庭及商业工作环境、笔记本电脑、平板电脑、多媒体中心等使用。

6.1.1 Windows 7 新增功能

Windows 7 新增了许多实用的功能，用户使用后会有耳目一新的感觉，如全新的 IE 10 浏览器、Windows Media Center、多点触摸、跳跃菜单、Tablet PC 增强功能、高保真媒体 PC、Aero 主题与背景和高级网络支持等，下面将分别予以详细介绍。

1. 全新的 IE 10 浏览器

IE 10 浏览器全称 Internet Explorer 10 浏览器，是微软公司出品的一款 IE 浏览器。2012 年 11 月 14 日，微软发布了针对 Windows 7 的 IE 10 发布正式版。微软在 Windows 7 版 IE 10 中增加了许多新功能。除了新的 IE10 Chakra Javascript 引擎之外，Windows 7 的 IE 10 还引入了此前针对 Windows 8 的 Touch API 创新、新的安全特性、位置栏自动完成功能，以及默认开启的“请勿追踪”功能，如图 6-1 示。

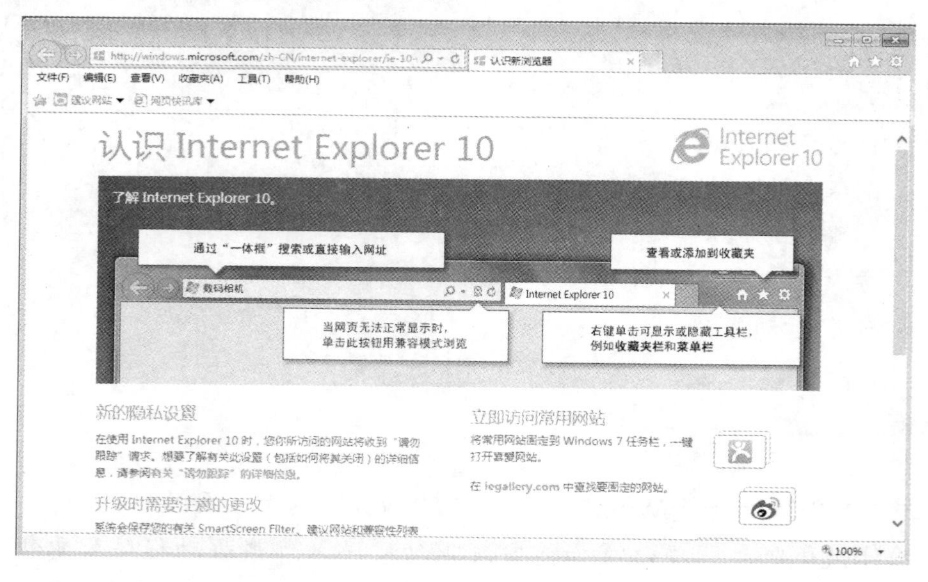

图 6-1

2. Windows Media Center

在 Windows 7 操作系统中，Windows Media Center 可以更加轻松地播放多种媒体，为用户提供丰富的媒体视觉享受，用户准备全屏观看电影或播放最喜爱的音乐，它完全可以无障碍且快速方便地进行播放。与以前的版本相比，Windows 7 还可以播放更多媒体文件，这样用户就不需要更换播放器或下载其他软件，为用户带来了很大的方便，如图 6-2 所示。

图 6-2

3. 多点触摸

不同于一般的触摸屏，Windows 7 引入了全新的多点触控概念，即一个屏幕多点操作。由于是多点触摸，机器能够感应到手指滑动的快慢以及力度，从而使操作系统应用起来更加人性化。借助 Windows 7 和触摸感应屏幕，只需用手指触摸即可在电脑上翻阅在线报纸，翻阅相册，拖曳文件和文件夹。系统中的“开始”菜单和任务栏采用了加大显示、易于手指触摸的图标，常用的 Windows 7 程序也都支持触摸操作，甚至可以在“画图”中使用手指来画图。目前 Windows 触控功能仅在 Windows 7 的家庭高级版、专业版和旗舰版中提供。

4. 跳跃菜单

跳跃菜单是微软 Windows 7 中的一项新功能，使用户可以更加容易地找到自己想要执行的相关应用程序。一般来说，跳跃菜单被安插在开始菜单中，当用户右击任务栏中的图标时，即可实现跳跃菜单的功能。跳跃菜单功能为用户提供程序的快捷打开方式，右击或是直接将任务栏中的图标拖曳到跳跃菜单中即可实现。默认情况下，跳跃菜单将会包含应用程序的快捷方式，用户可以切换窗口、关闭一个或者是全部窗口、直接进入具体应用程序的相关任务。而一旦用户开始使用应用程序时，跳跃菜单将会列出最近使用的文件或者应用程序的清单。IE、Windows 媒体播放器以及画图工具等应用程序中都有跳跃菜单。

5. Tablet PC 增强功能

Windows 7 为 Tablet PC 提供的增强功能包括以下几个方面：提升了手写、识别功能的准确性和速度，支持手写数学表达式，个性化自定义手写词典和识别动能，支持新语言的手写识别和文本预测功能。

6. 高保真媒体 PC

在 Windows 7 操作系统中，用户可以很方便地享受高保真媒体体验，完善的声音管理特性使用户可以享受高抱着的音质，用户可以轻松地将蓝牙设备连接到 PC，并使用该设备进行语音通话或收听音乐。另外，用户也可以管理多个声音设备，并且可以选择每个设备的声音播放方式。右击【通知区域】中的扬声器图标，在弹出的菜单中选择【播放设备】选项即可在弹出的【声音】对话框中进行相应的设置，如图 6-3 所示。

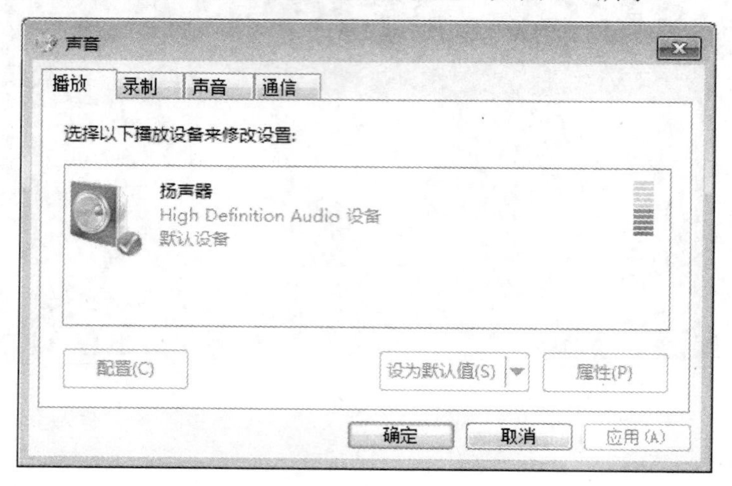

图 6-3

7. Aero 主题与背景

Windows 7 系统自带了许多新主题，因此用户会拥有多种选择来个性化自己的计算机，每个主题都包括丰富的背景、玻璃配色、唯一的声音方案和屏幕保护程序，用户也可以下载新的主题或创建自己的主题，在任意主题中，都有 16 种玻璃配色选项。另外，用户也可以将桌面背景设置为图片幻灯片的形式，如图 6-4 所示。

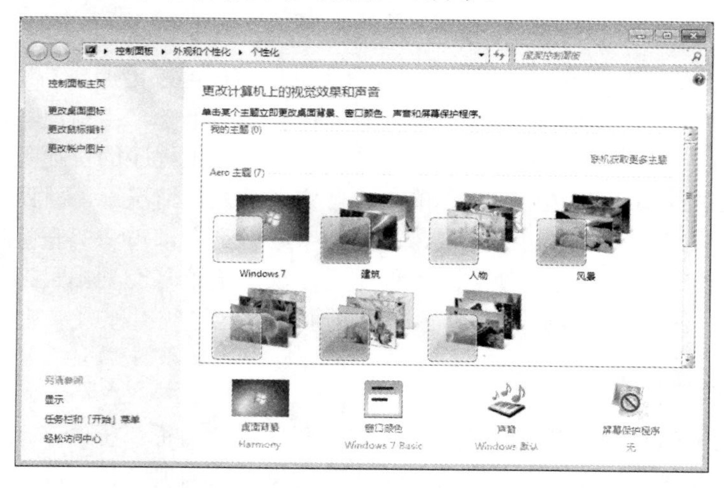

图 6-4

8. 高级网络支持

Windows 7 中“网络和共享中心”可以取得实时网络状态和到自定义活动的链接，还可以使用交互式诊断功能识别并修复网络问题。Windows 7 可以将启用无线的 PC 当作无线访问点，用户还可以将具有无线功能的设备(如移动打印机、数码相机)等，直接链接到计算机上，并且如果 PC 链接到网络上，这些设备也可以通过 PC 直接访问网络，如图 6-5 所示。

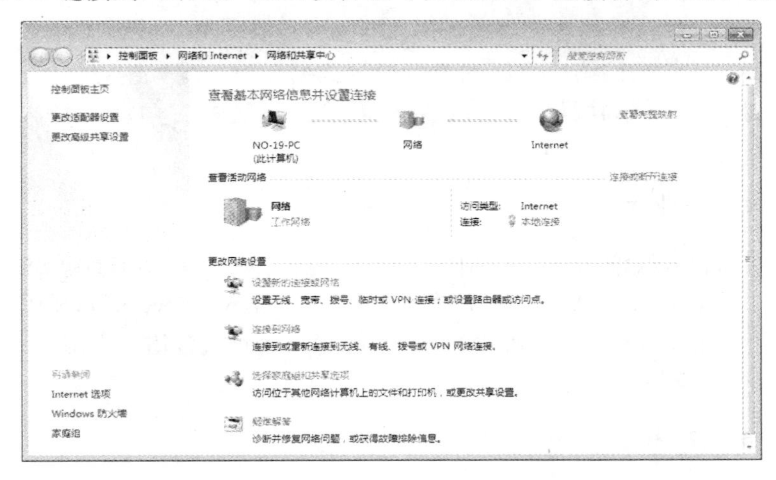

图 6-5

6.1.2　Windows 7 的版本

目前，Windows 7 拥有 Windows 7 简易版、Windows 7 家庭普通版、Windows 7 家庭高级版、Windows 7 专业版、Windows 7 企业版、Windows 7 旗舰版这几个版本，下面将详细介绍一下这几个版本。

1. Windows 7 简易版

Windows 7 简易版也称为初级版，其简单易用，保留了熟悉的 Windows 特点和兼容性，并吸收了在可靠性和响应速度方面的最新技术，用户可以加入家庭组(Home Group)，任务栏有不小的变化，也有跳跃菜单，但没有 Aero。缺少玻璃特效功能。家庭组创建和完整的移动功能，仅安装在原始设备制造商的特定机器上，并限于某些特殊类型的硬件。

2. Windows 7 家庭普通版

Windows 7 家庭普通版也称家庭基础班，用户可以更快、更方便地访问使用最频繁的程序和文档，其主要新特性有无限应用程序、增强视觉体验(仍无 Aero)、高级网络支持(ad-hoc 无线网络和互联网连接支持 ICS)、移动中心(Mobility Center)。其缺少的功能有玻璃特效功能、实时缩略图预览、Internet 连接共享，不支持应用主题。

3. Windows 7 家庭高级版

作为家庭普通版的加强版本，它可以轻松地欣赏和共享用户喜爱的电视界面、照片、视频和音乐等，有 Aero Glass 高级界面、高级窗口导航、改进的媒体格式支持、媒体中心和媒体流增强(包括 Play To)、多点触摸、更好的手写识别等，它包含有玻璃功能、触控功能、多媒体功能(播放电影和刻录 DVD)和组建家庭网络组。

4. Windows 7 专业版

具备各种商务功能，并拥有家庭高级版本卓越的媒体和娱乐功能，替代了 Vista 系统下的商业版，支持加入管理网络、高级网络备份等数据保护功能、位置感知打印技术等，还包含加强网络的功能，比如域加入；高级备份功能、位置感知打印、脱机文件夹、移动中心和演示模式。

5. Windows 7 企业版

提供了一系列企业级增强功能，如 BitLocker、内置和外置驱动器数据保护、AppLocker、锁定非授权软件运行、DirectAccess、无缝连接基于 Windows Server 2008 R2 的企业网络、BranchCache 和 Windows Server 2008 R2 网络缓存等，而且包含增强虚拟化、管理、兼容性与部署和 VHD 引导支持等功能。

6. Windows 7 旗舰版

是各个版本中最为灵活和强大的一个版本，其消耗的硬件资源也是最大的，可以在 35 种语言中任意进行选择，也可以使用 BitLocker 对数据进行加密等，具有以上除企业版外的所有功能。

6.1.3 Windows 7 的硬件要求

Windows 7 对硬件的要求大致可以分为两类：最低配置和推荐配置。最低配置是 Windows 7 系统对硬件的最低要求，推荐配置则是 Windows 7 系统对硬件的基本要求，下面将详细介绍两种配置。

1. 最低配置

Windows 7 对硬件要求的最低配置包括：CPU 需要 1GHz 及以上；内存需要 1GB 及以上，安装识别的最低内存 512MB，小于 512MB 会提示内存不足；硬盘需要 20GB 以上可用空间；显卡需要有 WDDM1.0 或更高版驱动的集成显卡，显存在 64MB 以上；其他设备则需要 DVD-R/RW 驱动器，光盘安装用。

2. 推荐配置

Windows 7 对硬件要求的推荐配置包括：CPU 需要 1GHz 及以上的 32 位或 64 位处理器，Windows 7 包括 32 位及 64 位两种版本，如果希望安装 64 位版本，则需要支持 64 位运算的 CPU；32 位系统需要 1GB 或以上的内存，64 位系统需要 2GB 或以上的内存；硬盘需要 20GB 以上可用空间。显卡需要有 WDDM1.0 驱动的支持 DirectX 10 以上级别的独立显卡；其他设备需要 DVD-R/RW 驱动器，光盘安装用。

6.2 全新安装 Windows 7

在了解 Windows 7 操作系统的硬件配置要求后，用户可以在符合要求的计算机中安装

Windows 7 操作系统，本节将详细介绍安装 Windows 7 的全过程。

6.2.1　运行安装程序

如果准备安装 Windows 7 操作系统，需要先运行安装程序才能进行随后的操作，下面将详细介绍运行安装程序的操作方法。

第 1 步 打开 BIOS 程序，设置第一启动项为 CD-ROM Drive，并保存退出，如图 6-6 所示。

第 2 步 进入 Windows is loading files…界面，显示加载安装程序的进度，如图 6-7 所示。

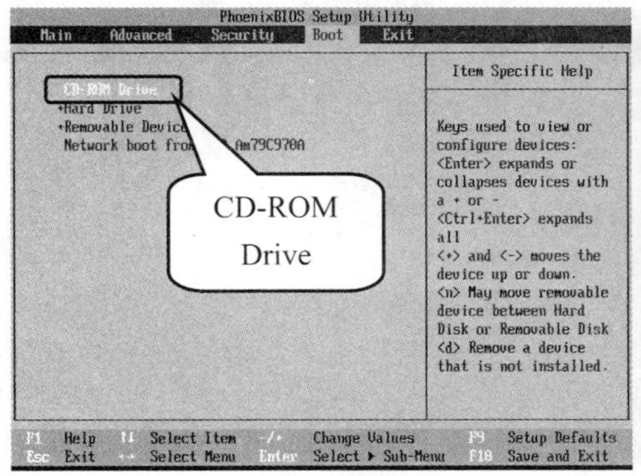

图 6-6

图 6-7

第 3 步 文件加载完成后，弹出【安装 Windows】对话框，这样即可完成启动安装程序的操作，如图 6-8 所示。

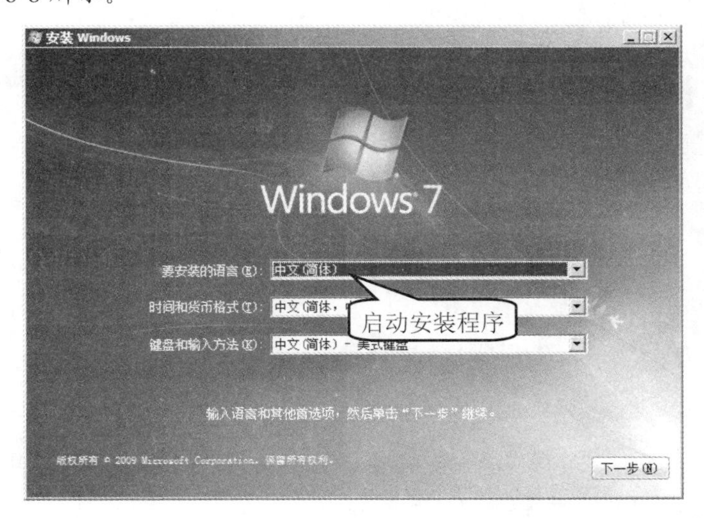

图 6-8

6.2.2　复制系统安装文件

启动安装程序后，用户可以进行安装 Windows 7 操作，即进入复制系统安装文件环节，下面将具体介绍复制系统安装文件的操作方法。

第 1 步 进入【安装 Windows】对话框，①设置安装语言信息；②设置时间和货币格式信息；③设置键盘和输入方法信息；④单击【下一步】按钮，如图 6-9 所示。

第 2 步 进入【Windows 7】界面，单击【现在安装】按钮，如图 6-10 所示。

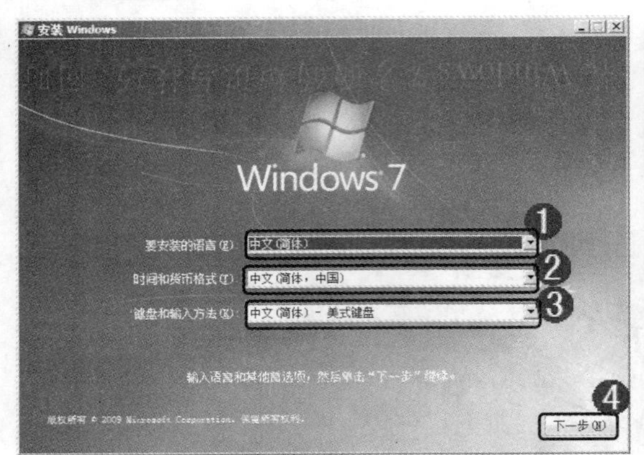

图 6-9

图 6-10

第 3 步 进入下一界面，在此界面中显示“安装程序正在启动...”信息，如图 6-11 所示。

第 4 步 进入【选择要安装的操作系统】界面，①选择准备安装的操作系统版本，如选择【Wndows 7 64 位旗舰版】选项；②单击【下一步】按钮，如图 6-12 所示。

图 6-11

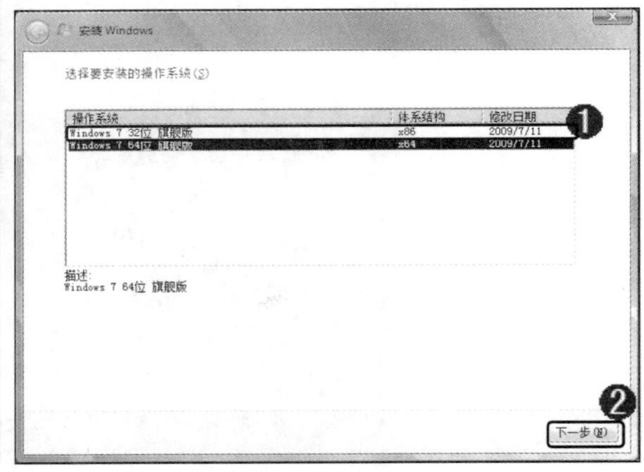

图 6-12

第 5 步 进入【请阅读许可条款】界面，仔细阅读许可条款，①选中【我接受许可条款】复选框；②单击【下一步】按钮，如图 6-13 所示。

第 6 步 进入【您想进行何种类型的安装】界面，选择【自定义(高级)】选项，如图 6-14 所示。

第 7 步 进入【您想将 Windows 安装在何处？】界面，①选择准备安装的磁盘分区；②单击【下一步】按钮，如图 6-15 所示。

第 8 步 进入【正在安装 Windows】界面，在安装过程中依次完成复制 Windows 文件、展开 Windows 文件、安装功能和安装更新 4 个任务，并显示其安装状态信息，如图 6-16 所示。

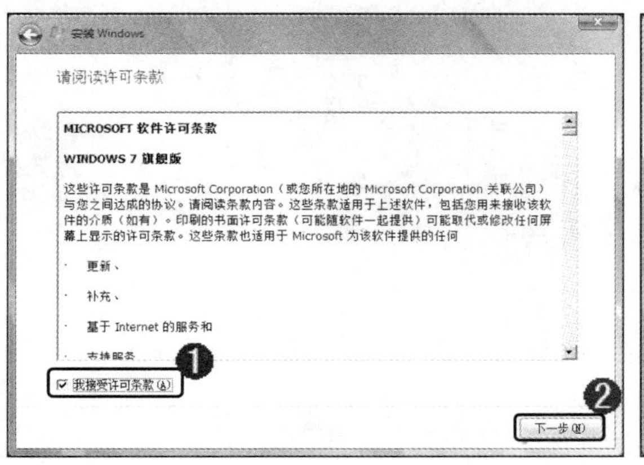

图 6-13

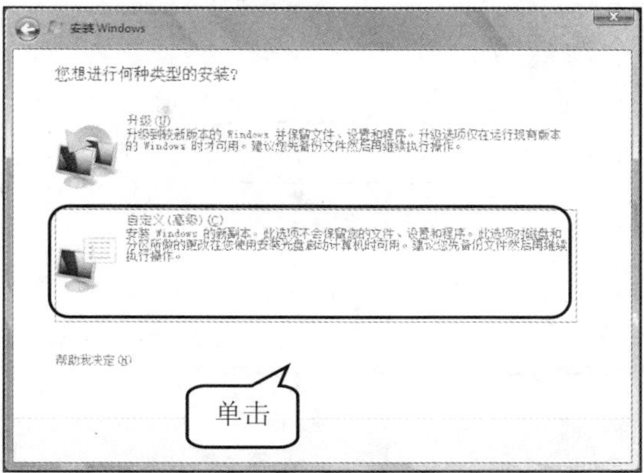

图 6-14

智慧锦囊

进入【您想进行何种类型的安装】界面后，如果用户选择【升级】选项，那么系统会升级到较新版本的 Windows 并保留文件、设置和程序，升级选项仅在运行现有版本的 Windows 时才可用，建议用户先备份文件然后再继续执行操作。

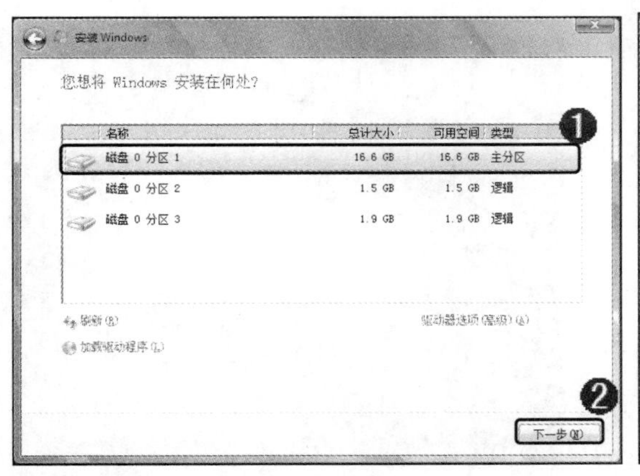

图 6-15

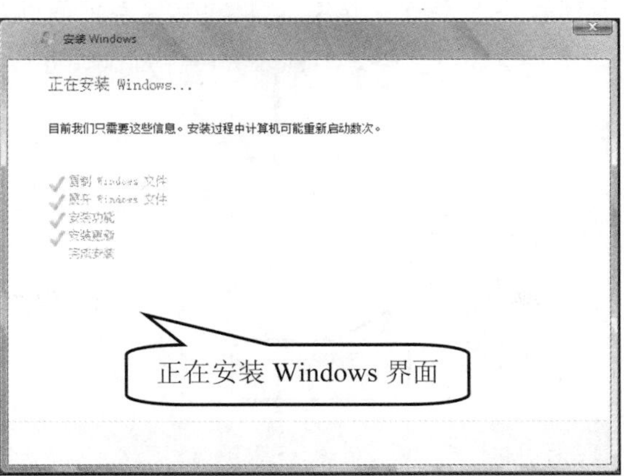

图 6-16

第 9 步 进入【Windows 需要重新启动才能继续】界面，提示“1 秒内重新启动”信息，如图 6-17 所示。

第 10 步 重新启动电脑后，进入启动服务界面，屏幕上提示“安装程序正在启动服务”信息，如图 6-18 所示。

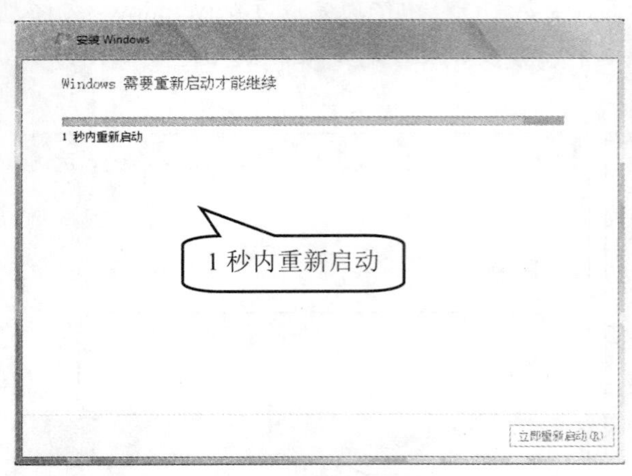

图 6-17

图 6-18

智慧锦囊

单击【安装 Windows】对话框右下方的【立即重新启动】按钮，不必等待也可以直接重新启动电脑。当重新启动电脑后，在屏幕上首先会显示“正在启动 Windows”信息，然后才进入启动服务界面。

第 11 步 返回【正在安装 Windows】界面，显示“完成安装”信息，如图 6-19 所示。

第 12 步 安装完成后要再一次重新启动电脑，屏幕上会显示“安装程序正在为首次使用计算机做准备”信息，重新启动电脑后即可完成复制系统安装文件，如图 6-20 所示。

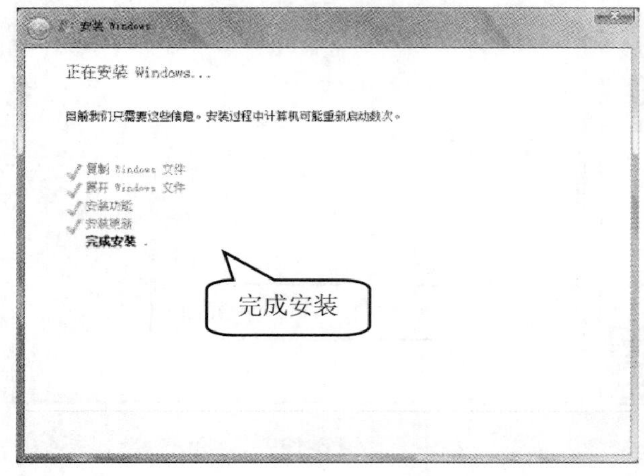

图 6-19

图 6-20

6.2.3 首次启动计算机并配置系统

安装 Windows 7 操作系统的最后阶段，需要对操作系统的信息进行设置，其中包括设置用户名、密码、计算机名和系统时间等，下面将具体介绍首次启动电脑并配置系统的方法。

第 1 步 完成复制系统安装文件后，重新启动电脑便会弹出【设置 Windows】对话框。①在【键入用户名】文本框中输入准备使用的名称；②在【键入计算机名称】文本框中输入计算机名称；③单击【下一步】按钮，如图 6-21 所示。

第 2 步 进入【为账户设置密码】界面，①在【键入密码】文本框中输入密码；②在【再次输入密码】文本框中再次输入密码；③在【键入密码提示】文本框中输入密码提示信息；④单击【下一步】按钮，如图 6-22 所示。

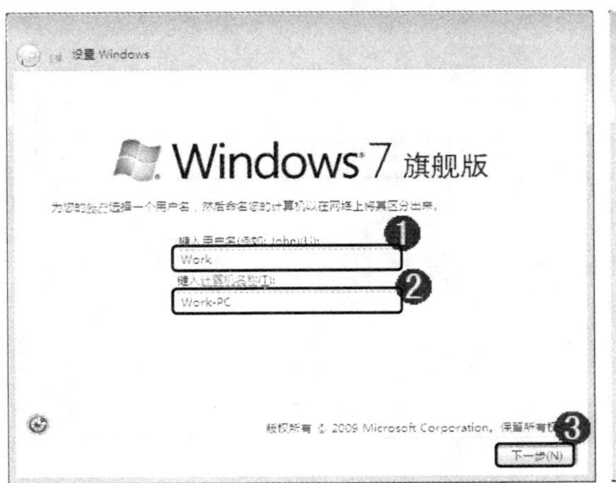

图 6-21

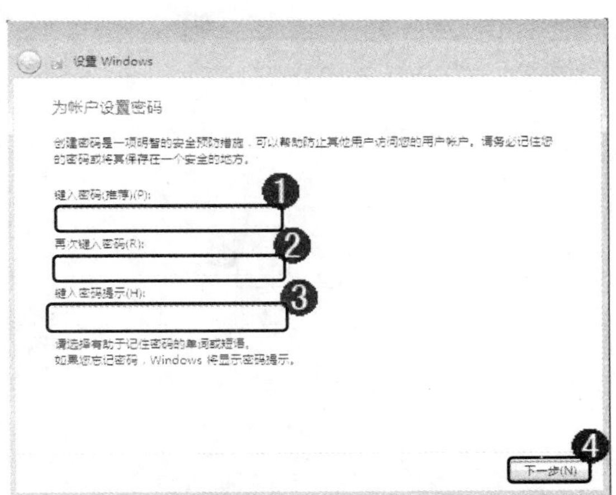

图 6-22

第 3 步 进入【键入您的 Windows 产品密钥】界面，①在【产品密钥】文本框中输入产品密钥；②选中【当我联机时自动激活】复选框；③单击【下一步】按钮，如图 6-23 所示。

第 4 步 进入【帮助您自动保护计算机以及提高 Windows 的性能】界面，选择【使用推荐设置】选项，如图 6-24 所示。

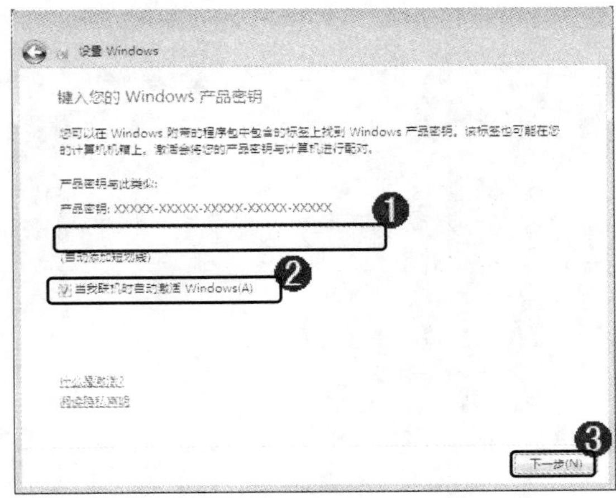

图 6-23

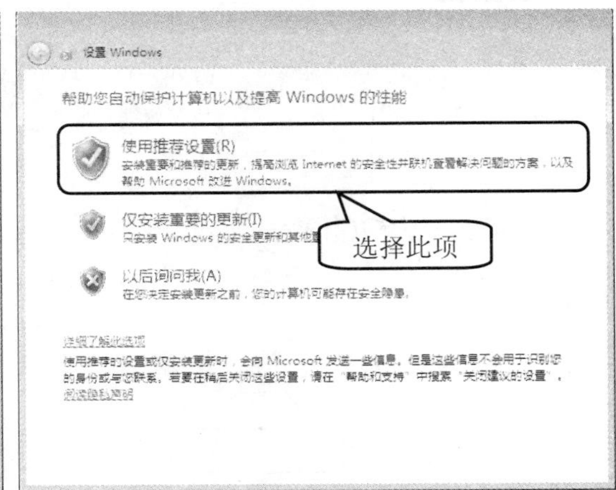

图 6-24

第 5 步 进入【查看时间和日期设置】界面，①在【时区】下拉列表框中选择用户所在时区；②在【日期】区域中设置日期；③在【时间】区域中设置时间；④单击【下一步】按钮，如图 6-25 所示。

第 6 步 进入【请选择计算机当前的位置】界面，选择准备使用的网络，如选择【工作网络】选项，如图 6-26 所示。

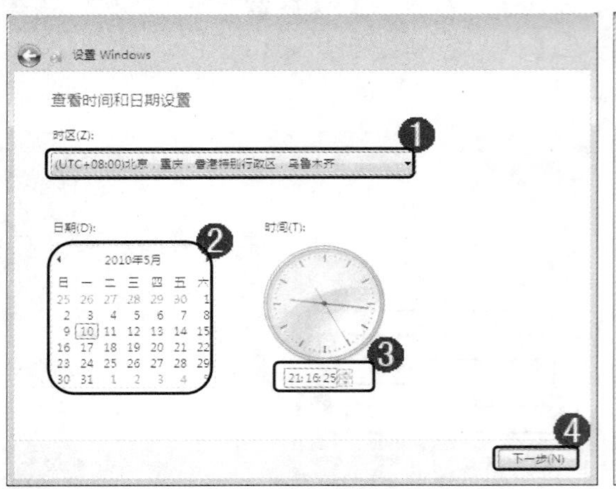

图 6-25

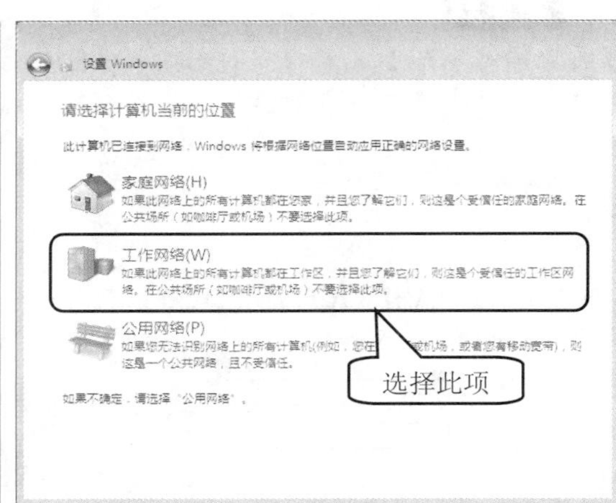

图 6-26

智慧锦囊

在【请选择计算机当前的位置】界面中有家庭网络、工作网络和公用网络三种。当计算机已连接到网络，Windows 将根据网络位置自动应用正确的网络设置。

第 7 步 进入【Windows 7 旗舰版】界面，显示“Windows 正在完成您的设置”进度，如图 6-27 所示。

第 8 步 进入【欢迎】界面，显示“欢迎”信息，准备进入下一个界面，如图 6-28 所示。

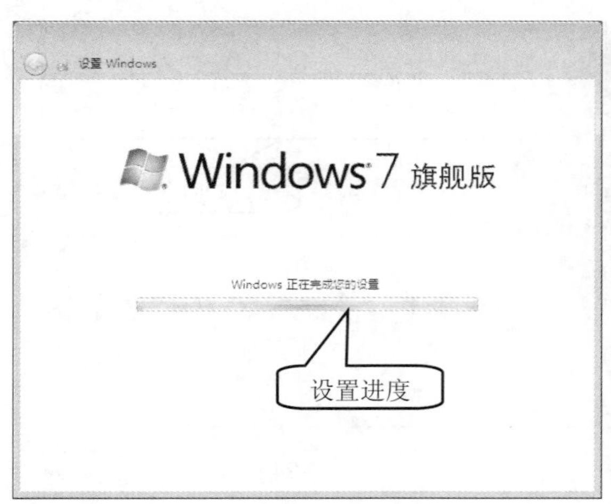

图 6-27

图 6-28

第 9 步 进入【正在准备桌面】界面，显示准备桌面进度，准备首次登录 Windows 7 操作系统的界面，如图 6-29 所示。

第 10 步 Windows 全部安装设置完成后，便进入操作系统桌面，这样即可完成安装 Windows 7 操作系统的操作，如图 6-30 所示。

图 6-29

图 6-30

6.3　了解驱动程序

安装完操作系统后，用户可能会发现屏幕分辨率不能调到最佳、播放影音时没有声音或者无法连接到网络等问题，首先应确认是否已经安装驱动程序，本节介绍驱动程序相关知识。

6.3.1　驱动程序的作用与分类

驱动程序全称为“设备驱动程序”，它是一种实现操作系统与硬件设备通信的特殊程序，相当于硬件的接口，操作系统只有通过这个接口才能控制硬件设备的工作。下面将分别予以详细介绍驱动程序的作用与分类。

1. 驱动程序的作用

驱动程序是直接工作在各种硬件设备上的软件，正是通过驱动程序，各种硬件设备才能正常运行，达到既定的工作效果。

硬件如果缺少了驱动程序的“驱动”，那么本来性能非常强大的硬件就无法根据软件发出的指令进行工作。

从理论上讲，所有的硬件设备都需要安装相应的驱动程序才能正常工作。但像 CPU、内存、主板、软驱、键盘、显示器等设备却并不需要安装驱动程序也可以正常工作，而显卡、声卡、网卡等却一定要安装驱动程序，否则便无法正常工作。

并非所有驱动程序都是对实际的硬件进行操作的，有的驱动程序只是辅助系统的运行，如 Android 中的有些驱动程序提供辅助操作系统的功能，这些驱动不是 Linux 系统的标准驱动，如 Ashmen、Binder 等。

2. 驱动程序的分类

驱动程序按照程序的版本可以分为官方正式版、微软 WHQL 认证版、第三方驱动和测试版；按其服务的硬件对象可以分为主板驱动、显卡驱动、声卡驱动等；按照适用的操作系统可以分为 Windows XP 适用、Windows Vista 适用、Windows 7 适用和 Linux 适用等。

一般情况下，官方正式版驱动稳定性和兼容性较好；通过微软 WHQL 认证版驱动程序与 Windows 系统基本上不存在兼容性问题；第三方驱动比官方正式版拥有更加完善的功能和更加强大的整体性能；测试版驱动处于测试阶段，稳定性和兼容性方面存在一些问题。

6.3.2 驱动程序的获得方法

通常驱动程序可以通过操作系统自带、硬件设备附带的光盘和网上下载 3 种途径获得。

- 现在的操作系统，如 Windows 7 系统中已经附带大量的驱动程序，这样在系统安装完成后，无须单独地安装驱动程序即可正常的使用这些硬件设备。
- 各种硬件设备的生产厂商都会针对自己的硬件设备特点进行开发专门的驱动程序，并在销售硬件设备的同时一并免费提供给用户。
- 用户还可以在互联网中找到硬件设备生产厂家的官方网站或在各大下载网站中下载相应的驱动程序。

6.4 安装驱动程序

安装驱动程序是新系统装好后的必经步骤，一般硬件安装在电脑中需要安装驱动程序方可使用，本节将详细介绍驱动程序的安装顺序、查看硬件驱动程序、驱动程序的安装方法和卸载驱动程序相关知识及操作方法。

6.4.1 驱动程序的安装顺序

一般来说，驱动程序的安装顺序如下：首先装主板的驱动，因为所有的部件都插在主板上，只有主板正常工作其他的部件才可能正常。

然后可以再装 Direct X 和操作系统的补丁等，以确保系统能够正常运行。接下来，用户可以安装显卡、声卡、网卡、SCSI 卡等这些插在主板上的板卡类驱动。

最后再装打印机、扫描仪、读写机等外设驱动。对于显示器、光存储设备、键盘鼠标来说其实它们也是有驱动的，但是操作系统一般都会主动正确识别。

6.4.2 查看硬件驱动程序

一般来说，用户应先检查哪些硬件的驱动没有安装，然后找到相应的安装程序，才能进行有目的的安装，下面具体介绍查看硬件驱动程序的方法。

第 1 步 在 Windows 系统桌面上，①单击【开始】按钮；②在【搜索】文本框中输入“设备管理器”；③在弹出的列表项中选择【设备管理器】列表项，如图 6-31 所示。

第 2 步 打开【设备管理器】窗口，如果有硬件驱动没有正确安装或被停用，会在列表中显示出来，如果硬件安装了正确的驱动程序，会显示出硬件的型号，而默认情况下，所有能够正常工作的硬件设备都会自动收起，只有有问题的硬件才会自动展开，并用符号表在硬件图标上，如图 6-32 所示。

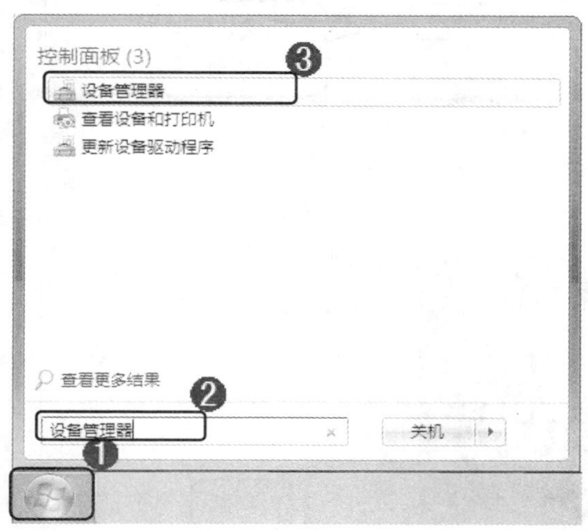

图 6-31

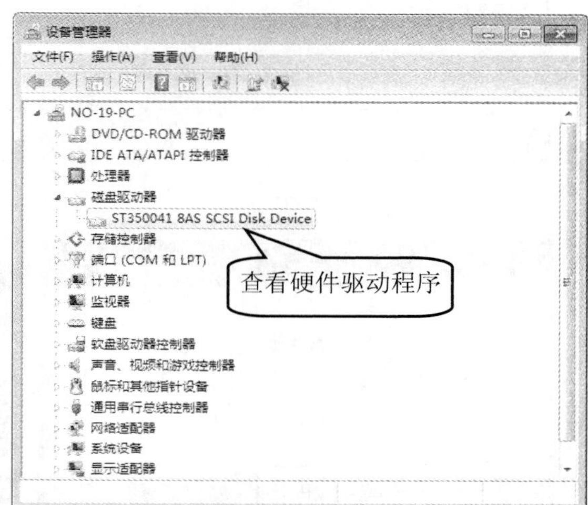

图 6-32

智慧锦囊

如果安装硬件以后在【设备管理器】中没有出现相应的信息，那么用户可以选择【操作】选项卡中的【扫描硬件检测改动】选项查找已经安装的硬件。

6.4.3　驱动程序的安装方法

现在很多硬件厂商越来越注重产品的人性化，有的硬件厂商提供的驱动程序光盘中加入了 Autorun 自启动文件，只要将光盘放入到电脑的光驱中，光盘便会自动启动。然后在启动界面中单击自动安装就可以自动开始安装过程，这种十分人性化的设计使安装驱动程序非常的方便。下面以 TP-LINK 无线网卡为例，介绍如何使用自带驱动光盘安装驱动。

第 1 步 使用开始菜单，选择【设备管理器】选项，如图 6-33 所示。

第 2 步 在弹出的【设备管理器】窗口中找到需要安装驱动的硬件，如图 6-34 所示。

第 3 步 将驱动光盘放入光驱驱动器中会自动弹出安装界面。单击安装界面中的【自动安装】按钮，如图 6-35 所示。

第 4 步 经过一段时间的等待，会弹出【TP-LINK 无线网卡安装程序】对话框，单击【下一步】按钮，如图 6-36 所示。

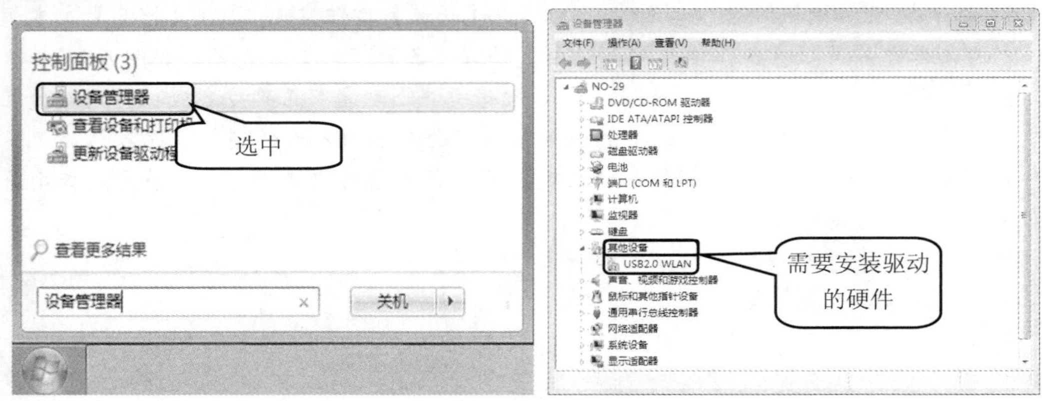

图 6-33　　　　图 6-34

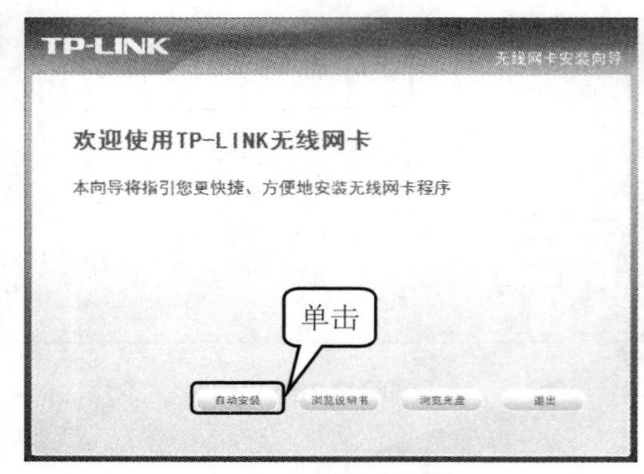

图 6-35

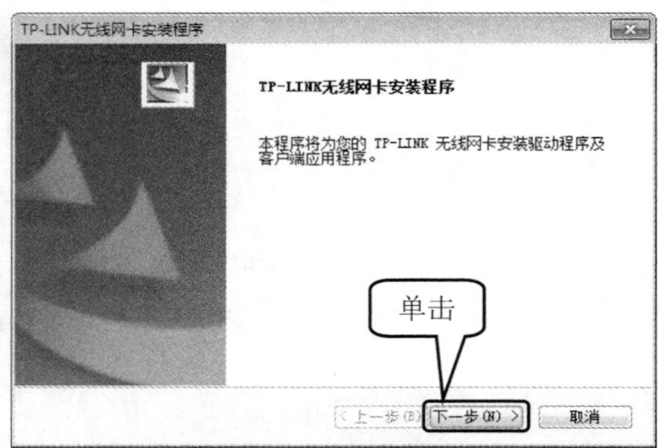

图 6-36

第 5 步 驱动程序安装完毕，单击【完成】按钮，如图 6-37 所示。

第 6 步 查看【设备管理器】网卡安装完毕，如图 6-38 所示。

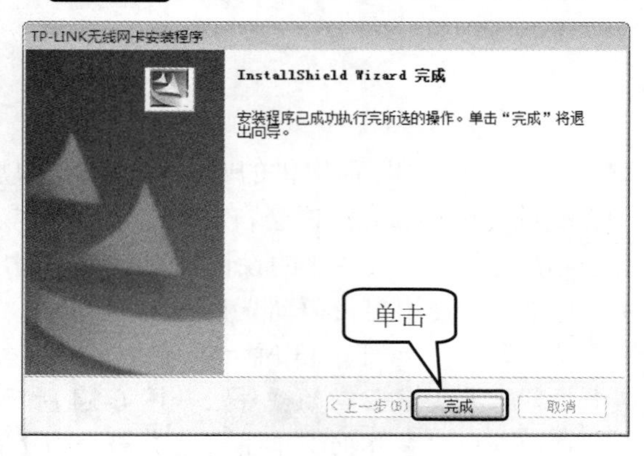

图 6-37

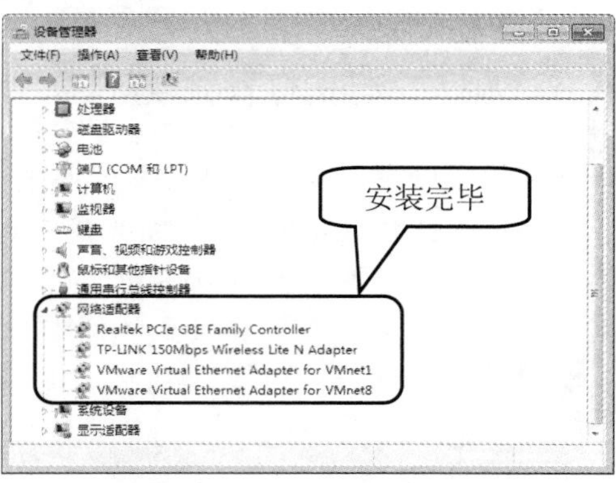

图 6-38

6.4.4　怎样卸载驱动程序

如果某些硬件设备已经不再使用了，用户可以将其驱动程序进行卸载，另外在升级和更新驱动程序之前，最好也要先卸载原来的驱动程序。下面以卸载 TP-LINK 无线网卡驱动为例，详细介绍具体步骤。

第 1 步　使用【开始】菜单打开【设备管理器】，如图 6-39 所示。

第 2 步　在弹出的【设备管理器】窗口中找到需要卸载驱动的硬件，如图 6-40 所示。

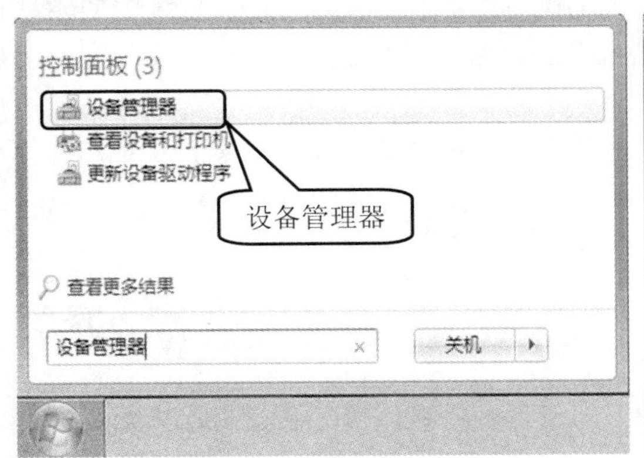

图 6-39

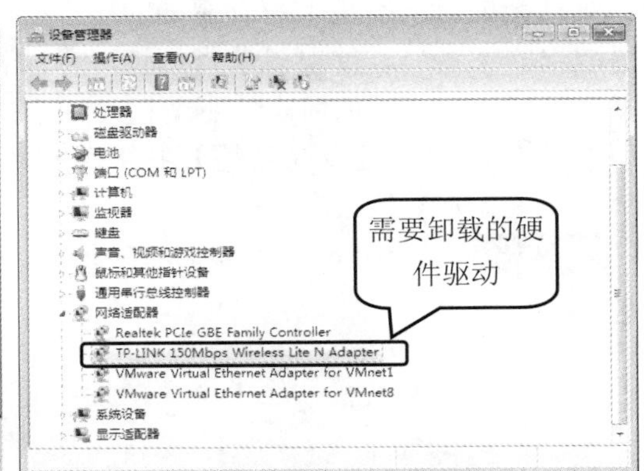

图 6-40

第 3 步　在【设备管理器】中，①右击需要卸载的驱动程序；②弹出快捷菜单，选择【卸载】菜单项，如图 6-41 所示。

第 4 步　在弹出的【确认设备卸载】对话框中，单击【确定】按钮，完成卸载，如图 6-42 所示。

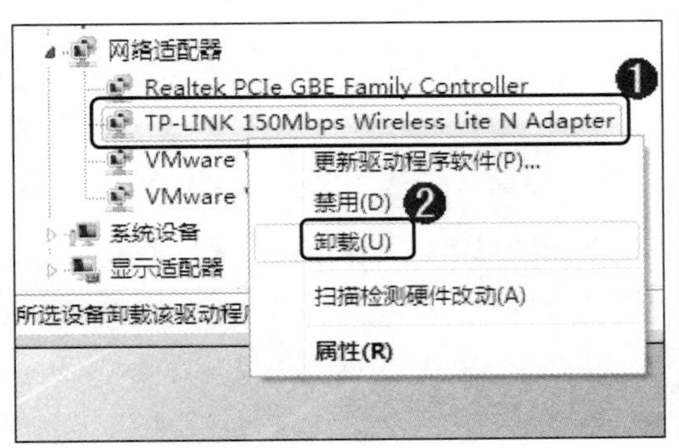

图 6-41

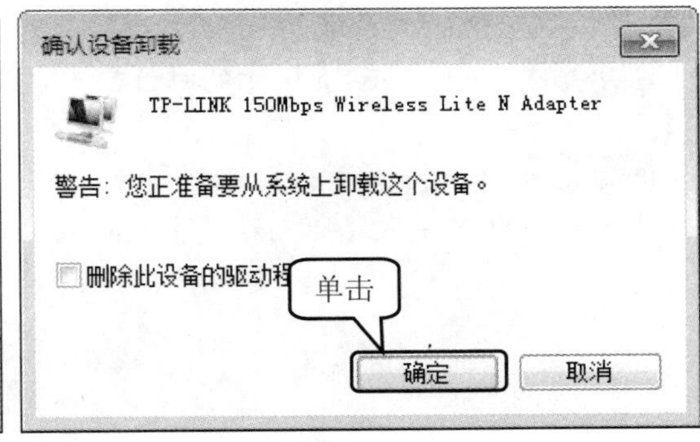

图 6-42

6.5　使用驱动精灵快速安装系统驱动

驱动精灵是一款集驱动管理和硬件检测于一体的、专业级的驱动管理和维护工具。驱动精灵为用户提供驱动备份、恢复、安装、删除、在线更新等实用功能。另外除了驱动备份恢复功能外，还提供了 Outlook 地址簿、邮件和 IE 收藏夹的备份与恢复，并且有多国语言界面供用户选择。

6.5.1 安装驱动精灵

经常重装电脑系统的用户一定有找驱动程序的经验，如果没有驱动光盘找起来相当费事；驱动精灵对于手头上没有驱动的用户十分实用，可以通过驱动精灵将系统中的驱动程序提取出来并备份，便可以节省掉许多驱动程序安装的时间，并且再也不怕找不到驱动程序了。下面详细介绍如何安装驱动精灵。

第 1 步 打开【驱动精灵】安装程序，在弹出的【驱动精灵 2012 安装向导】对话框中单击【下一步】按钮，如图 6-43 所示。

第 2 步 在如图 6-44 所示的对话框中，单击【我接受】按钮。

图 6-43

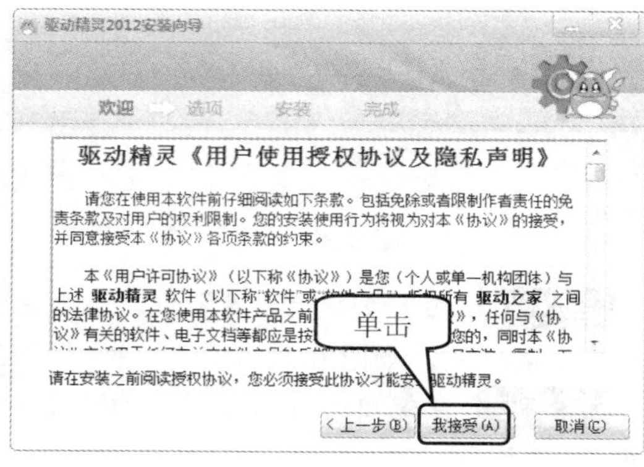

图 6-44

第 3 步 在如图 6-45 所示的对话框中，①选择安装路径；②选择驱动备份路径；③单击【安装】按钮。

第 4 步 经过一段时间的在线等待，在完成安装界面，①选中需要的复选框；②单击【完成】按钮即可完成【驱动精灵】的安装，如图 6-46 所示。

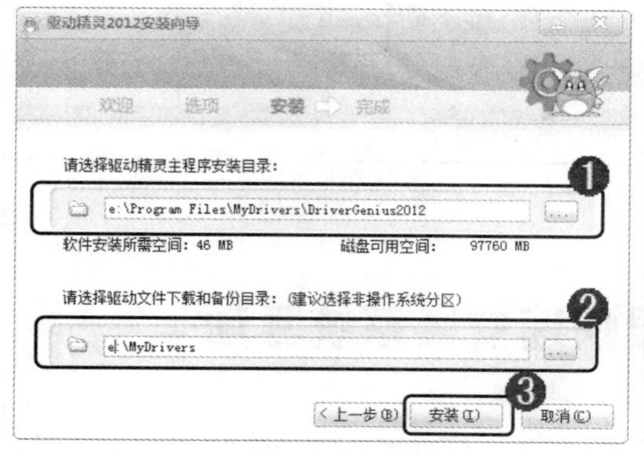

图 6-45

图 6-46

6.5.2 更新驱动

为了让硬件的兼容性更好，厂商会不定期推出硬件驱动的更新程序，以保证硬件功能最大化。驱动精灵提供了专业级驱动的识别能力。它能够智能识别计算机硬件并且给用户的计算机匹配最适合的驱动程序，严格保证系统稳定性。下面以更新 Realtek 瑞昱 RTL81XX 系列网卡驱动为例，详细介绍如何使用驱动精灵更新驱动程序。

第 1 步 打开【驱动精灵】程序，单击【驱动程序】按钮，如图 6-47 所示。

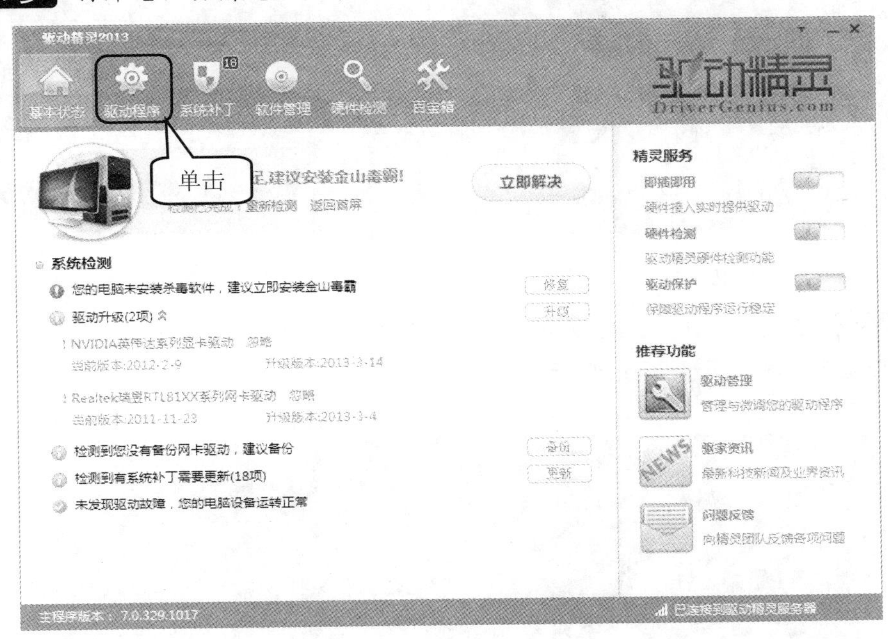

图 6-47

第 2 步 进入【驱动程序】界面，①选择【标准模式】选项卡；②单击【网卡】选项中的【下载】按钮，如图 6-48 所示。

第 3 步 完成下载后，单击【安装】按钮，如图 6-49 所示。

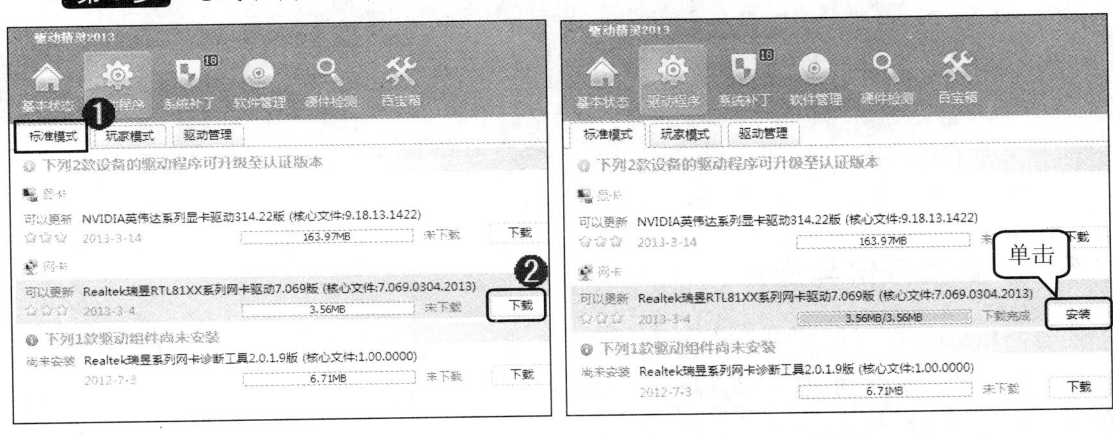

图 6-48　　图 6-49

第 4 步 弹出 Realtek Ethernet Controller Driver 对话框，单击【下一步】按钮，如图 6-50 所示。

第 5 步 进入【可以安装该程序了】界面，单击【安装】按钮，如图 6-51 所示。

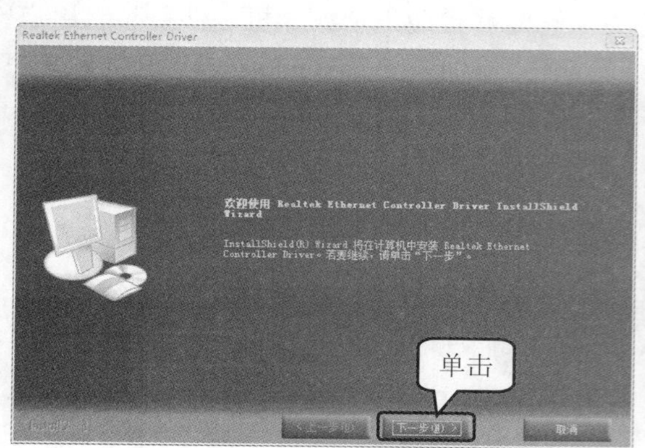

图 6-50

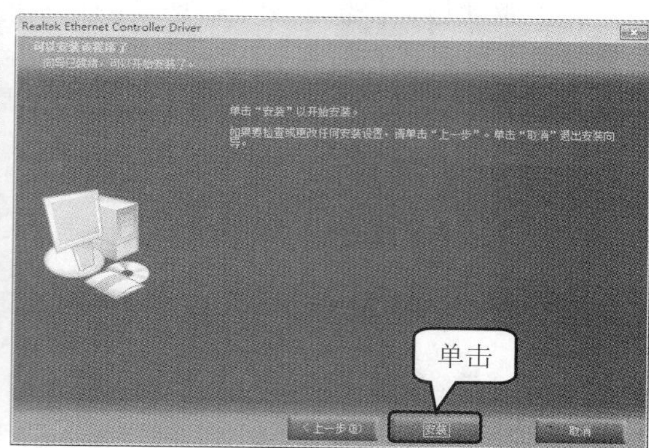

图 6-51

第 6 步 经过一段时间的在线等待，单击【完成】按钮即完成 Realtek 瑞昱 RTL81XX 系列网卡驱动的更新，如图 6-52 所示。

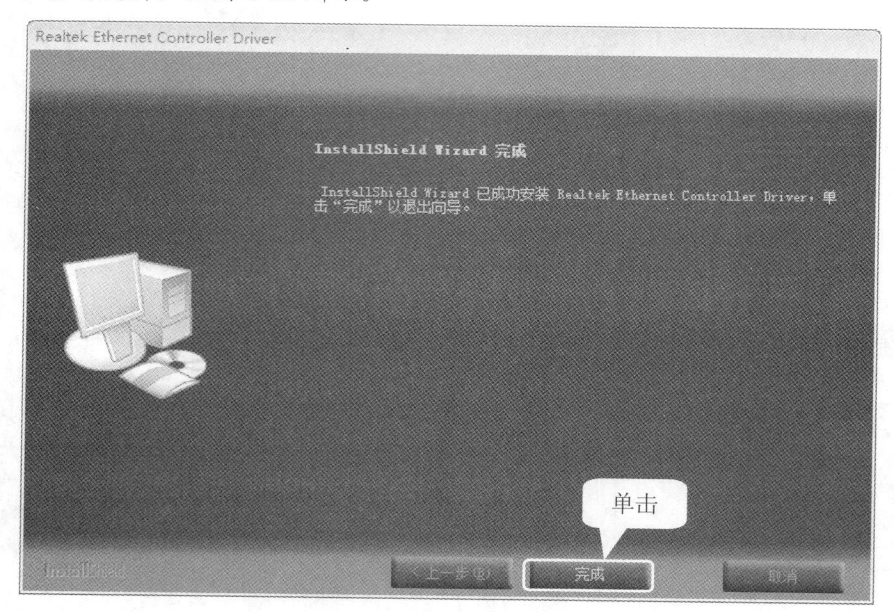

图 6-52

6.5.3 驱动备份与还原

驱动精灵除了更新驱动程序功能以外，还具有驱动备份和还原的功能，方便重装电脑系统后快速的安装驱动程序，这样省去了很多查找驱动的麻烦。下面将详细介绍驱动精灵的驱动备份与还原。

1. 驱动备份

驱动备份是把电脑上的驱动程序存储在指定位置，以便因误操作或者重做系统时恢复驱动程序所用。下面详细介绍驱动备份的具体操作步骤。

第 1 步 打开【驱动精灵】软件，①单击【驱动程序】按钮；②选择【驱动管理】选项卡；③选中【驱动备份】单选按钮；④选中需要备份的驱动复选框；⑤单击【开始备份】按钮，如图 6-53 所示。

图 6-53

第 2 步 经过一段时间的在线等待，在【备份设置】区域中，用户可以看到已经完成驱动备份，按照以上步骤即可完成驱动备份，如图 6-54 所示。

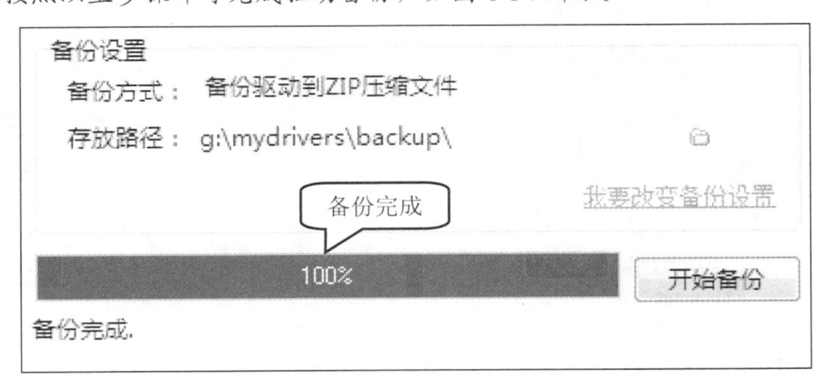

图 6-54

2. 驱动还原

驱动还原是指将存储在指定位置的驱动文件备份还原到当前操作系统的操作。下面详细介绍具体操作步骤。

第 1 步 打开【驱动精灵】软件，①单击【驱动程序】按钮；②选择【驱动管理】选项卡；③选中【驱动还原】单选按钮；④选中需要还原的驱动程序复选框；⑤单击【开始还原】按钮，如图 6-55 所示。

图 6-55

第 2 步 在弹出的【安装驱动】对话框中，显示驱动还原进度，如图 6-56 所示。

第 3 步 驱动还原安装完毕后，弹出【驱动精灵】对话框，提示“驱动程序已经更新完成，需要重新启动计算机才能生效，现在就重新启动吗？”信息，单击【是】按钮重新启动电脑即可完成驱动还原，如图 6-57 所示。

图 6-56

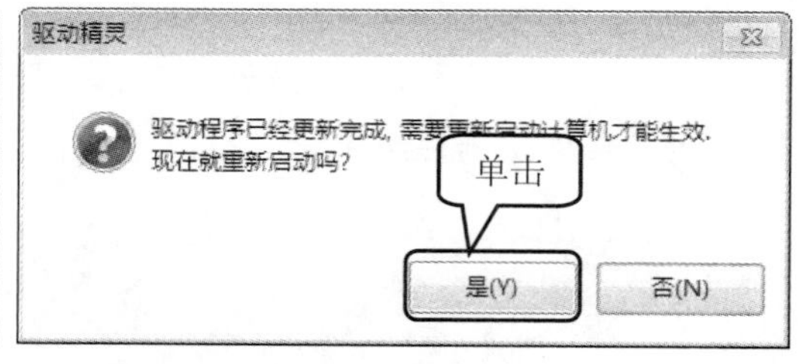

图 6-57

6.5.4 卸载驱动程序

对于因错误安装或其他原因导致的驱动程序残留，使用驱动精灵卸载驱动程序，下面以 Realtek 瑞昱 HD Audio 音频驱动为例，详细介绍如何使用驱动精灵卸载驱动程序。

第 1 步 打开【驱动精灵】软件，①单击【驱动程序】按钮；②选择【驱动管理】选项卡；③选中【驱动微调】单选按钮；④选中【声卡】复选框；⑤单击【驱动信息】区域中的【卸载驱动】链接项，如图 6-58 所示。

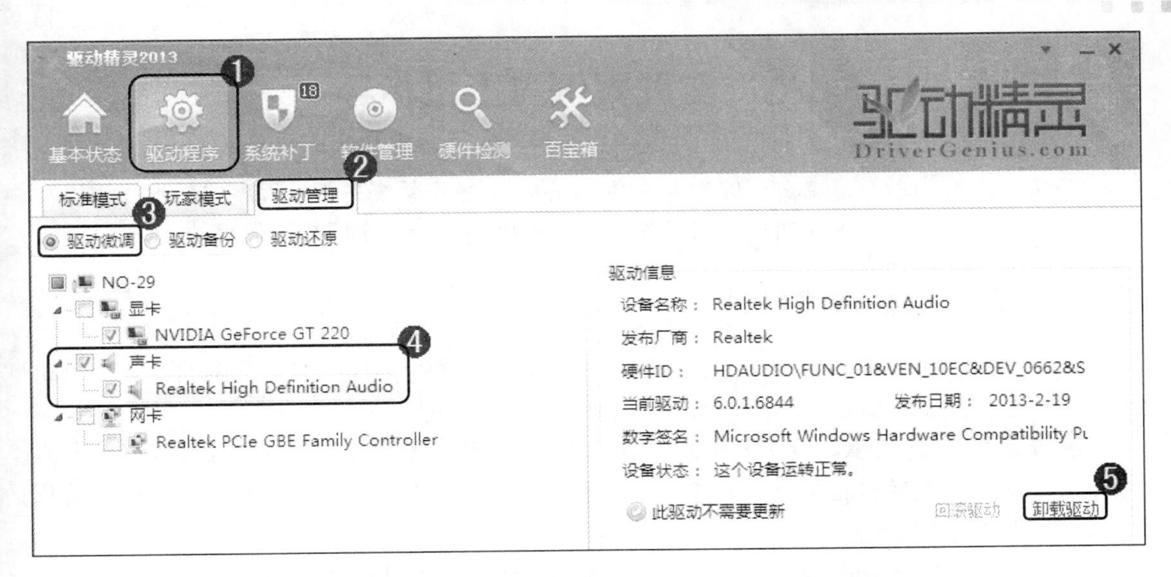

图 6-58

第 2 步 弹出【确认卸载】对话框，单击【是】按钮，如图 6-59 所示。

第 3 步 弹出【卸载驱动】对话框，显示卸载进度，如图 6-60 所示。

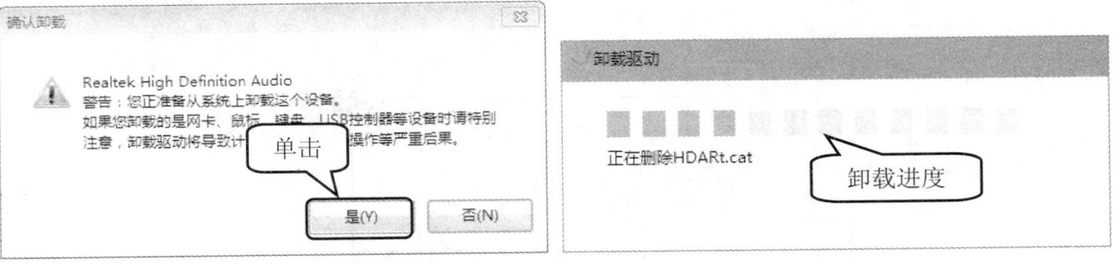

图 6-59　　图 6-60

第 4 步 弹出【驱动精灵】对话框，提示“驱动卸载完成，现在就重新启动吗？”信息，单击【是】按钮重新启动电脑，完成驱动卸载，如图 6-61 所示。

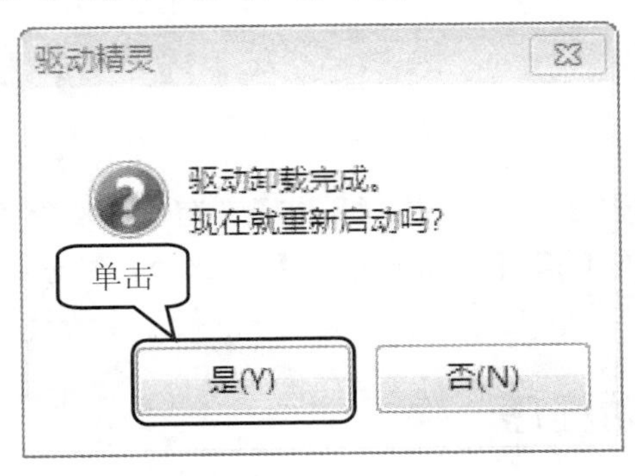

图 6-61

6.6 实践案例与上机指导

通过对本章的学习，读者可以掌握安装 Windows 操作系统与驱动程序的基本知识以及一些常见的操作方法，下面通过练习操作，以达到巩固学习、拓展提高的目的。

6.6.1 驱动精灵检测硬件

驱动精灵提供了硬件检测功能，能够检测绝大多数流行硬件。基于正确的检测，驱动精灵可以提供准确的驱动程序。下面详细介绍硬件检测功能。

第 1 步 打开【驱动精灵】软件，①单击【硬件检测】按钮；②选择【硬件概览】选项卡；③选择【电脑概括】选项；④在【硬件概要】区域中，用户可以看到电脑硬件的基本信息，如图 6-62 所示。

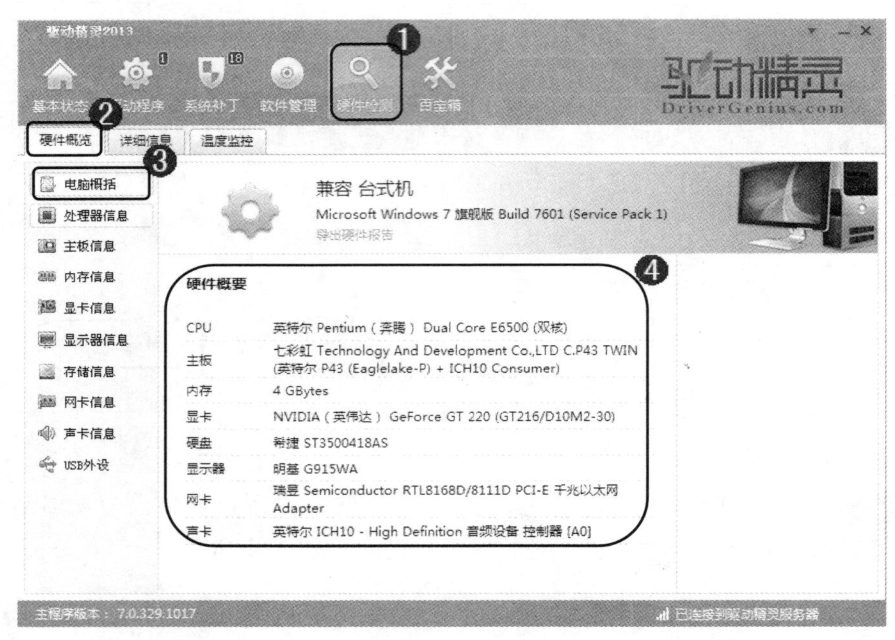

图 6-62

第 2 步 在【硬件概括】选项卡中，用户可以选择【处理器信息】、【主板信息】、【内存信息】、【显卡信息】和【显示器信息】等选项，查看相关硬件的具体信息，这里不再赘述。

6.6.2 手动更新驱动程序

如果没有驱动精灵而又想更新驱动程序，那么需要手动来实现更新。下面以更新显卡驱动程序为例，详细介绍手动更新驱动程序的具体步骤。

第 1 步 打开【设备管理器】窗口，①展开【显示适配器】列表；②右击 NVIDIA GeForce

GT 220 列表项；③弹出快捷菜单，选择【更新驱动程序软件】菜单项，如图 6-63 所示。

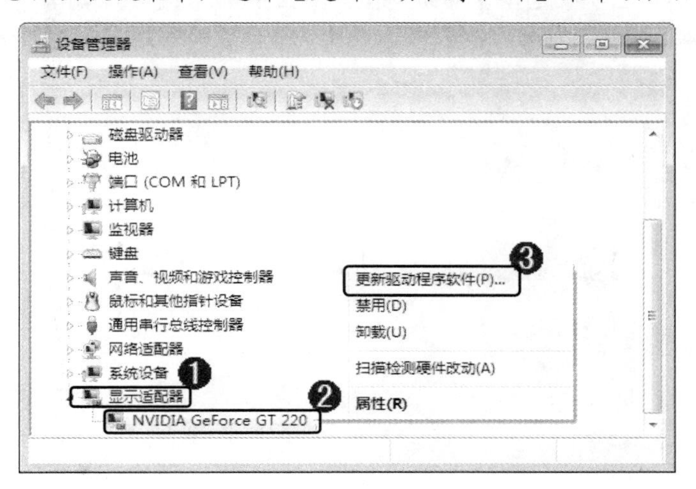

图 6-63

第 2 步 弹出【更新驱动程序软件】对话框，选择【自动搜索更新的驱动程序软件】选项，如图 6-64 所示。

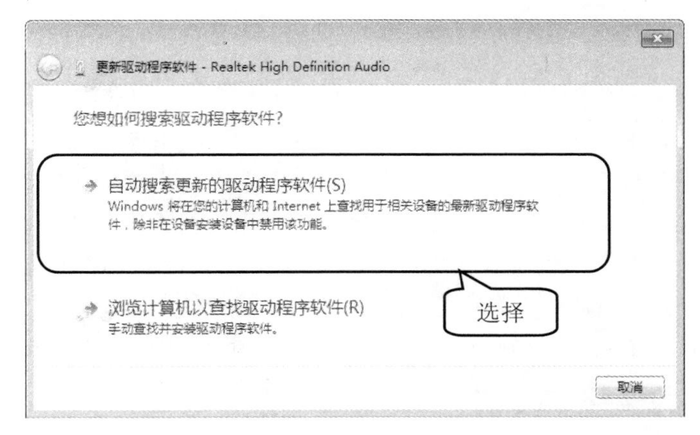

图 6-64

第 3 步 进入【正在下载驱动程序软件】界面，显示更新进度，如图 6-65 所示。

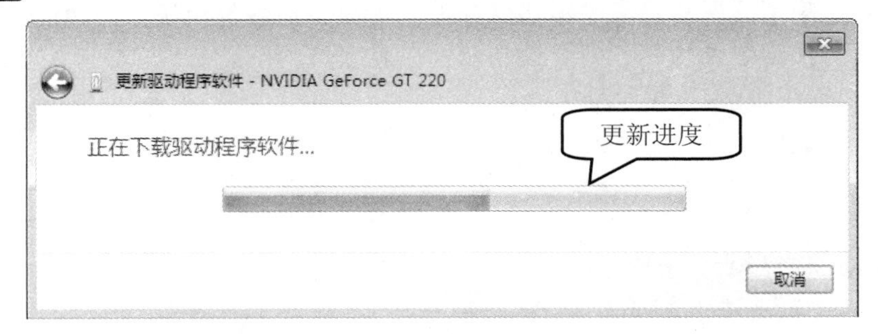

图 6-65

第 4 步 进入【已安装适合设备的最佳驱动程序软件】界面，用户可以看到“Windows 已确定该设备的驱动程序软件是最新的”信息，单击【关闭】按钮即可完成手动更新驱动程序，如图 6-66 所示。

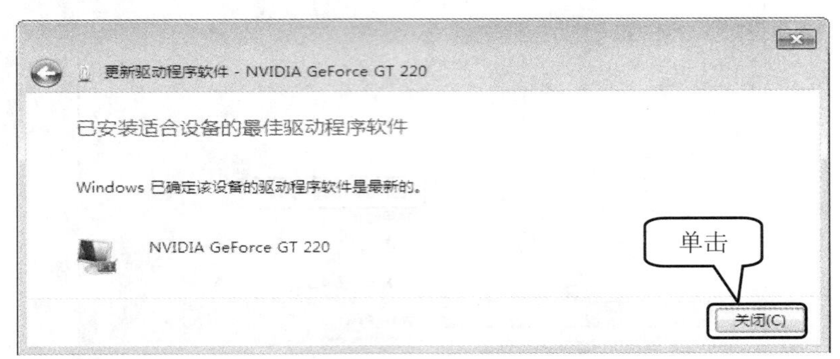

图 6-66

6.7 思考与练习

一、填空题

1. Windows 7 新增了许多实用的功能，如全新的________、Windows Media Center、多点触摸、________、Tablet PC 增强功能、高保真媒体 PC、Aero 主题与背景和高级网络支持。

2. 驱动程序全称为“__________”，是一种实现操作系统与硬件设备通信的特殊程序，相当于硬件的接口，操作系统只有通过这个接口，才能控制硬件设备的工作。

3. 如果某些硬件设备已经不再使用，用户可以将其驱动程序进行________，另外在升级和更新驱动程序之前，最好也要先________原来的驱动程序。

4. 驱动精灵除了________功能以外，还具有驱动备份和还原的功能，方便重装电脑系统后快速的安装________，这样省去了很多找驱动的麻烦。

二、判断题

1. Windows 7 是由微软公司开发的操作系统。 ( )
2. 驱动精灵除了更新驱动程序功能以外，还具有驱动备份和还原的功能。 ( )
3. 对于因错误安装或其他原因导致的驱动程序残留，只能使用驱动精灵卸载驱动程序。 ( )
4. 驱动精灵提供了硬件检测功能，能够检测绝大多数流行硬件。 ( )

三、思考题

1. Windows 7 新增功能有哪些？
2. Windows 7 的版本有哪些？

第 7 章

测试计算机系统性能

本章要点

- 电脑的性能测试基础
- 检测软件——鲁大师
- 电脑系统性能专项检测
- 硬件设备性能检测
- 常见的检测软件

本章主要内容

本章主要介绍电脑性能测试基础的相关知识，同时还讲了解电脑系统性能专项检测包括游戏性能、视频播放性能、图片处理能力与网络性能检测和硬件设备性能检测，包括整机性能检测、显卡性能检测、CPU 性能检测、内存性能检测和硬盘性能检测的相关知识与技巧。在本章的最后还介绍了 U 盘扩容检测和显示器检测。通过对本章的学习，读者可以掌握检测电脑性能方面的知识和技巧，为深入学习计算机组装、维护与故障排除奠定基础。

7.1 电脑性能测试基础

刚刚组装回来的电脑一定要用很多方法测试电脑的性能，根据检查的数据来判断电脑性能到底如何。本章将详细介绍电脑测试的详细知识与技巧。

7.1.1 电脑测试的必要性

随着 IT 设备的增多，如何准确地定位硬件好坏的问题就显得更加突出，要评价其性能高低，势必要测试其中各个部件的优劣以及组装在一起的整体性能。近年来，一些专业性的机构开发了评测软件，专业的硬件评测一方面具有选购指导的作用，通过阅读评测报告，比较几方面的数值，用户可以选择理想的产品。另一方面，通过测试，还能更详细地了解硬件各方面的性能，对用户提高技术水准也是大有益处的。

电脑的性能主要包括 CPU 运算系统性能、内存子系统性能、磁盘子系统性能、图形系统性能等方面，只有这些方面都搭配得当，才不会出现影响系统性能的瓶颈。在电脑中对 CPU、内存、主板、显卡、显示器、声卡和硬盘等硬件设备进行测试，用户可以及时了解电脑中各个硬件的性能指标，了解电脑当前硬件的运行状态是否与厂商宣传时的参数相符。

7.1.2 检测电脑性能的方法与条件

一般来说，用户可以通过两种方法对电脑的性能进行检测，即运行常用软件和运行专业的检测软件，下面分别予以详细介绍。

1. 常用软件检测

检测电脑性能最简单的方法是让电脑运行常用的软件，通过查看软件能否运行且执行的速度和结果是否正确等，简单地判断电脑的性能是否满足要求，反映电脑平常应用条件下的表现。一般情况，测试可以分为以下几类：游戏测试、视频播放测试、图片处理测试、文件拷贝测试、压缩测试和网络性能测试等，这些测试基本上包括了电脑的各个方面。

2. 专业软件测试

用户也可以运行一些专业的测试软件，如使用 EVEREST Ultimate 和鲁大师等软件测试整机性能；使用 3DMARK 测试 CPU、内存和视频性能；使用 CPU-Z 测试 CPU、内存主板和显卡性能；使用 MemTest 测试内存稳定性；使用 HD Tune 和 HD Speed 测试硬盘性能和健康状态；使用 RightMark Audio Analyzer 检测声卡性能，以及使用 OCCT 检测电源品质等。

为了保证检测结果的真实性，减少误差，在检测计算机性能时一般需要满足以下条件。

(1) 安装操作系统和驱动程序，并安装好所有的补丁程序(包括系统补丁和驱动程序补丁)，并保证所安装的驱动程序是最稳定的新版本。

(2) 整理检测软件所在分区的磁盘碎片，减少磁盘性能对测试结果产生的影响。

(3) 安装检测软件，最好能在安装完成后重新启动电脑。

(4) 关闭不使用的软件和程序，最好能断开网络(除非检测软件需要连接网络)，然后关闭防火墙和杀毒软件，只运行基本的系统组件。

(5) 运行检测软件进行硬件性能检测，记录检测结果，可多次重复检测求出平均值。

(6) 对比检测结果和基准测试结果，分析原因，然后想办法提升性能较差的硬件性能。

7.2　电脑综合性能检测——鲁大师

鲁大师是新一代的系统工具。它能轻松辨别电脑硬件真伪，保护电脑稳定运行，优化清理系统，提升电脑运行速度的免费软件。它是奇虎公司旗下的安全产品。

7.2.1　电脑综合性能测试

鲁大师的性能测试功能是用来全面测试电脑性能的，包括处理器测试、显卡测试、内存测试和硬盘测试。下面将详细介绍一下鲁大师性能测试的具体步骤。

第 1 步 打开【鲁大师】软件，①单击【性能测试】按钮；②选择【电脑性能测试】选项卡；③单击【立即测试】按钮，如图 7-1 所示。

第 2 步 完成测试，用户可以在【电脑性能测试】选项卡中看到电脑的综合性能、处理器性能、显卡性能、内存性能和硬盘性能的评分，如图 7-2 所示。

图 7-1

图 7-2

7.2.2　电脑硬件信息检测

鲁大师的硬件测试功能是用来全面测试电脑硬件的功能，用户可以测试电脑中硬件功能或者质量是否达标。它包括显示器颜色质量测试器、液晶显示器坏点测试器和硬盘坏道测试器，下面详细介绍一下这几个功能。

1. 显示器颜色质量测试

通过对灰度和各种颜色的测试，判断当前显示器的色彩表现质量，下面将详细介绍具体操作步骤。

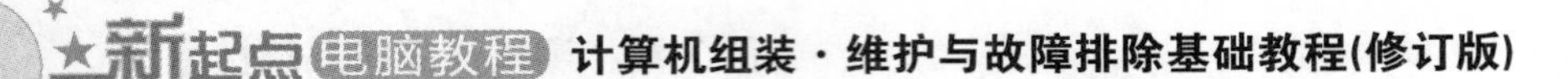

第 1 步 打开【鲁大师】软件。①单击【性能测试】按钮；②选择【硬件测试工具】选项卡；③单击【显示器颜色质量测试器】中的【立即测试】按钮，如图 7-3 所示。

第 2 步 在弹出的界面中单击【开始测试】按钮，如图 7-4 所示。

图 7-3

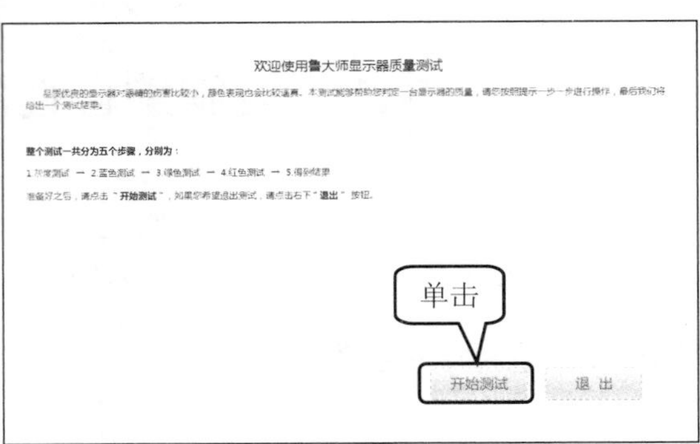

图 7-4

第 3 步 在完成测试后，会出现【测试结果汇报】界面，用户可以判断显示器的优劣，单击【退出】按钮，完成显示器颜色质量测试，如图 7-5 所示。

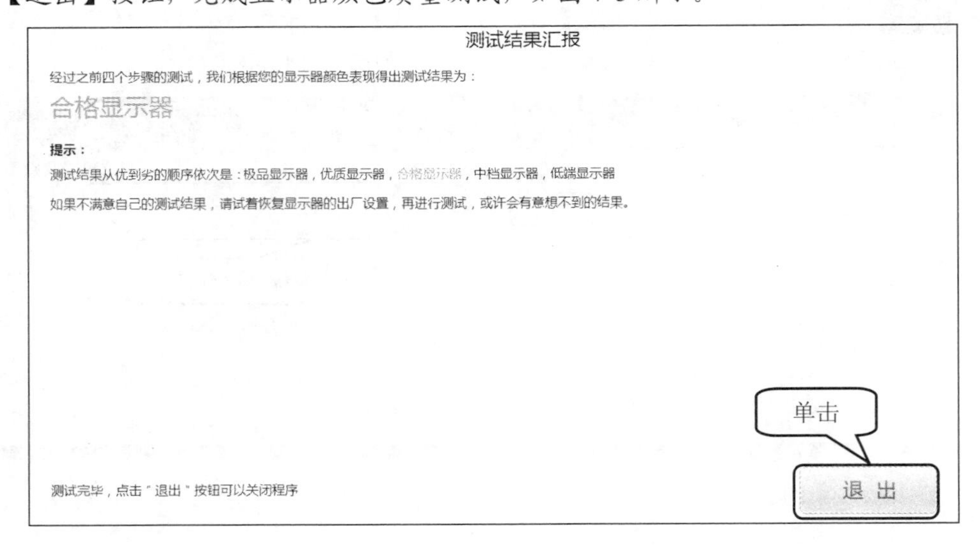

图 7-5

2. 液晶显示坏点测试

测试液晶显示器需要尝试从不同角度观察是否有坏点，亮点和暗点统称为坏点，如果测试没有亮点或者暗点，显示器即为合格。下面详细介绍一下液晶显示器坏点测试的具体步骤。

第 1 步 打开【鲁大师】软件，①单击【性能测试】按钮；②选择【硬件测试工具】选项卡；③单击【液晶显示器坏点测试器】中的【开始测试】按钮，如图 7-6 所示。

第 2 步 在弹出的界面中按照提示测试液晶显示器，如图 7-7 所示。

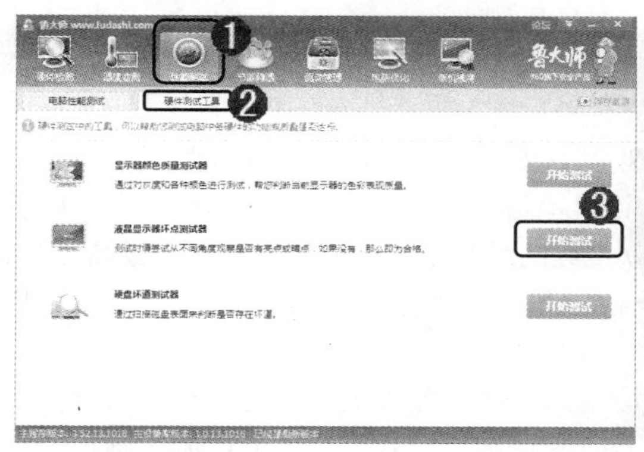

图 7-6

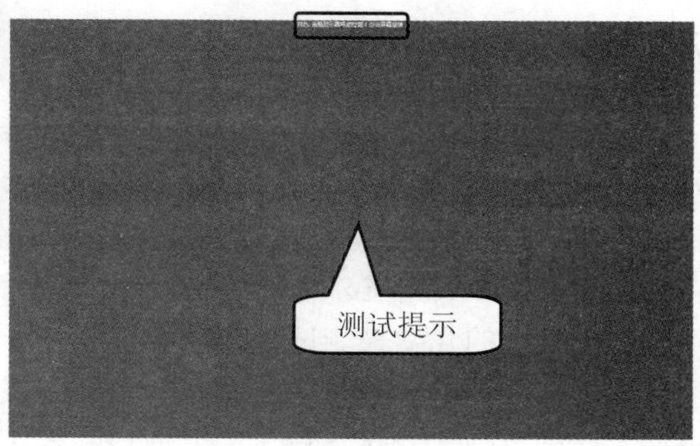

图 7-7

3. 硬盘坏道测试

硬盘坏道测试是根据扫描磁盘的表面来判断是否存在坏道，下面将详细地介绍硬盘坏道测试的具体步骤。

第 1 步 打开【鲁大师】软件，①单击【性能测试】按钮；②选择【硬件测试工具】选项卡；③单击【硬盘坏道测试器】中的【开始测试】按钮，如图 7-8 所示。

第 2 步 在弹出的【磁盘检测】对话框中单击【开始扫描】按钮，如图 7-9 所示。

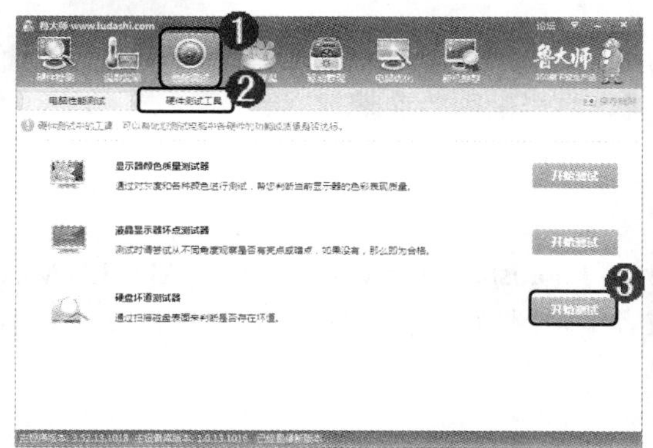

图 7-8

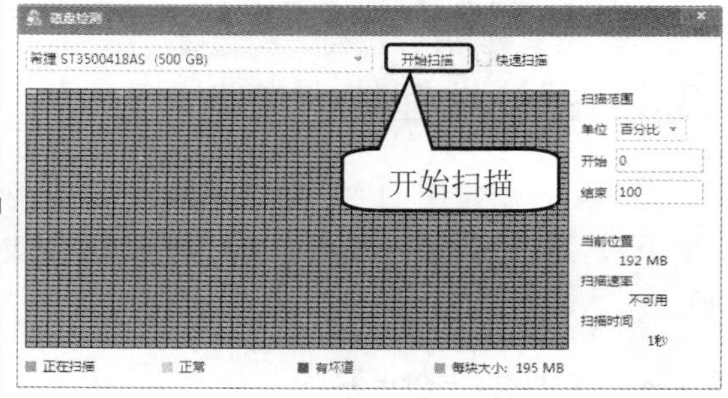

图 7-9

第 3 步 扫描完毕，用户可以看到没有坏道的区域用绿色表示，有坏道的区域用红色表示。

7.3　电脑系统性能专项检测

电脑的主要用途为播放视频、处理图片、玩游戏以及访问互联网等，因此对以上这几项应用进行检测，用户可以判断电脑性能是否满足使用要求。

7.3.1 游戏性能检测

很多用户的电脑是用来玩游戏的，而且游戏可以说是对电脑性能的综合测试，包含了对 CPU、内存、显卡、主板、显示器、光驱、键盘鼠标、声卡、音箱等的测试。所以电脑首先应该进行的是游戏测试。通常可以选择几款常见的游戏来测试爱机，例如：极品飞车、古墓丽影、QUAKE、CS、虚幻竞技场、魔兽争霸。不一定要把这些游戏都试用一下，用户可以选择其中的几款来测试电脑性能。

配置高一些的电脑可以选择高一些的游戏版本来测试，配置低一些的电脑可以选择版本低一些的游戏来测试。测试主要应该注意游戏安装速度、游戏运行速度、游戏画质、游戏流畅程度、游戏音质等几方面。用户可以更改显示器设置、显卡设置、BIOS 设置、系统设置、游戏设置来感受不同设置下电脑的不同表现，例如改变显示器的亮度、对比度、改变游戏的分辨率、改变显卡的频率、改变内存的延时、改变 CPU 频率、改变系统硬件加速比例、改变系统缓存设置等。

要注意的是在测试以前最好把所有的补丁程序安装齐全，改变设置测试完成以后要把设置改回到最佳状态。

7.3.2 视频播放性能检测

建议用户选择常用的播放器和比较熟悉的电影，需要注意的是播放有没有异常、画面的鲜艳程度、调整显示器亮度后的画面变化情况、电影画面的清晰程度等。

7.3.3 图片处理能力检测

推荐用户用常用的图形处理软件来测试，例如 Photoshop、Fireworks、AutoCAD、3ds Max 等。用户可以打开多个图片文件、更改图片或者编辑图片来测试电脑图片处理速度、观察画质。

7.3.4 网络性能检测

网络性能检测相对要简单一些，主要检查网络的连接状态和速度，用户可以通过访问在线网速测试的网站，和一些软件自带的测速功能来检测网络速度。需要注意的是，这些网站的服务器要尽量接近用户所在的区域，避免因为距离太远而影响检测结果。

7.4 硬件设备性能测试

随着电脑与互联网的发展，用户用来检测电脑硬件设备性能的软件有很多，具体可以分为整机性能检测、显卡性能检测、CPU 性能检测、内存检测、硬盘检测和电源性能检测等项目，本节将详细介绍硬件设备性能测试的相关知识及操作方法。

7.4.1　整机性能检测

EVEREST Ultimate 是一个测试软硬件系统信息的工具，它可以详细地显示出 PC 每一个方面的信息。它支持上千种主板，支持上百种显卡，支持对并口、串口、USB 这些 PNP 设备的检测，支持对各式各样的处理器的侦测。下面以检测内存写入为例详细介绍 EVEREST Ultimate 的使用方法。

第 1 步 打开 EVEREST Ultimate 软件，①双击【性能测试】选项；②选择【性能测试】中的【内存写入】选项；③单击 EVEREST Ultimate 界面中的【刷新】按钮，如图 7-10 所示。

第 2 步 经过一段时间的等待，用户可以看到测试的具体信息和排名，如图 7-11 所示。

图 7-10

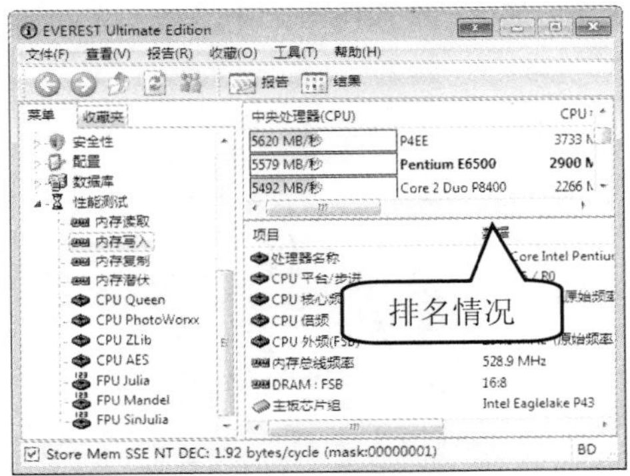

图 7-11

7.4.2　显卡性能检测

3DMark Vantage 是 Futuremark 公司推出的新一代 3D 基准测试软件，是业界第一套专门基于微软 DX10 API 打造的综合性基准测试工具。单击软件界面右下方的 RUN BENCHMARK 按钮，即可进行相关测试。3DMark Vantage 总分代表了测试系统的整体游戏性能，如图 7-12 所示。

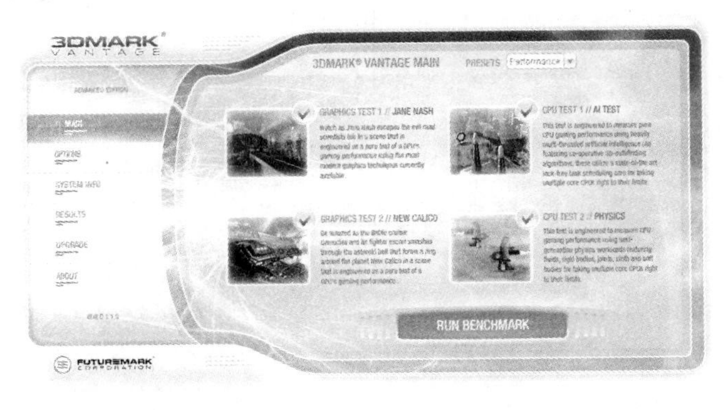

图 7-12

7.4.3 CPU 性能测试

CPU-Z 是一款很好的 CPU 检测软件，是检测 CPU 使用程度最高的一款软件。另外，它具有主板、内存和内存双通道检测功能。下面详细介绍一下 CPU-Z。

第 1 步 打开 CPU-Z 软件，在【处理器】选项卡中可以很直观地看到 CPU 的相关信息，包括名字、Logo、指令集和核心电压等，如图 7-13 所示。

第 2 步 在【缓存】选项卡中，用户可以看到以及数据缓存、一级指令缓存和二级缓存的相关信息，如图 7-14 所示。

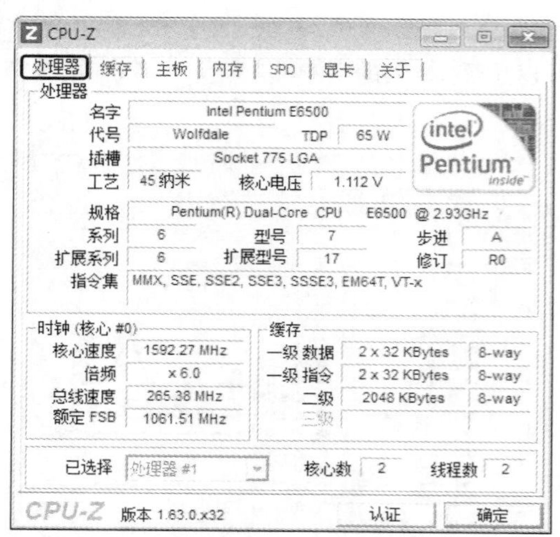

图 7-13

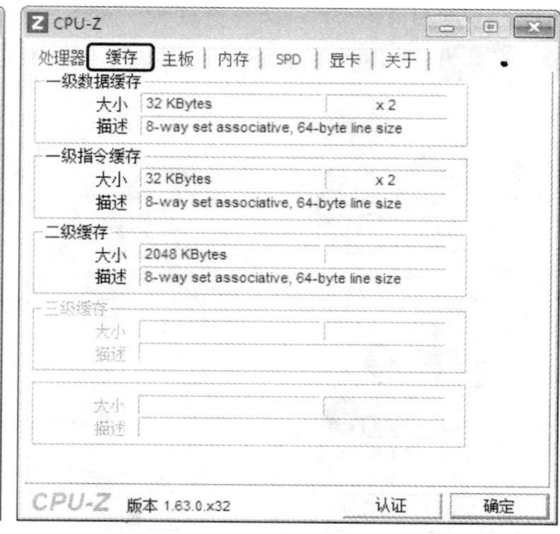

图 7-14

第 3 步 在【主板】选项卡中，用户可以看到主板、BIOS 和图形接口的相关信息，如图 7-15 所示。

第 4 步 在【内存】选项卡中，用户可以看到内存常规和时序的相关信息，如图 7-16 所示。

图 7-15

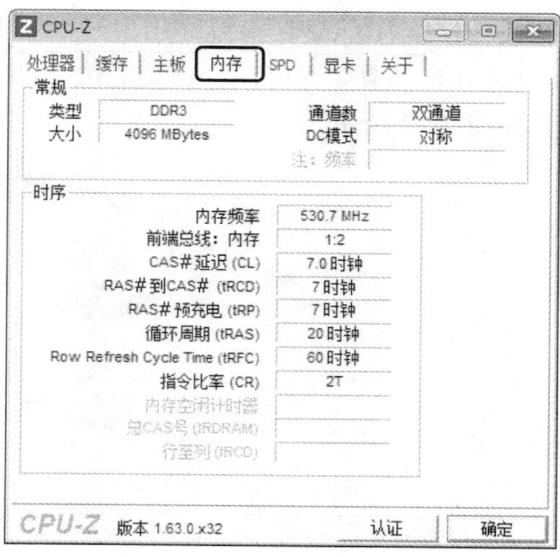

图 7-16

7.4.4　内存检测

MemTest 是少数可以在 Windows 操作系统中运行的内存检测软件之一。它不但可以检测内存的稳定度，还可以同时测试记忆储存与检索资料的能力，下面详细介绍一下 MemTest 的具体使用方法。

第 1 步　打开 MemTest 软件，①在输入栏输入需要测试的内存容量；②单击【开始测试】按钮，如图 7-17 所示。

第 2 步　在测试到 200%的时候如果没有出现错误，那么基本可以单击【停止测试】按钮，完成测试了，如图 7-18 所示。

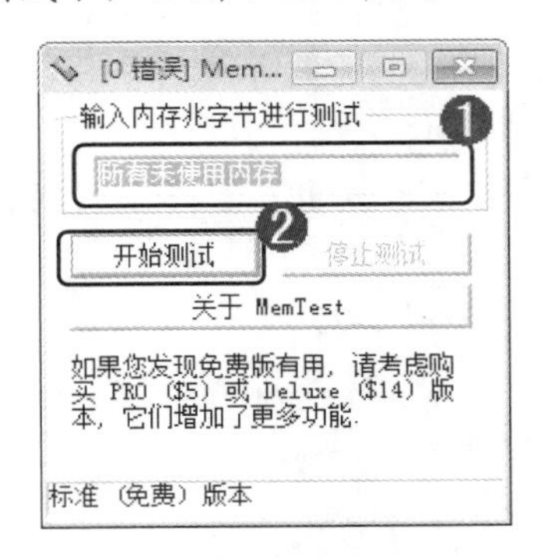

图 7-17

图 7-18

7.4.5　硬盘检测

HD Tune 是一款小巧易用的硬盘工具软件，它有硬盘传输速率检测、健康状态检测、温度检测、磁盘表面扫描存取时间和 CPU 占用率等功能。下面介绍一下 HD Tune 的使用方法。

第 1 步　打开 HD Tune 软件，①选择【基准】选项卡；②单击【开始】按钮，如图 7-19 所示。

第 2 步　完成检测，用户可以看到硬盘的传输速率、存取时间和 CPU 占用率等相关信息，如图 7-20 所示。

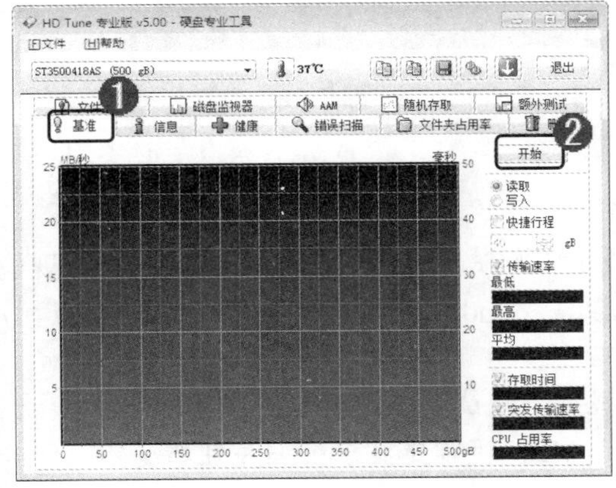

图 7-19

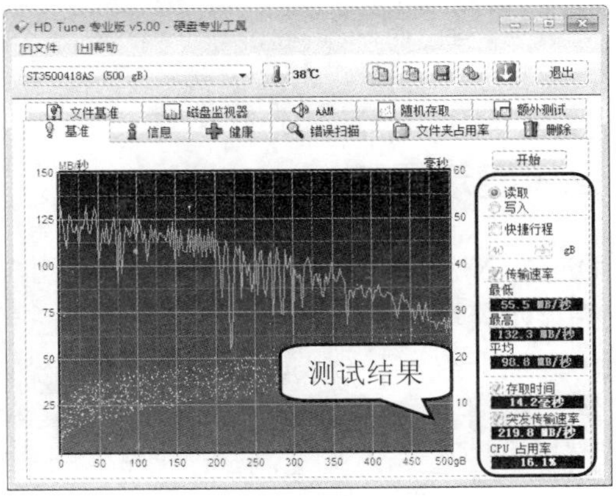

图 7-20

7.5 实践案例与上机指导

通过对本章的学习，读者可以掌握测试计算机系统性能的基本知识以及一些常见的操作方法，下面通过练习操作，以达到巩固学习、拓展提高的目的。

7.5.1 U 盘扩容检测

MyDiskTest 是一款 U 盘、SD 卡、CF 卡等移动存储产品扩容识别工具。用户可以方便地检测出存储产品是否经过扩充容量，以次充好，功能包括扩容检测、坏块扫描、速度测试和坏块屏蔽。下面将详细介绍 MyDiskTest 的具体使用方法。

第 1 步 插入 U 盘并打开 MyDiskTest 软件，①选中【快速扩容测试】单选按钮；②单击【开始测试】按钮，如图 7-21 所示。

第 2 步 完成 U 盘扩容检查，显示检查结果，如图 7-22 所示。

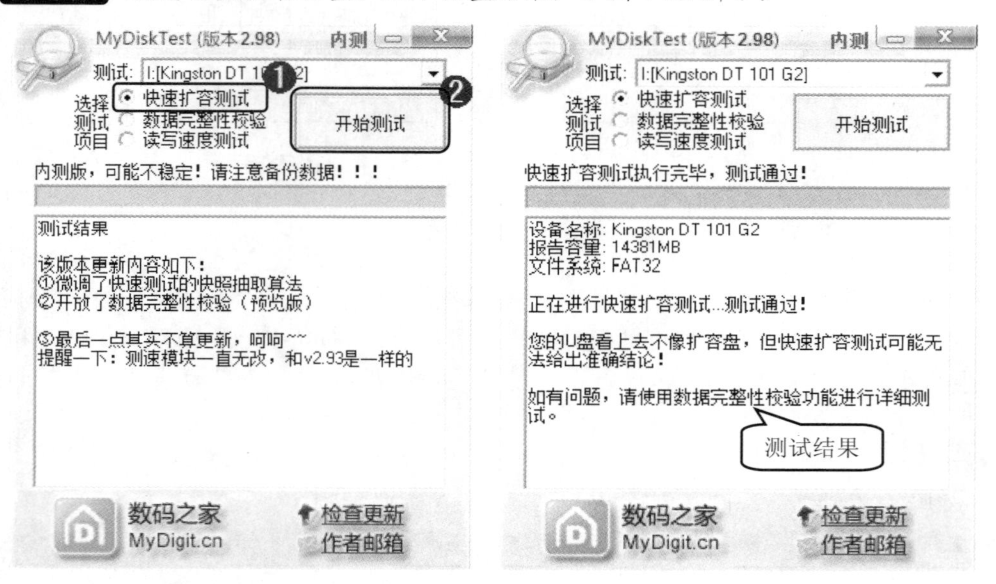

图 7-21　　图 7-22

7.5.2 显示屏测试

DisplayX 通常被叫作显示屏测试精灵。显示屏测试精灵是一款小巧的显示器常规检测和液晶显示器坏点、延迟时间检测软件，它可以在 Windows 全系列操作系统中正常运行。下面将详细介绍一下 DisplayX 这款软件。

第 1 步 打开 DisplayX 软件，单击【常规完全测试】按钮，如图 7-23 所示。

第 2 步 显示对比度测试，调节亮度控制，让色块都能显示出来并且高度不同，确保黑色不要变灰，每个色块都能显示出来的好些，如图 7-24 所示。

图 7-23

图 7-24

第 3 步 显示灰度测试，看到颜色过渡越平滑越好，如图 7-25 所示。

第 4 步 显示 265 级灰度，测试显示的灰度还原能力，如图 7-26 所示。

图 7-25

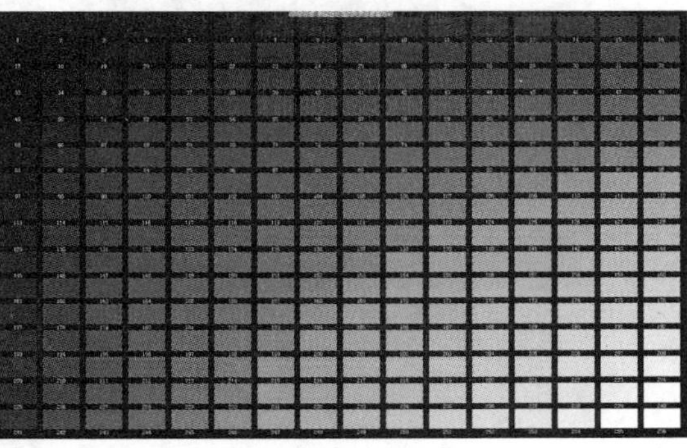

图 7-26

第 5 步 显示呼吸效应，在黑白画面切换之间，屏幕边角的抖动越小越好，没有抖动为最好，如图 7-27 所示。

第 6 步 显示几何形状，调节几何形状以确保不会变形，如图 7-28 所示。

图 7-27

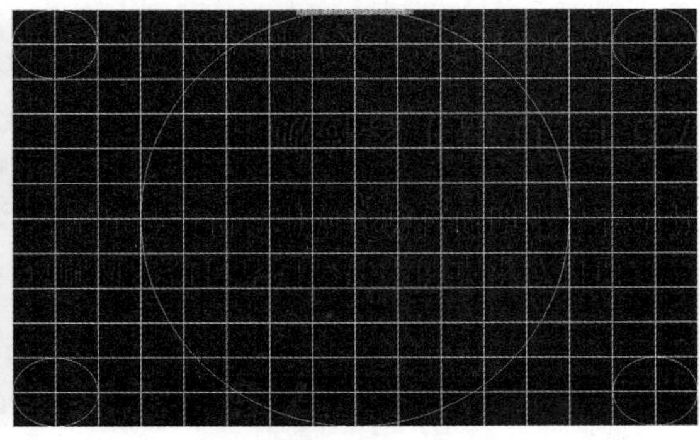

图 7-28

第 7 步 显示汇聚，各个位置的文字越清晰越好，如图 7-29 所示。

第 8 步 显示色彩，显示器的色彩越艳丽、通透越好，如图 7-30 所示。

图 7-29

图 7-30

第 9 步 显示纯色，用于检测显示器坏点，如图 7-31 所示。

第 10 步 显示交错，用于检测显示器的显示效果干扰，如图 7-32 所示。

图 7-31

图 7-32

7.6 思考与练习

一、填空题

1. 鲁大师是新一代的________工具。它能轻松辨别电脑硬件真伪，保护电脑稳定运行，优化清理系统，提升________的免费软件。

2. MemTest 是少数可以在 Windows 操作系统中运行的________软件之一。

二、判断题

1. EVEREST Ultimate 是一个专门用来测试 CPU 的工具软件。 (　　)

2. MyDiskTest 是一款 U 盘、SD 卡、CF 卡等移动存储产品扩容识别工具。 (　　)

三、思考题

1. 本章主要介绍了哪些电脑检测软件？

2. 电脑系统性能专项检测有哪些？

新起点

第 8 章

系统安全措施与防范

本章要点

- 认识电脑病毒
- 使用金山毒霸杀毒
- 使用 360 安全卫士

本章主要内容

本章主要介绍系统安全措施与防范，讲解了使用金山毒霸全盘查杀病毒、一键云查杀病毒、手机杀毒和 U 盘 5D 实时保护，同时介绍了使用 360 安全卫士进行电脑体检、木马查杀、系统修复和电脑清理。在本章的最后还针对软件的使用介绍了实践案例与上机操作。通过对本章的学习，读者可以掌握系统安全措施与防范的方法，为深入学习电脑知识奠定基础。

8.1 认识电脑病毒

电脑病毒是感染其他程序，对电脑资源进行破坏，所谓的病毒是人为造成的，病毒的危害性很大。虽然电脑本身具有一定的防御能力，但会受到威胁，本章将介绍电脑病毒和防范电脑病毒的相关知识。

8.1.1 电脑病毒的概念与特点

电脑病毒是编制者在计算机程序中插入破坏计算机功能或者破坏数据的程序，影响计算机使用并且能够自我复制的一组计算机指令或者程序代码。

电脑病毒具有繁殖性、破坏性、传染性、潜伏性、隐蔽性和可触发性的特点，下面将详细介绍病毒的几个特点。

1. 繁殖性

计算机病毒可以像生物病毒一样进行繁殖，当正常程序运行的时候，它也进行运行自身复制，是否具有繁殖、感染的特征是判断某段程序为计算机病毒的首要条件。

2. 破坏性

计算机在中毒后，可能会导致正常的程序无法运行，把计算机内的文件删除或不同程度的损坏。它通常表现为：增、删、改、移。

3. 传染性

计算机病毒不但本身具有破坏性，更有害的是具有传染性，一旦病毒被复制或产生变种，其速度之快令人难以预防。计算机病毒也会通过各种渠道从已被感染的计算机扩散到未被感染的计算机，在某些情况下造成被感染的计算机工作失常甚至瘫痪。

4. 潜伏性

一个编制精巧的计算机病毒程序，进入系统之后一般不会马上发作，因此病毒可以静静地躲在磁盘里待上几天，甚至几年，一旦时机成熟，得到运行机会，会四处繁殖、扩散，继续危害。潜伏性的第二种表现是，计算机病毒的内部往往有一种触发机制，不满足触发条件时，计算机病毒除了传染外不做任何破坏。触发条件一旦得到满足，有的在屏幕上显示信息、图形或特殊标识，有的则执行破坏系统的操作。

5. 隐蔽性

计算机病毒具有很强的隐蔽性，有的可以通过病毒软件检查出来，有的根本查不出来，有的时隐时现变化无常，这类病毒处理起来通常很困难。

6. 可触发性

病毒具有预定的触发条件，这些条件可能是时间、日期、文件类型或某些特定数据等。

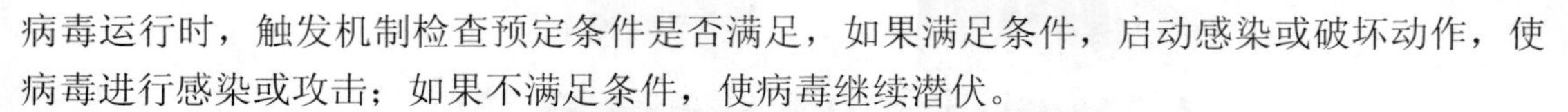

病毒运行时，触发机制检查预定条件是否满足，如果满足条件，启动感染或破坏动作，使病毒进行感染或攻击；如果不满足条件，使病毒继续潜伏。

病毒的传播途径通常有硬盘传播、网络传播和移动存储设备传播，下面详细介绍一下病毒的传播途径。

- 硬盘传播：通过硬盘传染是一个重要的渠道，由于带有病毒机器移到其他地方使用、维修等，将干净的硬盘传染并再次扩散。
- 网络传播：一种是来自文件下载，这些被浏览的或是被下载的文件可能存在病毒；另一种是来自电子邮件。大多数邮件系统提供了在网络间传送附带格式化文档邮件的功能，遭受病毒的文档或文件可能通过网关和邮件服务器进入电脑。
- 移动存储设备：移动存储设备使用广泛，通常作为两台电脑或者几台电脑之间的交叉设备，如果有电脑病毒存在容易形成交叉感染。

8.1.2　电脑病毒的分类

电脑病毒按照算法的分类可以分为伴随型病毒、“蠕虫”病毒、寄生型病毒和木马。

1. 伴随型病毒

它们根据算法产生可执行文件的伴随体，具有同样的名字和不同的扩展名，加载文件时，伴随体优先被执行到，再由伴随体加载执行原来的可执行文件。

2. “蠕虫”病毒

通过计算机网络传播，不改变文件和资料信息，利用网络从一台机器的内存传播到其他机器的内存，将自身的病毒通过网络发送。一般除了内存不占用其他资源。

3. 寄生型病毒

除了伴随性病毒和“蠕虫”型病毒，其他病毒均可称为寄生型病毒，它们依附在系统的引导扇区或文件中通过系统的功能进行传播。

4. 木马

木马程序严格意义上说不能算作是病毒，不过木马却可以和其他病毒捆绑在一起，躲过杀毒软件的查杀。现在越来越多的新版的杀毒软件可以查杀一些木马程序了。木马程序可以分为网银木马和网游木马两种。

- 网游木马常采用记录用户键盘输入、Hook 游戏进程 API 函数等方法获取。
- 网银木马是针对网上交易系统编写的木马病毒，其目的是盗取用户的卡号、密码和安全证书。此类木马种类数量比不上网游木马，但它的危害更加直接，受害用户的损失更加惨重。

8.2 使用金山毒霸查杀电脑病毒

金山毒霸是金山网络旗下研发的云安全智扫反病毒软件。它融合了启发式搜索、代码分析、虚拟机查毒等经业界证明成熟可靠的反病毒技术，使其在查杀病毒种类、查杀病毒速度、未知病毒防治等多方面达到世界先进水平，同时金山毒霸还具有病毒防火墙实时监控、压缩文件查毒、查杀电子邮件病毒等多项先进的功能。

8.2.1 全盘查杀病毒

全盘查杀病毒是对电脑所有存储设备进行扫描，彻底删除非法侵入并驻留系统的病毒和木马文件。下面将介绍全盘查杀病毒的操作步骤。

第 1 步 启动【金山毒霸】程序，①单击【电脑杀毒】按钮；②单击【全盘查杀】按钮，如图 8-1 所示。

第 2 步 进入【全盘扫描】界面，在【全盘扫描】界面可以看到整个扫描过程，如图 8-2 所示。

图 8-1

图 8-2

8.2.2 一键云查杀病毒

一键云查杀病毒是金山网络最新推出的快速查杀方式，所谓“云”是指服务端。它是指电脑在网络连接的状态下，使用金山网络的服务端的病毒库进行电脑病毒的排查。下面将介绍一键云查杀病毒的具体步骤。

第 1 步 启动【金山毒霸】程序，①单击【电脑杀毒】按钮；②单击【一键云查杀】按钮，如图 8-3 所示。

第 2 步 进入【一键云查杀】界面，经过一点时间的在线等待，查杀完毕即完成了一键云查杀病毒，如图 8-4 所示。

图 8-3

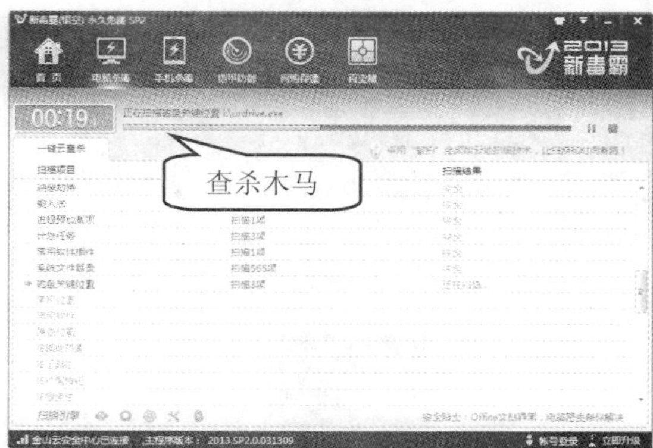

图 8-4

8.2.3　手机杀毒

手机杀毒是金山毒霸软件中的新功能，针对安卓手机中的病毒木马、暗扣流量、恶意扣费等问题，需要手机连接到电脑后可以使用。下面将详细介绍手机杀毒的具体操作步骤。

第 1 步 启动【金山毒霸】程序，单击【手机杀毒】按钮，如图 8-5 所示。

图 8-5

第 2 步 使用手机数据线连接电脑，显示正在连接，如图 8-6 所示。

图 8-6

第 3 步 在线等待一段时间，手机连接到电脑后单击【快速查杀】按钮，如图 8-7 所示。

图 8-7

第 4 步 进入【本地扫描】界面，显示扫描的进度，如图 8-8 所示。

图 8-8

第 5 步 显示扫描结果，在【系统漏洞】区域中显示需要修复的漏洞，依次单击【修复漏洞】按钮，如图 8-9 所示。

图 8-9

第 6 步 经过一段时间的等待，这样即可完成手机杀毒扫描，如图 8-10 所示。

图 8-10

8.2.4 铠甲防御

铠甲防御是新版金山毒霸推出的实时保护功能，包括了实时监控、防御开关和防御体系。下面将详细介绍铠甲防御。

1. 实时监控

实时监控是金山毒霸对电脑实时保护，20 层防御系统可以很直观地看见进程和图表显示，方便了解电脑运行状况，如图 8-11 所示。

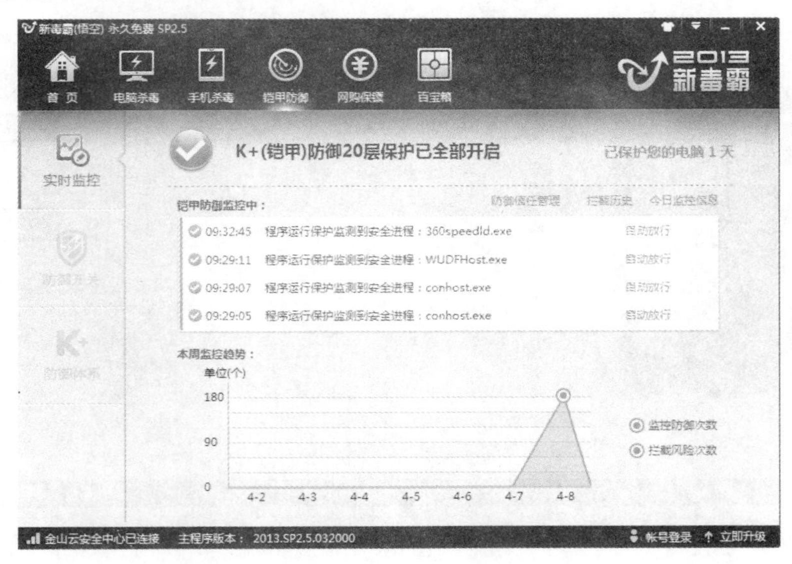

图 8-11

2. 防御开关

防御开关是 20 层防御系统的开关，用户可以根据个人需求选择开关保护层，如图 8-12 所示。

图 8-12

3. 防御系统

防御体系形象地介绍了金山防御的系统构成，包括金山云 3.0、5 层上网保护、7 层系统保护、K+引擎 3.0、4 层网购保护和 4 层防黑客保护，如图 8-13 所示。

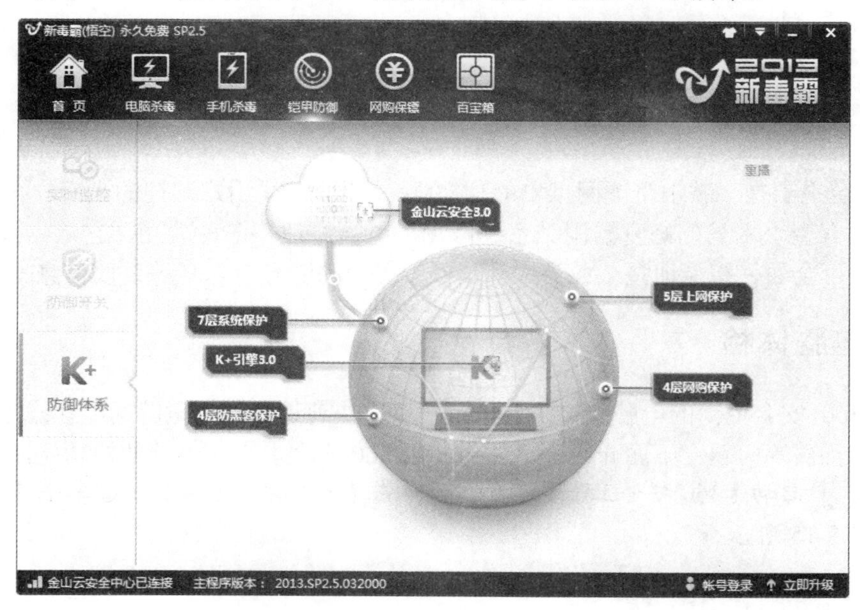

图 8-13

在【百宝箱】工具集中根据用户的不同需求，金山毒霸提供了其他可供选择安装的软件，包括U盘卫士、密码专家、浏览器保护、电脑医生和文档保护等小软件。

8.2.5 U盘5D实时保护

U盘5D实时保护功能是对U盘的一种保护措施，U盘5D实时保护可以有效地阻止U盘病毒的传播、复制和对电脑程序的破坏。如果U盘内有病毒文件，U盘5D实时保护会弹出扫描提醒，如图8-14所示。

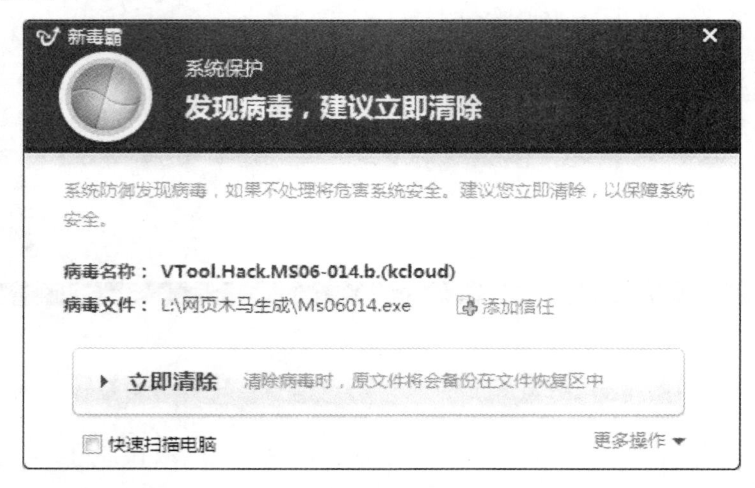

图8-14

8.3 360安全卫士

360安全卫士是一款由奇虎网推出的功能强、效果好、受用户欢迎的上网安全软件。360安全卫士拥有查杀木马、修复漏洞、系统修复、电脑清理等多种功能。它依靠抢先侦测和云端鉴别，可全面、智能地拦截各类木马，保护用户的账号、隐私等重要信息。

8.3.1 电脑体检

使用360安全卫士的电脑体检功能，用户可以快速地扫描出电脑的潜在隐患、是否安全和电脑运行慢等问题。下面介绍一下如何使用360安全卫士的电脑体检功能。

第1步 启动【360安全卫士】程序，①单击【电脑体检】按钮；②单击【立即体检】按钮，如图8-15所示。

图 8-15

第 2 步　体检结束以后，界面中会显示电脑存在的隐患，单击【一键修复】按钮修复所有隐患，这样即可完成电脑体检，如图 8-16 所示。

图 8-16

8.3.2　查杀木马

使用 360 安全卫士查杀木马包括快速扫描、全盘扫描和自定义扫描三种方式。下面以快速扫描为例介绍使用方法。

第 1 步　启动【360 安全卫士】程序，①单击【木马查杀】按钮；②单击【快速扫描】按钮，如图 8-17 所示。

图 8-17

第 2 步 扫描结束后会出现具体信息，即可完成查杀木马，如图 8-18 所示。

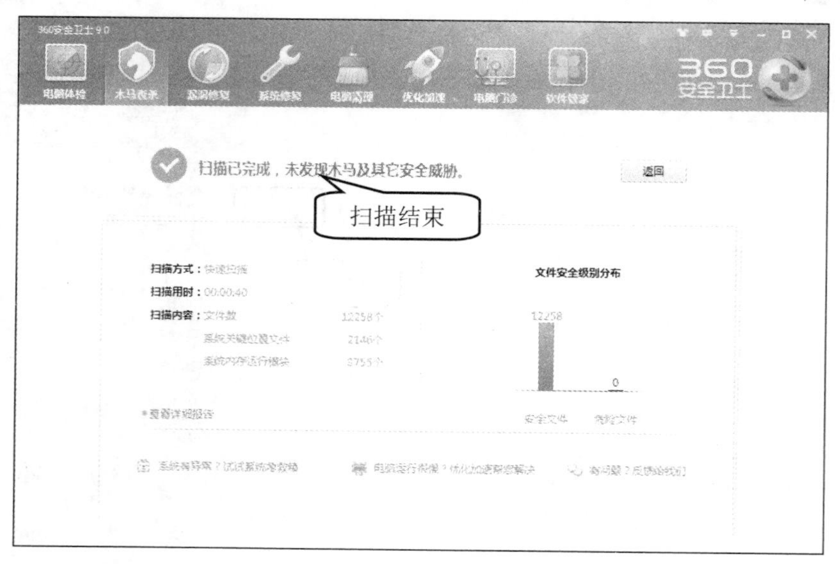

图 8-18

重复以上步骤即可完成其他方式扫描，例如全盘扫描和自定义扫描，这里不再赘述。

8.3.3 系统修复

使用 360 系统修复包括常规修复和电脑门诊，下面以电脑门诊为例介绍系统修复的使用方法。

第 1 步 启动【360 安全卫士】程序，①单击【系统修复】按钮；②单击【电脑门诊】按钮，如图 8-19 所示。

图 8-19

第 2 步 在弹出的【360 电脑门诊】对话框中，①手动输入需要解决的问题；②单击【查找方案】按钮，如图 8-20 所示。

图 8-20

8.3.4　电脑清理

使用 360 安全卫士电脑清理功能包括清理电脑中的垃圾、清理电脑中不必要的插件、清理使用电脑和上网产生的痕迹和清理注册表中多余的项目，下面将介绍 360 安全卫士电脑清理的步骤。

第 1 步 启动【360 安全卫士】程序，①单击【电脑清理】按钮；②选择【一键清理】选项卡；③选中需要清理的复选框；④单击【一键清理】按钮，如图 8-21 所示。

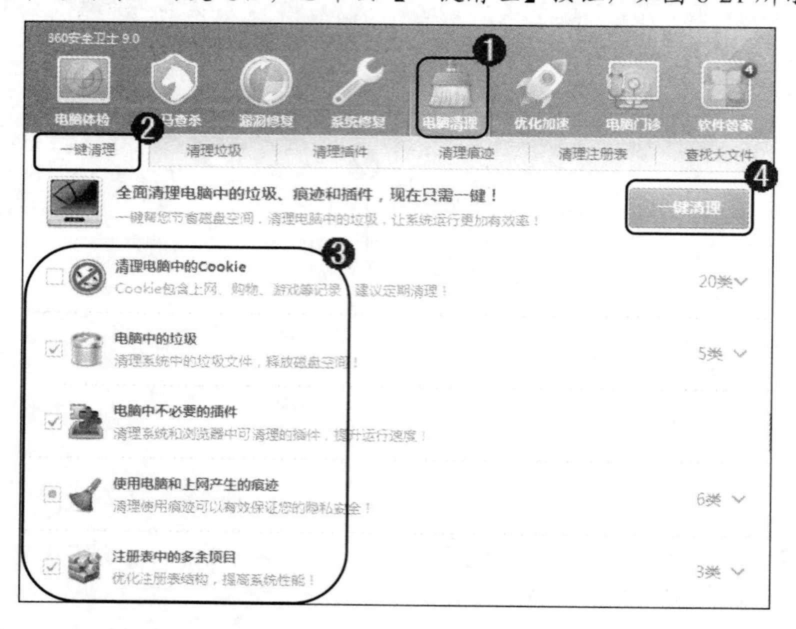

图 8-21

第 2 步 在线等待一段时间，显示“清理已完成！”信息，这样即可完成电脑清理，如图 8-22 所示。

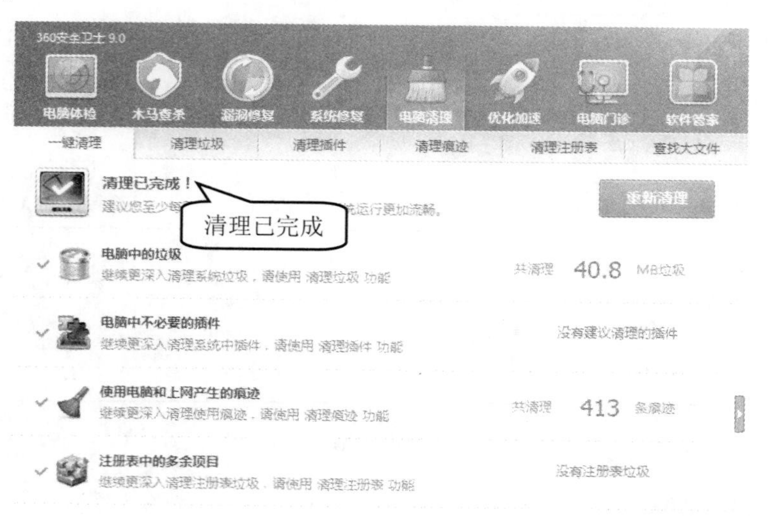

图 8-22

重复以上步骤即可完成其他电脑清理项目，例如清理垃圾、清理插件等，这里不再赘述。

8.4　实践案例与上机指导

通过对本章的学习，读者可以掌握系统安全措施与防范的基本知识以及一些常见的操作方法，下面通过练习操作，以达到巩固学习、拓展提高的目的。

8.4.1　使用 360 软件管家卸载软件

360 软件管家是 360 安全卫士中提供的一款集软件下载、更新、卸载、优化于一体的工具。它包括软件宝库、软件升级和软件卸载三个模块。

使用 360 软件管家用户可以轻松的卸载当前电脑上的软件。清除软件残留的垃圾，大型软件不能完全卸载，剩余文件占用大量磁盘空间，这个功能可以将这类垃圾文件删除。下面以卸载迅雷为例，具体介绍使用 360 软件管家卸载软件的操作方法。

第 1 步 启动【360 安全卫士】，单击【软件管家】按钮，如图 8-23 所示。

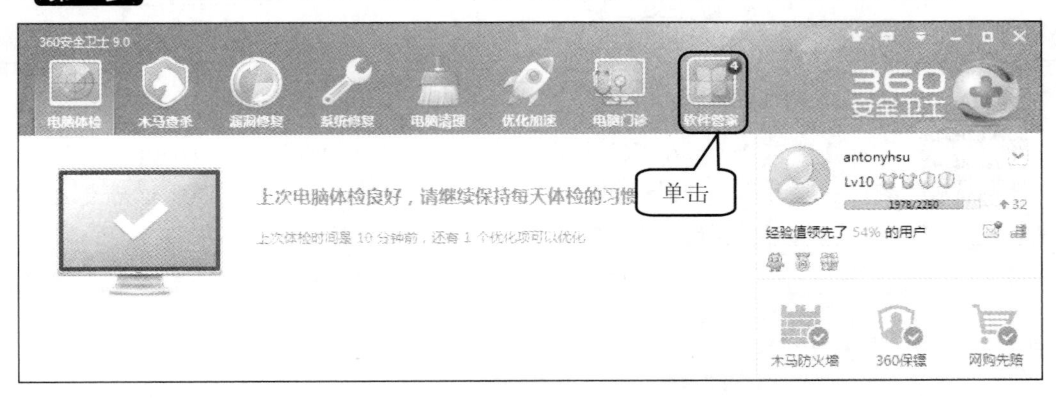

图 8-23

第 2 步 弹出【360 软件管家】对话框，①单击【软件卸载】按钮；②选择【下载工具】选项；③单击【卸载】按钮，如图 8-24 所示。

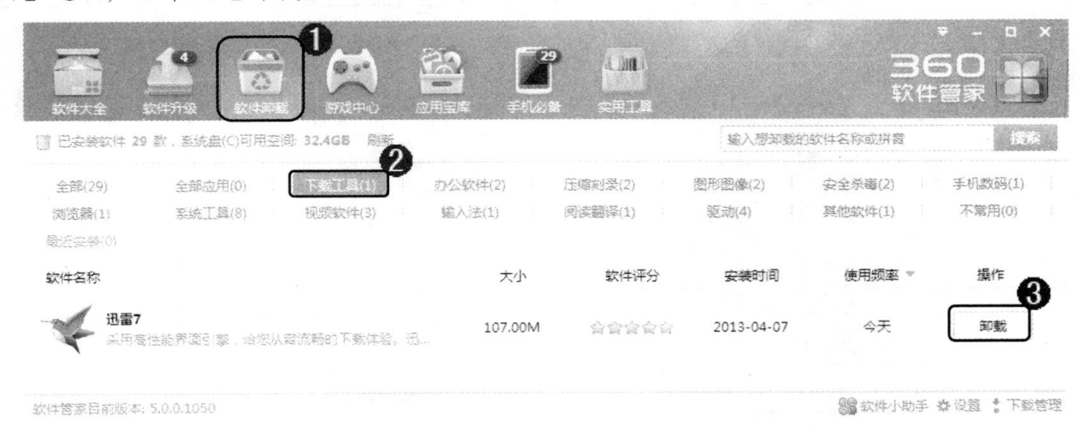

图 8-24

第 3 步 弹出【迅雷 7】对话框，①选中【卸载迅雷 7】单选按钮；②单击【下一步】按钮，如图 8-25 所示。

第 4 步 弹出【迅雷 7】对话框，提示“您确定想要完全删除迅雷 7 及它的所有组件吗？”，单击【是】按钮，如图 8-26 所示。

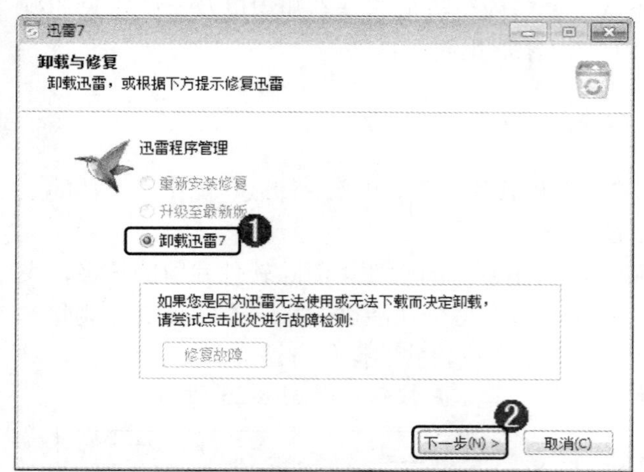

图 8-25

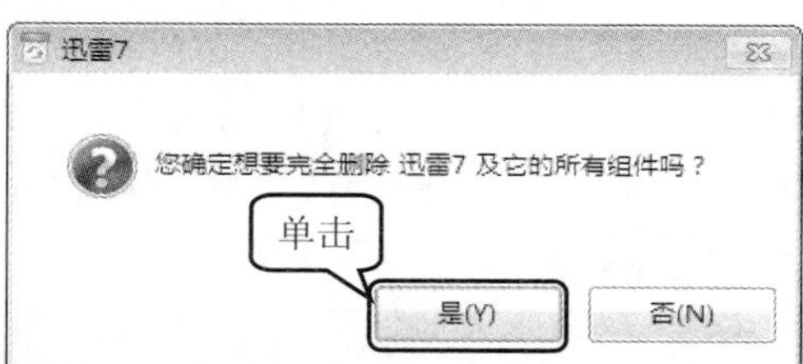

图 8-26

第 5 步 弹出【迅雷 7：正在解除安装】对话框，显示卸载进度，如图 8-27 所示。

第 6 步 经过一段时间的等待，弹出【迅雷 7】对话框，提示“是否保留历史文件？”信息，用户可根据具体需要选择，这里单击【是】按钮，如图 8-28 所示。

图 8-27

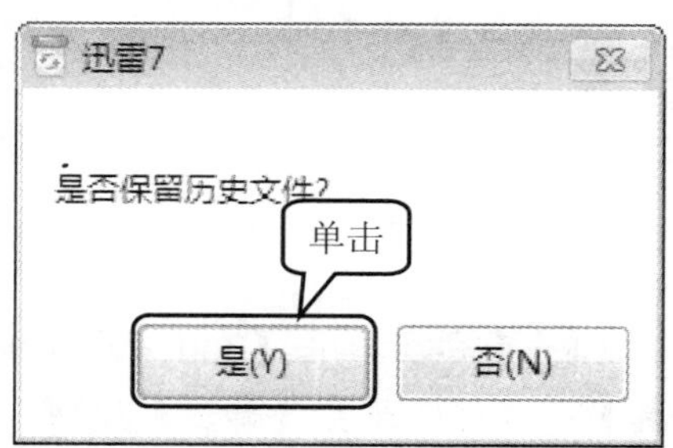

图 8-28

第 7 步 进入【卸载状态】界面显示完成卸载，单击【下一步】按钮，如图 8-29 所示。

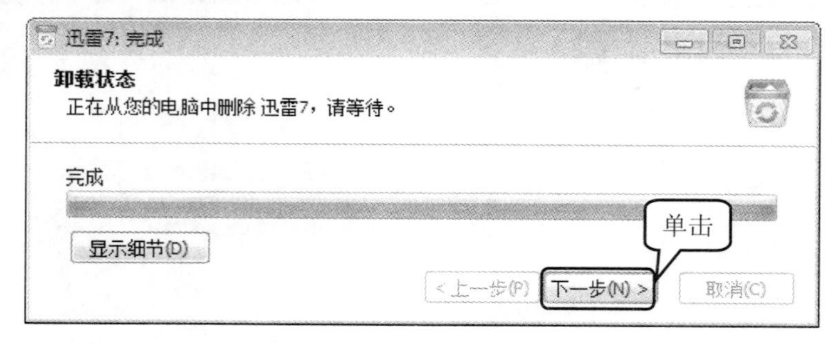

图 8-29

第 8 步 进入【选择卸载原因】界面，单击【完成】按钮，完成使用 360 软件管家卸载软件，如图 8-30 所示。

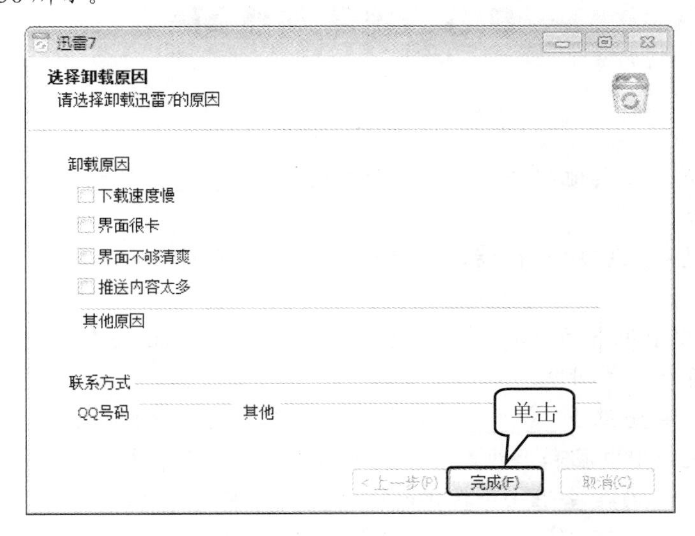

图 8-30

重复以上步骤即可完成其他软件的卸载，这里不再赘述。

8.4.2 使用 360 软件管家优化加速

优化加速是 360 软件管家一个非常实用的功能，用户可以让电脑的开机速度得到提升。下面具体介绍开机加速的步骤。

第 1 步 启动【360 安全卫士】软件，①单击【优化加速】按钮；②选择【一键优化】选项卡；③选中需要优化的复选框；④单击【立即优化】按钮，如图 8-31 所示。

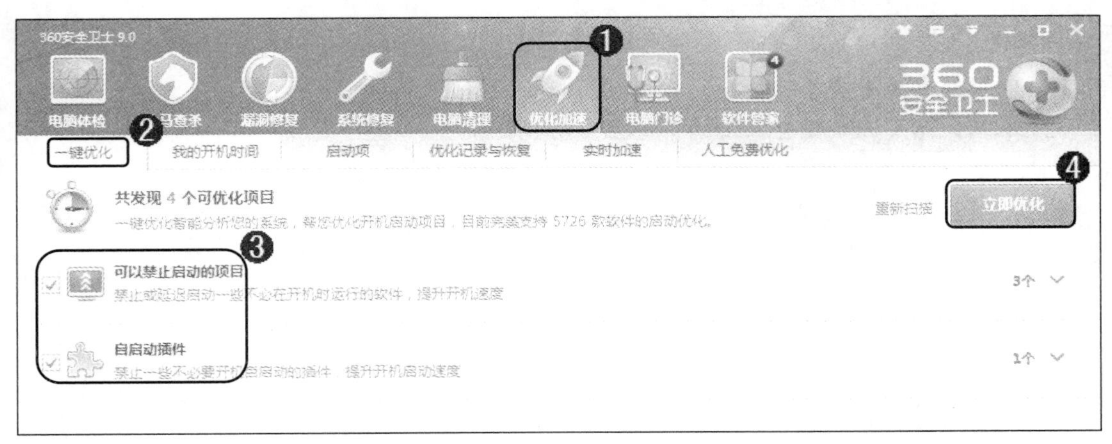

图 8-31

第 2 步 在线等待一段时间，这样即可完成使用 360 软件管家进行优化加速。

8.5 思考与练习

一、填空题

1. ________是感染其他程序，对电脑资源进行________，所谓的病毒是人为造成的，病毒的危害性很大。

2.________是对电脑所有存储设备进行扫描，彻底删除非法侵入并驻留系统的病毒和________。

3. 使用 360 安全卫士的________功能，用户可以快速地扫描出________的潜在隐患、是否安全和电脑运行慢等问题。

4. 使用 360 安全卫士________功能包括清理电脑中的垃圾、清理电脑中不必要的________、清理使用电脑和上网产生的痕迹和清理注册表中多余的项目。

5. ________是 360 安全卫士中提供的一款集软件下载、更新、________、优化于一体的工具。它包括软件宝库、软件升级和软件卸载三个模块。

二、判断题

1. 电脑病毒具有繁殖性、破坏性、传染性、潜伏性、隐蔽性和可触发性的特点。 (　　)

2. 一键云查杀病毒是奇虎网最新推出的快速查杀方式。 (　　)

3. 360 安全卫士查杀木马包括快速扫描、全盘扫描和自定义扫描三种方式。 (　　)

4. 360 安全卫士电脑清理功能包括清理电脑中的垃圾、清理电脑中不必要的插件、清理使用电脑和上网产生的痕迹和清理注册表中多余的项目。 (　　)

三、思考题

1. 电脑病毒具有哪些特性?

2. 本章介绍了 360 安全卫士的哪些主要功能?

第 9 章

电脑的日常维修与保养

本章要点

- 正确使用电脑
- 维护电脑硬件
- 优化操作系统
- 维护操作系统
- 安全模式

本章主要内容

本章主要介绍如何正确使用电脑和维护电脑硬件方面的知识与技巧，同时还讲解了如何优化操作系统和维护操作系统，在本章的最后还介绍了安全模式的使用方法。通过对本章的学习，读者可以掌握电脑日常维修与保养方面的知识和技巧，为深入学习计算机组装、维护与故障排除奠定基础。

9.1 正确使用电脑

正确地使用电脑可以大大延长电脑的使用寿命，不正确的使用电脑方法会损害电脑系统或者硬件的使用寿命，本章将详细介绍一下如何正确使用电脑。

9.1.1 电脑的工作环境

好的环境会提高电脑的使用寿命，电脑的工作环境可以从洁净度、工作湿度、工作温度、光线照射、防电磁干扰、接地系统和电网环境等几个方面考虑。下面将详细地介绍电脑的工作环境。

1. 洁净度

由于计算机的机箱和显示器等部件都不是完全密封的，灰尘会进入其中。过多的灰尘附着在电路板上，会影响集成电路板的散热，甚至引起线路短路等。对光驱来说，灰尘进入也会影响其正常读写功能。

2. 工作湿度

个人计算机工作时，相对的空气湿度最好在30%～70%之间，存放时的相对湿度也应控制在10%～80%之间。过于潮湿的空气容易造成电器件、线路板生诱、腐蚀而导致接触不良或短路，磁盘也会发霉而使存在上面的数据无法使用；而空气过于干燥，则可能引起静电积累，可能会损坏集成电路，清掉内存或缓存区的信息，影响程序运行及数据存储。

3. 工作温度

15℃～30℃范围内的温度对工作较为适宜，超出这个范围的温度会影响电子元器件的工作的可靠性，存放个人计算机的温度也应控制在5℃～40℃之间。

由于集成电路的集成度高，工作时将产生大量的热能，如机箱内热量不及时散发，轻则使工作不稳定、数据处理出错，重则烧毁一些元器件。反之，如温度过低，电子器件也不能正常工作，也会增加出错率。

4. 光线照射

计算机使用时的光线条件对计算机本身影响并不大，但是应当适当注意，如果太阳光直射显示器屏幕，不利于延长显示器的使用寿命。

5. 防电磁干扰

磁场对存储设备的影响较大，它可能使磁盘驱动器的动作失灵、引起内存信息丢失、数据处理和显示混乱，甚至会毁掉磁盘上存储的数据。另外，较强的磁场也会使液晶显示器被磁化，引起显示器颜色不正常。

6. 接地系统

良好的接地系统能够减少电网供电及计算机本身产生的杂波和干扰，避免造成个人计算机系统数据出错。另外，在闪电和瞬间高压时为故障电流提供回路，保护电脑。

7. 电网环境

我国的家用及一般办公用的交流电源标准电压是 220V，为了使计算机系统可靠、稳定运行，对交流电源供电质量有一定的要求，按规定电网电压的波动度应在标准值的±5%以内，若电网电压的波动在标准值的-20%～+10%，即 180～240V 之间，个人计算机系统也可以正常运行，如果波动范围过大，电压太低，计算机无法启动；电压过高，会造成计算机系统的硬件损坏。

9.1.2　正确使用电脑的方法

电脑的使用方法不正确也会引起电脑系统或者硬件的损坏，养成良好使用电脑的习惯可以减少电脑的使用消耗程度，并能减少维护电脑的工作量和延长其使用寿命，下面将具体介绍正确使用电脑的方法。

1. 正确开、关机

开机时应该先打开外设电源，然后再接通主机电源，而关机顺序则正好相反。主机工作时，开、关外设电源的瞬间，会对主机产生很大的电流冲击，所以正确的开、关机顺序，可以避免外部冲击电流对主机的伤害。而电脑在进行读写操作时，更不能切断电源，以免对硬盘造成损伤。如果使用操作系统进行软件关机，并且插座上有电源开关时，可以不用关闭显示器开关，而直接在插座上关闭总电源。电源插座接触不良时应马上更换插座。

2. 防静电

因为人身上往往带有大量静电，随意触摸电脑硬件很可能会造成一些硬件芯片被静电击穿而损坏。用手摸硬件前，先触摸金属导体(如机箱的铁皮)或直接用水洗手来释放身体的静电，但切不可用湿手去触摸硬件。用户也可戴上防静电手套进行操作。

3. 防止带电插拔外设

在插拔计算机键盘及鼠标时，如果不是 USB 接口的键盘与鼠标，应关机后才可以进行操作，否则有可能会因为电流冲击而损坏主板。在电脑开机状态去插拔打印机连线，甚至是在开机状态去插拔打印机电源都可能会烧坏主板。USB 设备在拔出时，应在“安全删除硬件”中先停止 USB 设备的运行，等出现可以安全移除设备的提示后，才可以拔下 USB 设备。

4. 保护键盘

键盘是电脑中的重要输入设备之一，保护键盘一是要使用适当的力量去敲击键盘、在常用的键上贴上一层保护膜，另一个需要注意的事项是在键盘旁吃零食也会大大缩短键盘的使用寿命，食物残渣进入键盘里面会卡住按键，导致键盘按键失灵。

5. 禁止手触屏幕

无论是 CRT 显示器或者是 LCD 显示器都是不能用手摸的。计算机在使用过程中会在元器件表面积聚大量的静电电荷。最典型的是显示器在使用后用手去触摸显示屏幕，会发生剧烈的静电放电现象，静电放电可能会损害显示器，特别是 LCD 显示器。

6. 禁止开机箱运行电脑

有时候为了加强 CPU 的散热，通常会打开机箱运行电脑。CPU 降温的代价是损害其他硬件为前提，尤其是机箱前端的硬盘和光驱。打开机箱运行电脑，在机箱会内失去空气对流，其他硬件的温度会随之提升，如果刻录机在工作更甚。开机箱盖工作还会带来电磁辐射、噪声等危害，而且会使得机箱中的配件更加容易脏，带来静电的危害，并阻碍风扇的转动。

9.2 维护电脑的硬件

电脑使用一段时间后，用户必须对其进行维护，机箱里面的硬件很容易堆积灰尘，需要及时清理，以免影响电脑的性能，本节将详细介绍维护电脑硬件的相关知识。

9.2.1 主板的清洁与维护

电脑使用过程中，主板的表面很容易吸附灰尘，用户需及时对其进行清理和维护。如果主板灰尘不是很多可以不拆下主板，打开机箱盖找到主板后，选用吹风机吹走灰尘，然后再用软毛刷清理残留的灰尘；如果主板上的灰尘非常多，需要把主板拆下来进行清理，注意动作一定要轻柔，不能把灰尘擦到插槽或接口中，如图 9-1 所示。

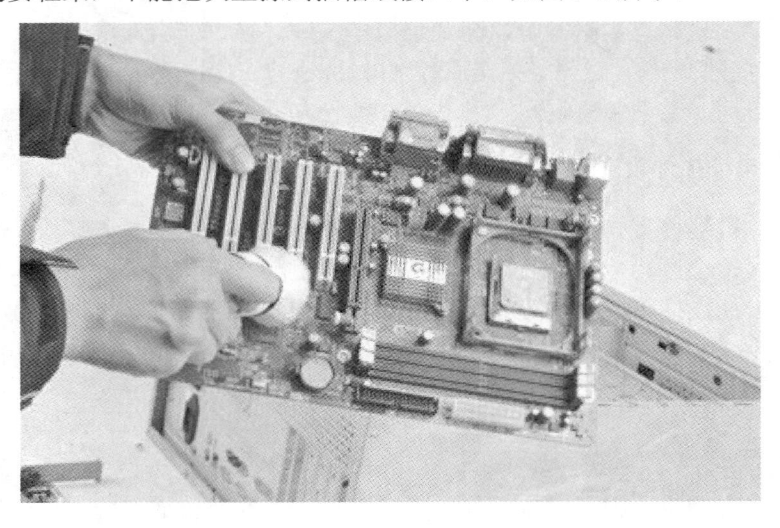

图 9-1

9.2.2　CPU 的保养与维护

CPU 是电脑的核心部件，在日常使用电脑的过程中，用户一定要对其进行细心的维护工作。主要应对其进行以下几个方面开展维护工作。

1. 散热

电脑在使用一段时间之后，CPU 的风扇和散热片上会堆积大量的灰尘，影响 CPU 的散热效果，此时，用户应将散热片轻轻卸下，使用刷子沿着缝隙清扫，将 CPU 风扇轻轻卸下，用刷子沿着轻轻清扫风扇上的灰尘。

2. 取放

在安装 CPU 时，安装方向一定要正确，平稳地放到主板上，避免将 CPU 针脚弄弯或弄坏。在取出 CPU 时，要先将插槽旁的拉杆拉起，然后再取下 CPU，最好将 CPU 放到专用的防静电盒里保存。

3. 正确对待超频

尽量不要对 CPU 进行超频操作，使用 CPU 应更多地去考虑其使用寿命，如果一定要进行超频操作，用户可以降电压超频，或不要超频太高。

9.2.3　内存清洁与维护

内存是电脑中最容易出现故障的配件产品之一，如果在按下机箱电源后机箱喇叭反复报警或是电脑不能通过自检，大部分的故障源于内存，下面具体介绍内存维护的方法。

第 1 步 使用刷子掸去内存条上面的灰尘，如果其上有刷子解决不了的问题，用户可以再使用软布擦拭，如图 9-2 所示。

第 2 步 内存条上边的金手指，由于长时间的使用难免会产生一些污物，用橡皮擦拭掉上面的污迹即可，擦的时候可千万不要太过用力，如图 9-3 所示。

图 9-2

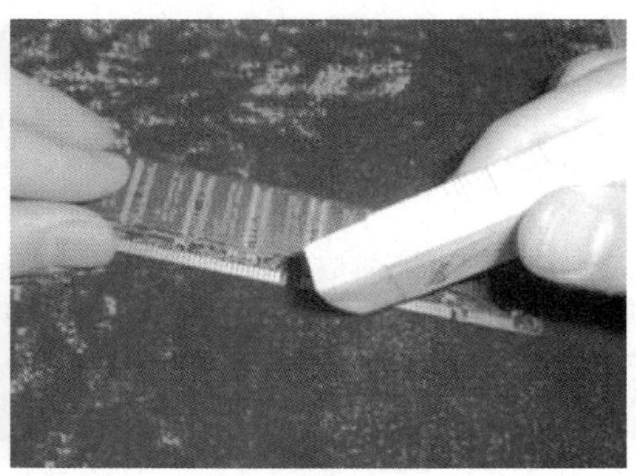

图 9-3

第 3 步 主板上的内存插槽细小，刷子往往也无能为力，因此可以将硬纸片卷成棍状探入插槽内进行清理，如图 9-4 所示。

第 4 步 最后用户可以将内存条重新插回内存插槽内，先将两旁的拉杆拉起，然后在最终插入的时候要用手向下按紧，确认听到“咔”的一声脆响后，维护工作即可完成，如图 9-5 所示。

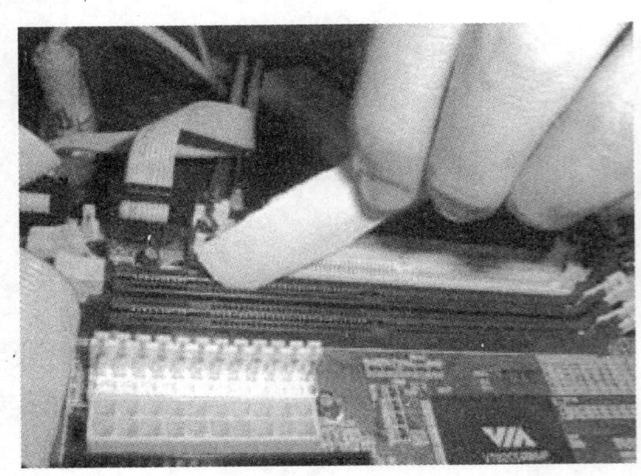

图 9-4

图 9-5

9.2.4 硬盘维护

硬盘是电脑中使用频率最高的部件之一，也是电脑中重要的部件之一，一旦硬盘损坏或发生故障，将会影响整个计算机的正常工作，甚至会导致硬盘中的数据丢失或无法恢复。维护硬盘应做到以下几个方面的工作。

1. 散热

随着硬盘转速的提升和容量的增大，电脑在运行的过程中，硬盘的发热量也会越来越大，如果不能及时地进行散热可能会损坏硬盘，因此安装硬盘时一定要注意其散热情况。

2. 防震

如果需要移动硬盘，最好等待关机十几秒硬盘完全停转后，再进行。在开机时硬盘高速转动，即使轻微的震动都有可能导致碟片与读写头相互摩擦而使磁片坏轨或读写头毁损。所以在开机的状态下，千万不要移动硬盘或机箱，最好等待关机十几秒硬盘完全停转后再移动主机或重新启动电源，可避免电源因瞬间突波对硬盘造成伤害在硬盘的安装、拆卸过程中应多加小心，硬盘移动、运输时严禁磕碰，最好用泡沫或海绵包装保护一下，尽量减少震动。需要注意的是，硬盘厂商所谓的“抗撞能力”或“防震系统”等，指在硬盘在未启动状态下的防震、抗撞能力，而非开机状态。

3. 注意防高温、防潮、防电磁干扰

硬盘的工作状况与使用寿命与温度有很大的关系，硬盘使用中温度以 20℃～25℃为宜，温度过高或过低都会使晶体振荡器的时钟主频发生改变，还会造成硬盘电路元件失灵，磁介质也会因热胀效应而造成记录错误；温度过低，空气中的水分会被凝结在集成电路元件上，造成短路。另外，尽量不要使硬盘靠近强磁场，如音箱、喇叭等，以免硬盘所记录的

数据因磁化而损坏。

4. 定期整理硬盘

定期整理硬盘，用户可以提高硬盘的运行速度，如果碎片积累过多不但访问效率下降，还可能损坏磁道。但需注意，不要经常整理硬盘，因为整理硬盘过于频繁有损硬盘寿命。

9.2.5　光驱维护

光驱是电脑中使用频繁的一个设备，因此平常使用时一定要注意对光驱的使用方法，从而避免光驱的使用寿命缩短。下面将具体介绍使用光驱的注意事项。

- 不要使用市售的清洗光盘、清洁光盘，高速旋转的清洁光盘上的毛刷会划伤用户的光驱透镜表面。
- 光驱弹出光盘后应该及时收回光驱托盘，以免灰尘进入。
- 如果机器上安有两个光驱，那么两个光驱不要紧邻安装在一起，用户一定要在它们之间留有空间散热，特别是对安有刻录光驱的更应该注意。

9.2.6　显示器的清洁与维护

显示器是电脑重要的输出设备，显示器性能的好坏直接影响到显示效果，下面将具体介绍显示器的清洁与维护的具体方法和技巧。

1. 正确擦拭显示器屏幕

由于显示器长时间暴露在外面，用了一段时间后，其表面会有一定程度的灰尘落入。正确的擦拭显示器屏幕应该用擦眼睛或者相机镜头类的干布来擦拭，不要用纸张或硬布和湿布擦拭。擦拭时，用户要注意从屏幕中间向外成螺旋状擦拭，不要用大力挤压显示器的屏幕，以免对其面板造成伤害，如图 9-6 所示。

图 9-6

2. 避免震动

显示器尤其是液晶显示器表面十分脆弱，在搬运过程中，用户一定要避免强烈的冲击和震动，更不要对液晶显示器的液晶屏幕施加压力，以免划伤保护层，损坏液晶分子。

3. 正确使用显示器

如果用户长时间不用显示器，应及时关闭以延长其使用寿命。另外，需要注意的是尽管显示器的工作电压适应范围比较大，但也可能由于受到瞬时高压冲击而造成元件损坏，所以最好让显示器电源插在单独的插口上，如墙上的插口，而尽量避免插在接线板上。

9.2.7 键盘和鼠标的清洁

键盘和鼠标是电脑中最常用的输入设备，用户应不定时地对其进行清洁与维护，下面将分别对键盘和鼠标的清洁方法予以详细介绍。

1. 键盘的清洁

键盘是与人手接触最为频繁的电脑硬件之一，应经常进行清洁，以免影响键盘的灵敏度和减少使用寿命，将键盘与主机的接口拔下，用手轻轻将键盘倒置，并轻轻敲打键盘，倾倒键盘中的灰尘，倾倒灰尘后，将键盘翻转过来，使用刷子清扫键盘按键空隙中的灰尘，并使用软布清洁键盘按键表面。

2. 鼠标的清洁

鼠标是用户经常使用的输入设备之一，经常与人手接触，应保持鼠标的清洁，以免影响其灵敏度，将鼠标与主机的接口拔下，使用软布清洁鼠标表面，现在使用的鼠标多为光电鼠标，使用刷子清洁鼠标底部的光源处，清洁鼠标后应使用刷子清洁鼠标垫中的灰尘，如果灰尘太多，用户可以使用水清洗并晾干。

9.2.8 音箱的维护

正确地使用音箱，其使用寿命会很长，如果用户注意保养，其使用寿命会更长，下面具体介绍音箱的日常维护需要注意的事项。

(1) 对音箱外壳进行清洁时，应该用软和干燥的棉布擦拭。

(2) 音箱要放在坚固、结实的地板上，以免低音衰弱；不能过于靠近墙壁放置。用户应尽量避免将音箱放置于阳光直接暴晒的场所，不要靠近辐射器具，也不要放置于潮湿的地方。不要将音箱放置得过于靠近电脑主机和显示器，以免因电磁辐射而使音箱产生噪声。

(3) 与功放进行连接的音频线应稳妥，在受到拉拽时不能掉下来，正负极性不能接错。连接扬声器的音频线要足够粗，不宜过长，以免造成音频信号损失，以偏离频率响应最大值是 0.5dB。

(4) 用户应该注意扬声器的阻抗是只适合放大器的推荐值，并且不得超出额定功率使用，否则音质会变差，甚至扬声器也会受到影响。

(5) 部分音箱的电源开关控制的并不是交流输入部分，只要电源插头插到插座里，即使关闭电源开关，音箱变压器也一直在工作，因此音箱长时间不用时，最好拔下电源插头。

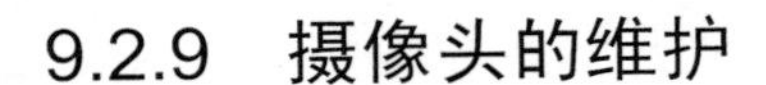

9.2.9 摄像头的维护

摄像头是电脑中重要的输入设备，日常使用摄像头应该即时对其进行维护，进而延长其使用寿命，下面具体介绍使用摄像头时，应该注意的事项。

(1) 不要将摄像头直接对向阳光，以免损害摄像头的图像感应器件。

(2) 避免摄像头和油、蒸汽等物质接触，避免直接与水接触。

(3) 不要使用刺激的清洁剂或有机溶剂擦拭摄像头。

(4) 不要拉扯或扭转连接线，类似动作可能会对摄像头造成损伤。

(5) 应将摄像头存放在干净、干燥的地方。

(6) 必要时对镜头进行清洗。清洗时，用软刷和吹气球清除尘埃，然后再用镜头纸擦拭镜头，不能用硬纸、纸巾。

(7) 非必要情况下，用户不要随意打开摄像头，更不要碰触其内部零件，这样容易对摄像头造成损伤。

(8) 不要长时间使用摄像头，或者在不适用的情况下继续对其进行通电，这样将会加速摄像头元件的老化。

9.2.10 打印机的维护

打印机是常用输出设备，使用频率也是相对较高的，日常使用需要注意维护，使其延长使用寿命。下面将介绍使用打印机的相关注意事项。

1. 水平放置

打印机放置位置必须是水平面，倾斜打印机不但会影响打印质量，还会损坏打印机的内部结构。打印机一定不要放在地上，尤其是地毯一类的地面，容易有异物或者灰尘进入打印机内部，降低使用寿命。

2. 不要使用多种墨水

打印机的墨水使用尽量选择一个品牌，各个厂家的墨水化学成分是不一样的，避免频繁更换。频繁更换墨水会损坏打印头和墨盒，另外墨盒的使用寿命也是有限的，尽量在使用十次以内更换。

3. 打印纸的质量

打印机不要选择太差的打印纸，质量不好的打印纸容易造成卡纸现象，影响打印机的使用寿命。如有卡纸现象，尽量轻轻拉出纸张，避免生拉硬拽。

4. 墨水的使用

墨水每次使用后都会有残留，长时间不使用会有残留凝固在喷嘴上，造成喷嘴堵塞。即使不用墨水，机器会定时自动清洗喷嘴，反而造成更大的浪费。如果墨水使用完，需要及时更换新墨盒。

9.3 优化操作系统

优化操作系统可以提高系统的运行速度和稳定性，用户可以对其进行磁盘清理、减少启动项、整理磁盘碎片、设置最佳性能和优化网络等操作来实现。本节将详细介绍优化操作系统的相关知识及操作方法。

9.3.1 磁盘清理

磁盘清理是对磁盘进行整理，对平时使用硬盘时产生的一些垃圾进行整理。通过释放磁盘空间，用户可以提高计算机的性能。下面将详细介绍磁盘清理的详细步骤。

第 1 步 在 Windows 7 操作系统左下角，①单击【开始】按钮；②在弹出的【开始】菜单中选择【所有程序】菜单项，如图 9-7 所示。

第 2 步 在弹出的菜单中，①单击【附件】文件夹；②单击【系统工具】文件夹，如图 9-8 所示。

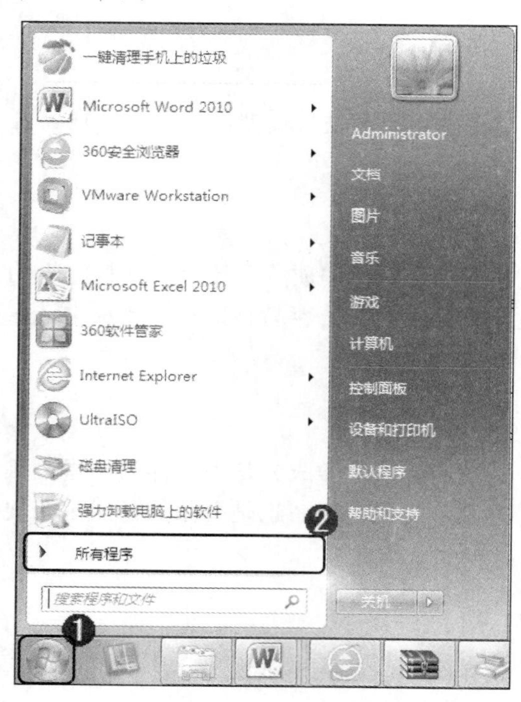

图 9-7

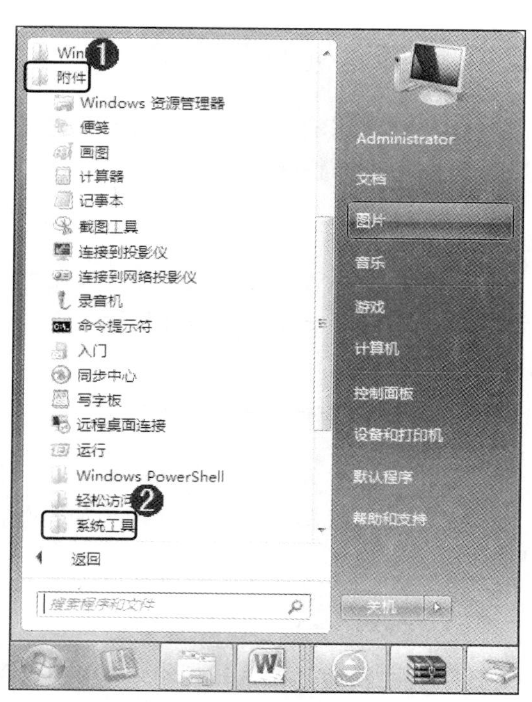

图 9-8

第 3 步 在打开的【系统工具】文件夹中选择【磁盘清理】选项，如图 9-9 所示。

第 4 步 弹出【磁盘清理：驱动器选择】对话框，①选择需要清理的磁盘；②单击【确定】按钮，如图 9-10 所示。

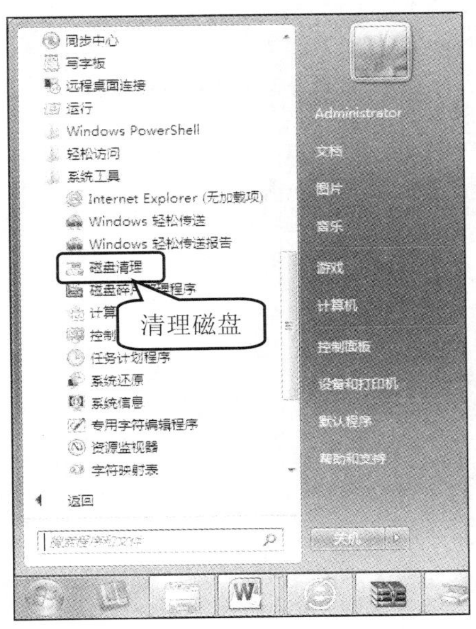

图 9-9

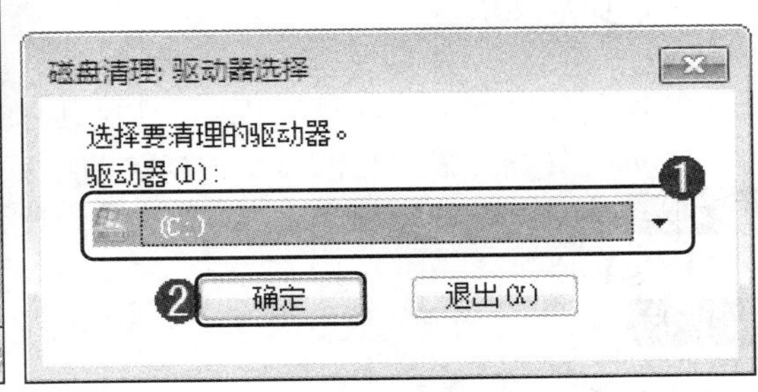

图 9-10

第 5 步　进入【磁盘清理】界面，显示磁盘清理进度，如图 9-11 所示。

第 6 步　弹出【(C:　)的磁盘清理】对话框，①选择【清理磁盘】选项卡；②在【要删除的文件】区域中选中准备要删除文件的复选框；③单击【确定】按钮，如图 9-12 所示。

图 9-11

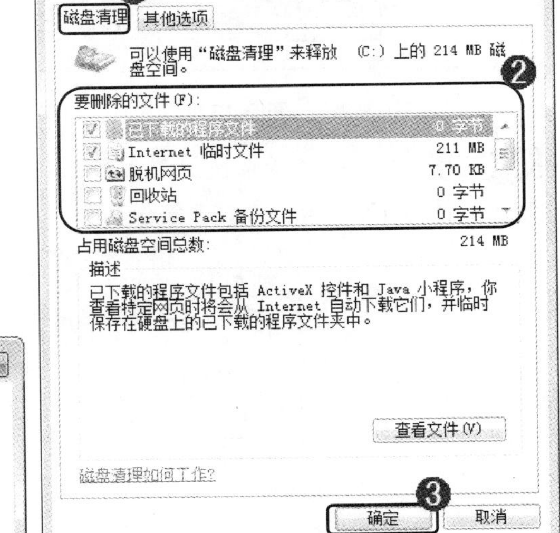

图 9-12

第 7 步　在弹出的【磁盘清理】对话框中，会提示“确实要删除这些文件吗？”信息，单击【删除文件】按钮，如图 9-13 所示。

第 8 步　显示清理进度，在线等待一段时后即可完成磁盘清理，如图 9-14 所示。

图 9-13

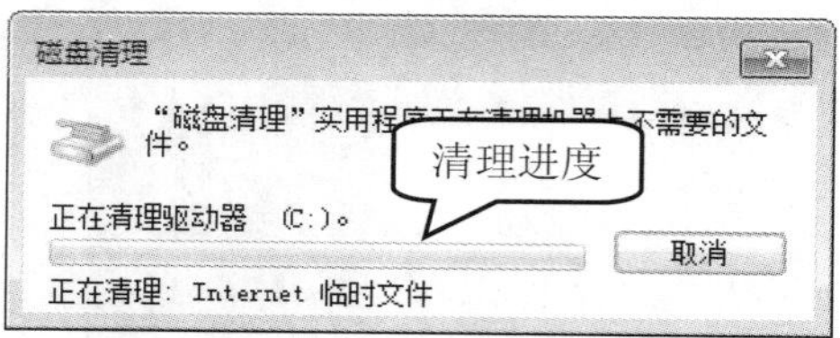

图 9-14

9.3.2 减少启动项

打开电脑都会有一些启动项随电脑的启动而运行，有一些是必要程序，有一些则是不必要的。启动项太多会影响开机速度和系统的稳定。下面将详细介绍如何减少启动项。

第 1 步 按下 Win+R 组合键，①弹出【运行】对话框，在文本框中输入“msconfig”；②单击【确定】按钮，如图 9-15 所示。

第 2 步 在弹出的【系统配置】对话框中，①选择【启动】选项卡；②取消选中不需要的启动项复选框；③单击【确定】按钮，如图 9-16 所示。

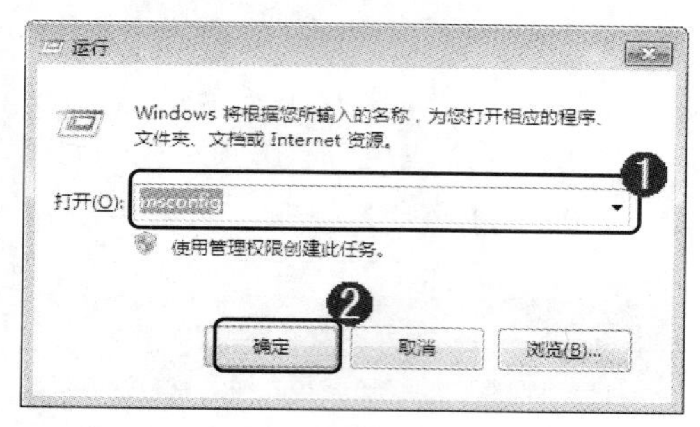

图 9-15

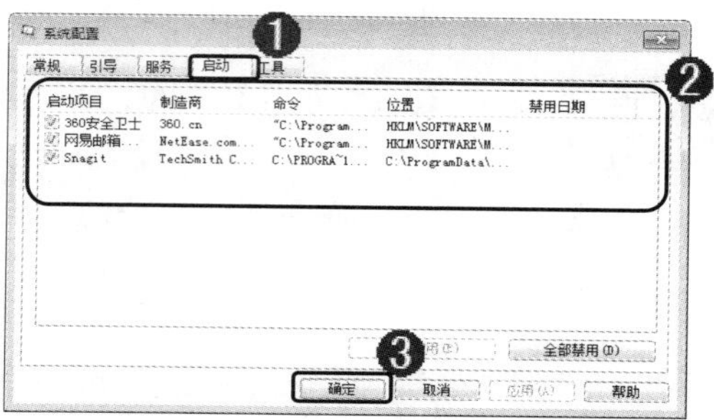

图 9-16

第 3 步 在弹出的【系统配置】对话框中单击【重新启动】按钮，重新启动电脑后完成设置，如图 9-17 所示。

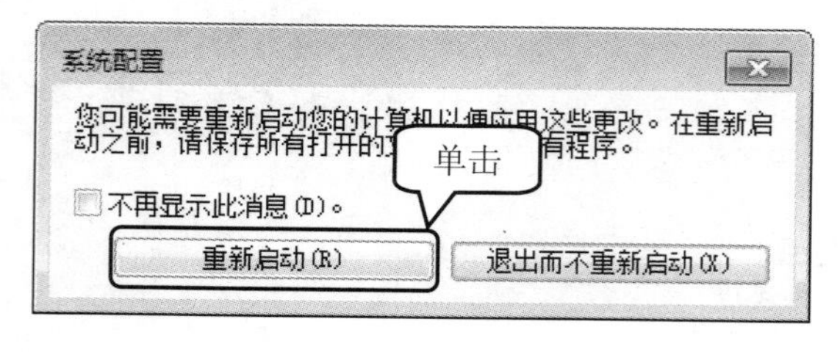

图 9-17

9.3.3 整理磁盘碎片

磁盘碎片整理是通过系统软件或者专业的磁盘碎片整理软件对长期使用过程中产生的碎片和凌乱文件重新整理，释放出更多的磁盘空间，可以提高电脑的整体性能和运行速度。下面将详细介绍如何整理磁盘碎片。

第 1 步 在 Windows 7 系统左下角，①单击【开始】按钮；②选择【所有程序】菜单项，如图 9-18 所示。

第 2 步 依次展开【附件】文件夹→【系统工具】文件夹，如图 9-19 所示。

图 9-18　　　　图 9-19

第 3 步 打开【系统工具】文件夹，选择【磁盘碎片整理程序】选项，如图 9-20 所示。

第 4 步 在弹出的【磁盘碎片整理程序】对话框中，①选择需要整理的磁盘；②单击【磁盘碎片整理】按钮，完成磁盘碎片整理，如图 9-21 所示。

图 9-20　　　　图 9-21

9.3.4 设置最佳性能

对于一些配置较低的电脑，用户可以通过设置最佳性能来提高电脑的运行速度，相对不会有华丽的界面。下面将详细介绍如何设置最佳性能。

第 1 步 在 Windows 7 操作系统桌面上，①右击【计算机】图标；②在弹出的菜单中选择【属性】菜单项，如图 9-22 所示。

第 2 步 弹出【系统】窗口，在【控制面板主页】区域下方选择【高级系统设置】选项，如图 9-23 所示。

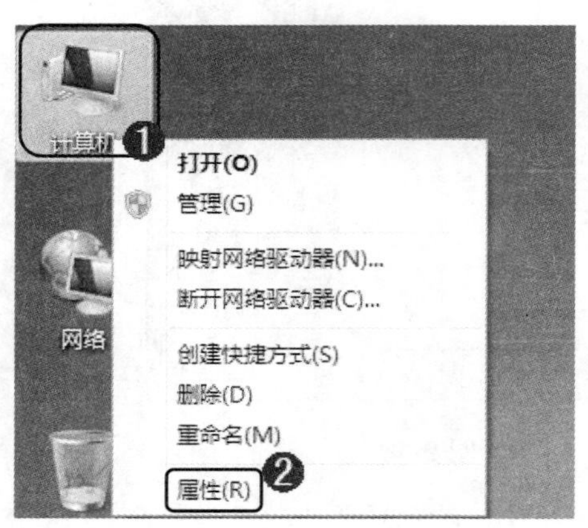

图 9-22

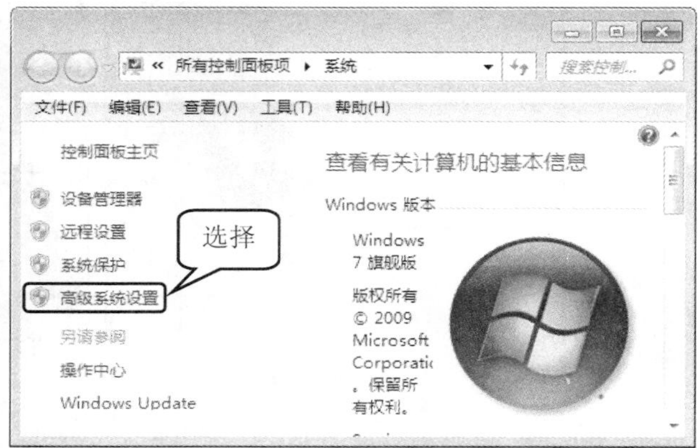

图 9-23

第 3 步 在弹出的【系统属性】对话框中，①选择【高级】选项卡；②单击【设置】按钮，如图 9-24 所示。

第 4 步 在弹出的【性能选项】对话框中，①选择【视觉效果】选项卡；②选中【调整为最佳性能】单选按钮；③单击【确定】按钮，如图 9-25 所示。

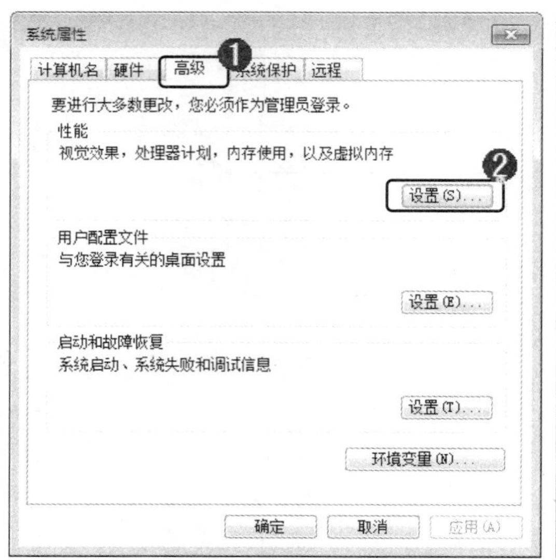

图 9-24

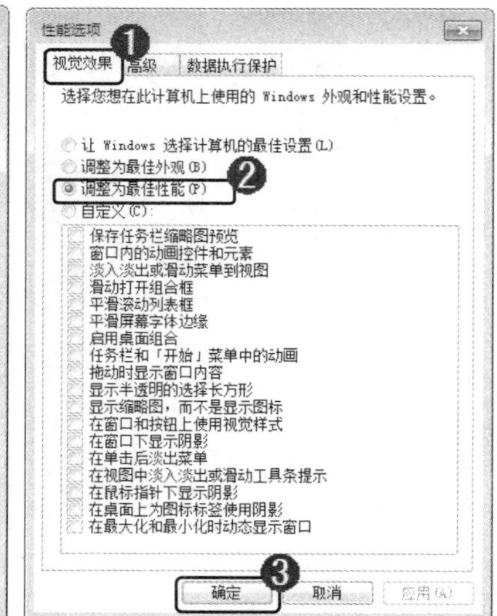

图 9-25

9.3.5　优化网络

优化网络可以从两个方面入手，释放系统保留的 20%带宽和开启 Windows 自带的防火墙。下面将对这两方面的相关操作方法分别予以详细介绍。

1. 释放 20%的带宽

在默认情况下，Windows 系统会保留 20%的带宽，以保证网络事件，下面将详细介绍如何释放 20%的带宽。

第 1 步 按下 Win+R 组合键，打开【运行】对话框，①输入“gpedit.msc”命令；②单击【确定】按钮，如图 9-26 所示。

第 2 步 在弹出的【本地组策略编辑器】窗口中，依次展开【计算机配置】文件夹→【管理模板】文件夹→【网络】文件夹→【QoS 数据包计划程序】文件夹，如图 9-27 所示。

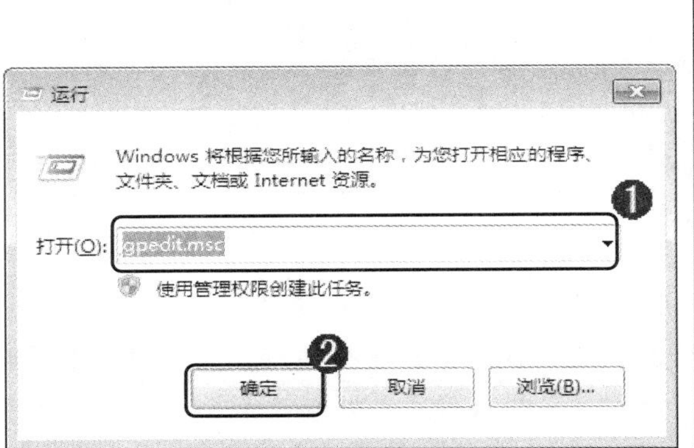

图 9-26

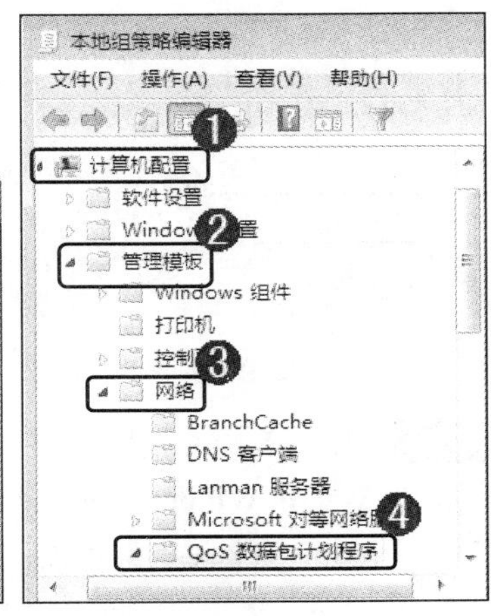

图 9-27

第 3 步 进入【QoS 数据包计划程序】界面，①右击【限制可保留带宽】；②在弹出的快捷菜单中选择【编辑】菜单项，如图 9-28 所示。

第 4 步 在弹出的【限制可保留带宽】对话框中，①选中【已启用】单选按钮；②将带宽限制调整为“0”；③单击【确定】按钮，如图 9-29 所示。

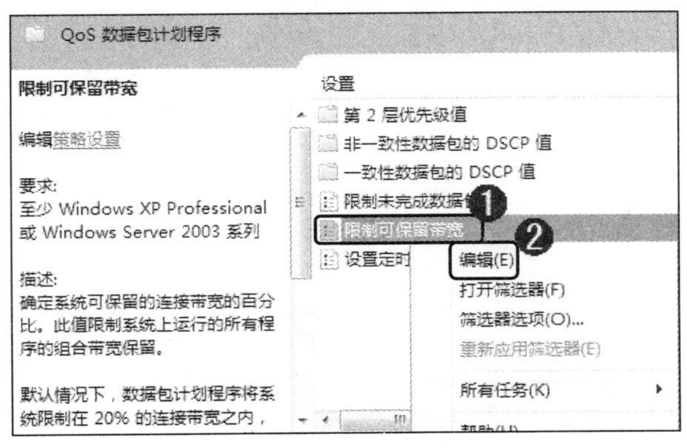

图 9-28

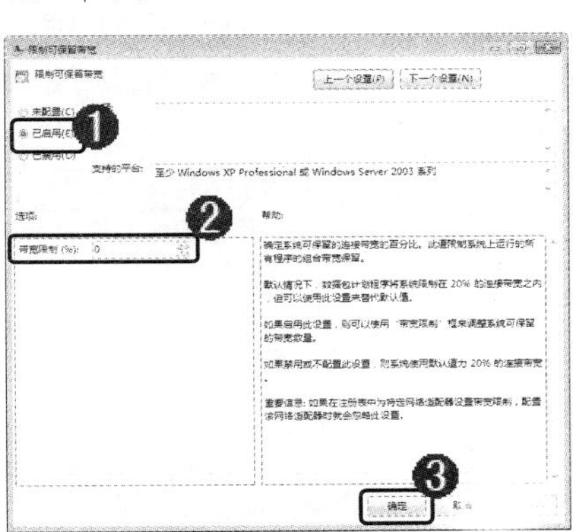

图 9-29

2. 开启防火墙

开启防火墙以后，用户可以在一定程度上保障电脑在网络中不被恶意程序攻击，下面将详细介绍开启防火墙的具体步骤。

第 1 步 在 Windows 7 系统左下角，①单击【开始】按钮；②弹出【开始】菜单，在文本框中输入“防火墙”；③选择列表中的【Windows 防火墙】选项，如图 9-30 所示。

第 2 步 进入【防火墙】界面，选择【打开或关闭 Windows 防火墙】选项，如图 9-31 所示。

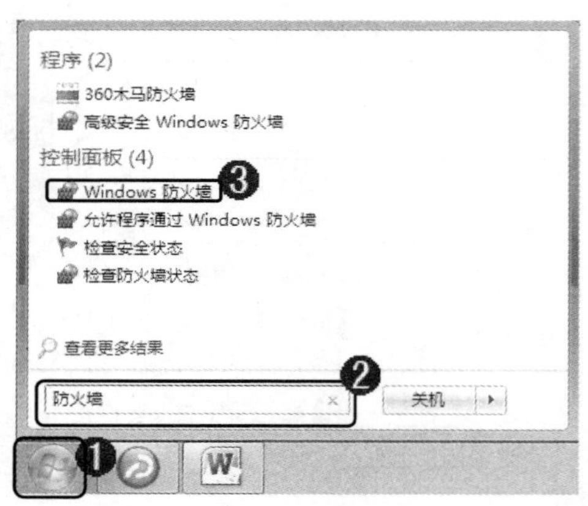

图 9-30

图 9-31

第 3 步 进入【自定义设置界面】界面，①在【家庭或工作(专用)网络位置设置】区域下方，选中【启用 Windows 防火墙】单选按钮；②在【公共网络位置设置】区域下方，选中【启用 Windows 防火墙】单选按钮；③单击【确定】按钮，如图 9-32 所示。

图 9-32

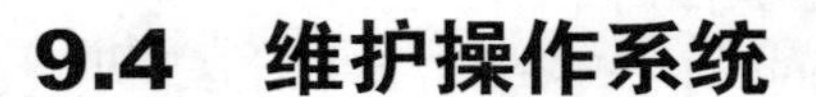

9.4　维护操作系统

操作系统是所有软件的基础，稳定的操作系统能够提高其他软件的使用效率，同时可以避免很多故障的发生，本节将详细介绍维护操作系统的相关知识及操作方法。

9.4.1　任务管理器

任务管理器提供了有关计算机性能的信息，并显示了计算机上所运行的程序和进程的详细信息；如果连接到网络，那么还可以查看网络状态并迅速了解网络是如何工作的。任务管理器包括了应用程序选项卡、进程选项卡、服务选项卡、性能选项卡、联网选项卡和用户选项卡。按下组合键 Ctrl+Alt+Del 可以打开任务管理器。下面将详细介绍这几个选项卡。

1.【应用程序】选项卡

在【应用程序】选项卡中，用户可以快速结束某个正在使用的程序，下面将详细地介绍【应用程序】选项卡的具体使用步骤。

第 1 步 打开【Windows 任务管理器】对话框，①选择【应用程序】选项卡；②在【任务】列表项中，选择准备结束的应用程序；③单击【结束任务】按钮，如图 9-33 所示。

第 2 步 选择的应用程序已被关闭，这样即可结束应用程序任务，如图 9-34 所示。

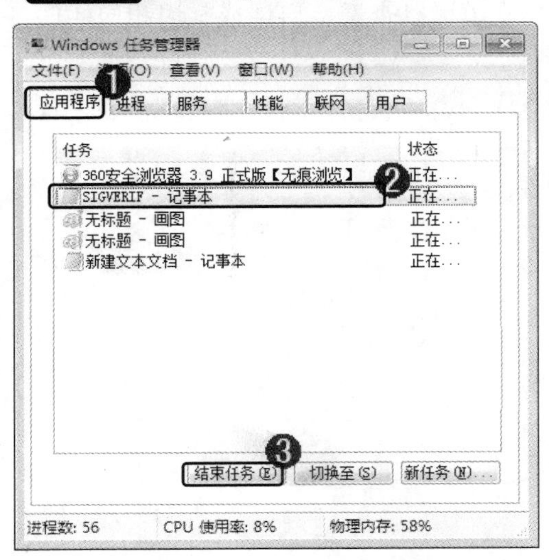

图 9-33

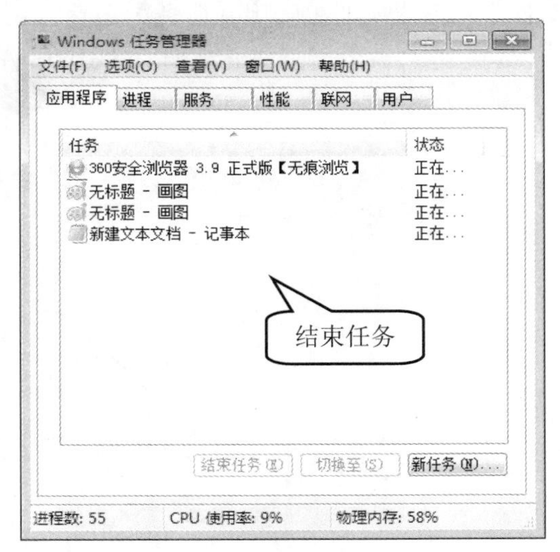

图 9-34

2.【进程】选项卡

【进程】选项卡中是一些平常看不到的系统必要程序，用户可以在【进程】选项卡中将这些必要程序中的某个程序设置优先级，下面将详细介绍具体操作步骤。

第 1 步 打开【Windows 任务管理器】对话框，①选择【进程】选项卡；②右击准备更改优先级的进程，如选择“360se.exe”；③在弹出的菜单中选择【设置优先级】菜单项；

④选择【高】子菜单项，如图 9-35 所示。

第 2 步 在弹出的【Windows 任务管理器】对话框中，提示“是否要更改 360se.exe 的优先级”信息，单击【更改优先级】按钮，即可完成设置优先级操作，如图 9-36 所示。

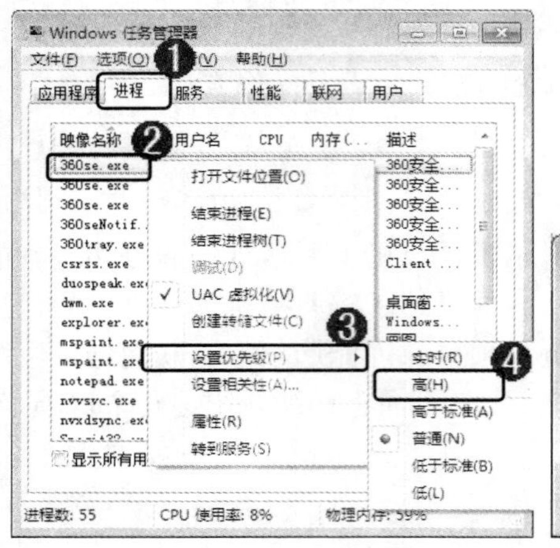

图 9-35

图 9-36

3. 【服务】选项卡

【服务】选项卡中显示了电脑中已经启用并运行的服务，选择【服务】选项卡后，单击【服务】按钮，即可弹出【服务】窗口，用户从中可以查看、启用或禁用相应的服务，还可以对相应的服务属性进行设置，如图 9-37 所示。

图 9-37

4. 【性能】选项卡

从任务管理器中我们可以看到计算机性能的动态概念，例如 CPU 和各种内存的使用情况。CPU 使用情况表明处理器工作时间百分比的图表，该计数器是处理器活动的主要指示器，查看该图表可以知道当前使用的处理时间是多少。

【性能】选项卡以直观及详细信息的形式动态地显示了电脑中 CPU 资源和物理资源的

使用情况，如图 9-38 所示。单击【资源监视器】按钮，即可弹出【资源监视器】窗口，用户从中可以查看到更多的资源信息，如图 9-39 所示。

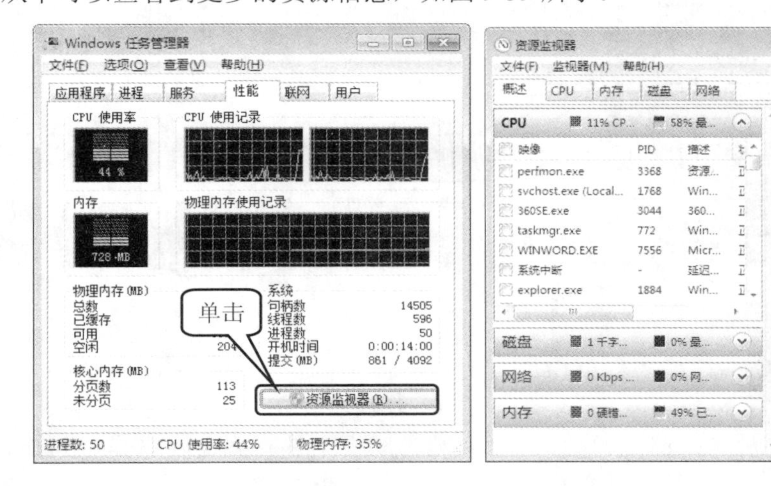

图 9-38　　图 9-39

5. 【联网】选项卡

在【联网】选项卡中会以动态直观图的形式显示电脑中网络的应用情况，如图 9-40 所示。

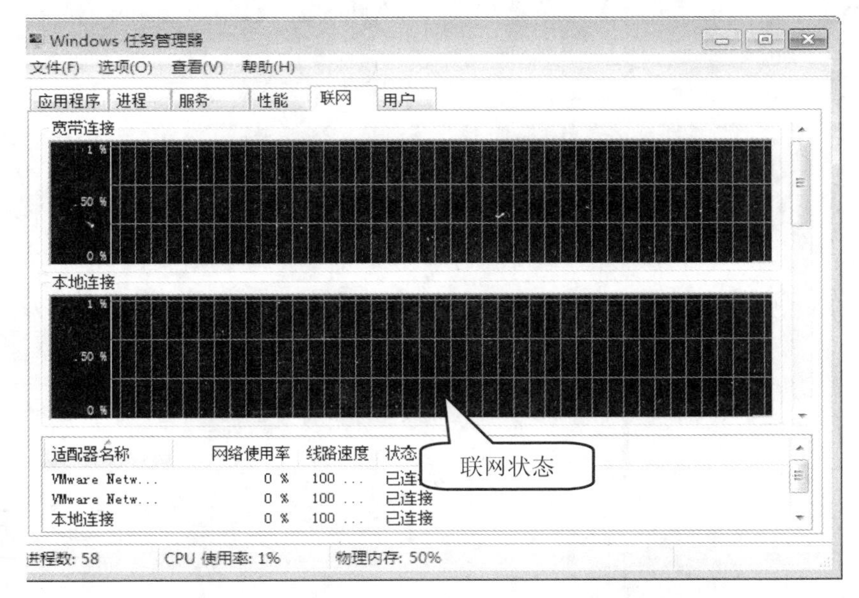

图 9-40

6. 【用户】选项卡

【用户】选项卡显示当前已登录到系统的用户，包括活动中的用户和已断开的用户，如图 9-41 所示。

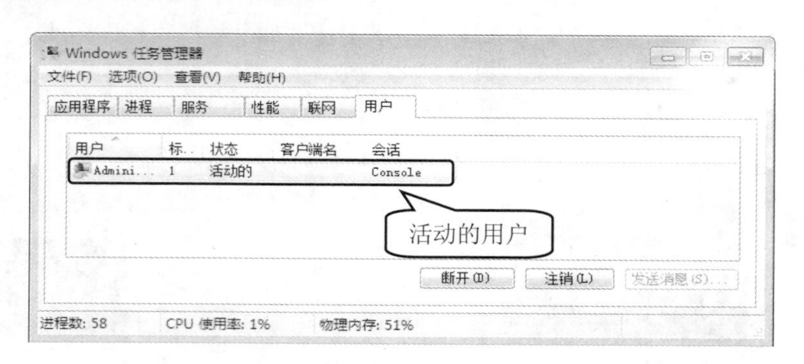

图 9-41

9.4.2 事件查看器

微软在以 Windows NT 为内核的操作系统中都集成有事件查看器，它是 Microsoft Windows 操作系统工具。用户利用事件查看器可以查看关于硬件、软件和系统问题的信息，也可以监视 Windows 操作系统中的安全事件。在日常操作计算机的时候遇到系统错误，利用事件查看器，再加上适当的网络资源，用户可以很好地解决大部分的系统问题。下面将介绍如何打开事件查看器。

第 1 步 打开系统【开始】菜单，在搜索文件和程序处输入“eventvwr”，按下 Enter 键，如图 9-42 所示。

第 2 步 弹出【事件查看器】界面，即打开事件查看器，如图 9-43 所示。

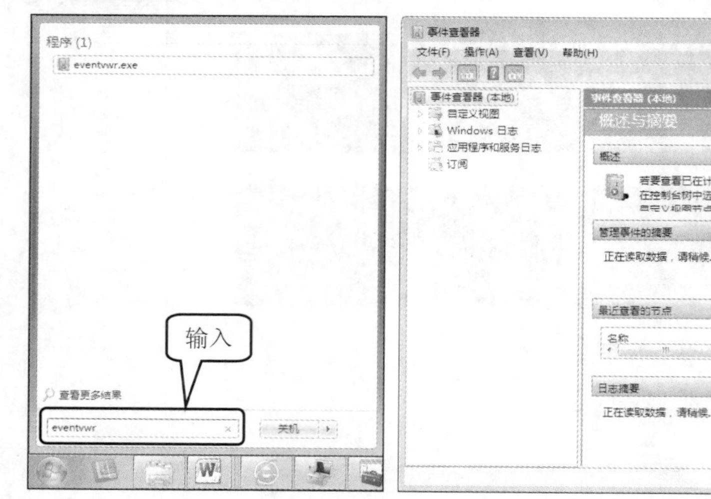

图 9-42　　图 9-43

9.4.3 性能监视器

性能监视器是监视电脑性能的，里面包含硬件、软件等在运行时的状态及资源使用情况。性能监视器是一种简单而功能强大的可视化工具，用于实时以及从日志文件中查看性能数据。使用它，可以检查图表、直方图或报告中的性能数据，下面将以监视内存为例，详细介绍性能监视器的具体使用步骤。

第 1 步 按下 Win+R 组合键，打开【运行】对话框，①在文本输入处输入“perfmon”；②单击【确定】按钮，如图 9-44 所示。

第 2 步 弹出【性能监视器】对话框，①右击【性能监视器】选项；②在弹出的快捷菜单中选择【新建】菜单项；③选择【数据收集器集】子菜单项，如图 9-45 所示。

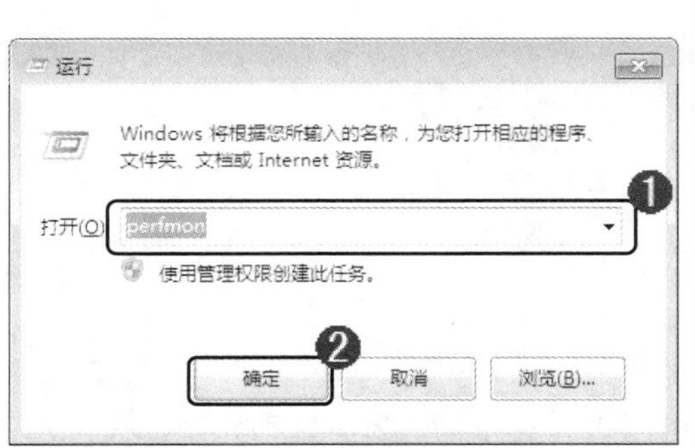

图 9-44

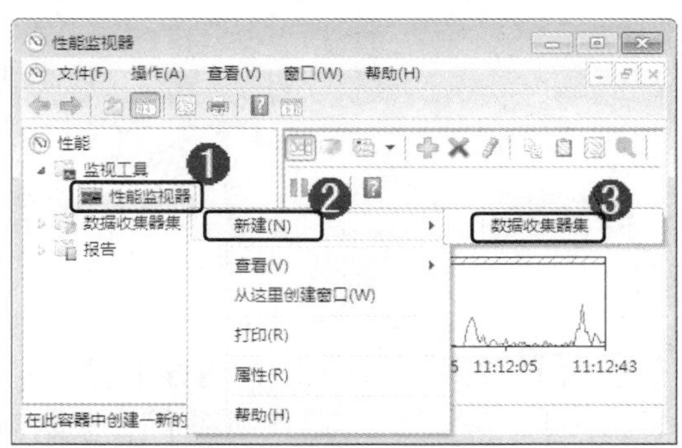

图 9-45

第 3 步 在弹出的【创建新的数据收集器集】对话框中，①根据提示“您希望如何命名该数据收集器集”，在文本框处输入新建的数据收集器的名字，这里以内存为例，输入“Memory”；②单击【下一步】按钮，如图 9-46 所示。

第 4 步 进入【您希望将数据保存在什么位置】界面，①根据提示“您希望数据保存在什么位置”，单击【浏览】按钮；②在弹出的【浏览文件夹】对话框中设置路径；③单击【确定】按钮；④单击【下一步】按钮，如图 9-47 所示。

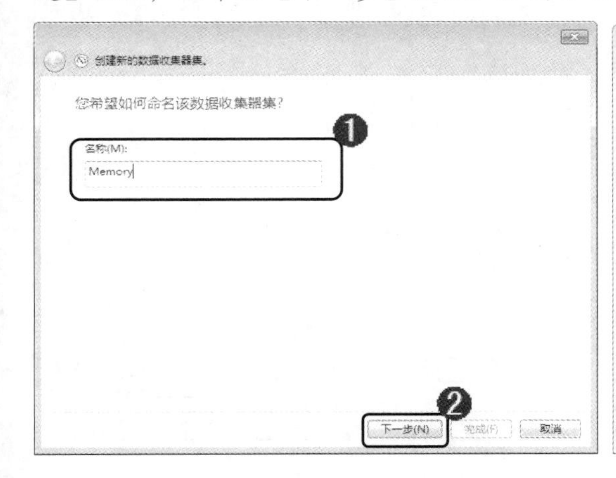

图 9-46

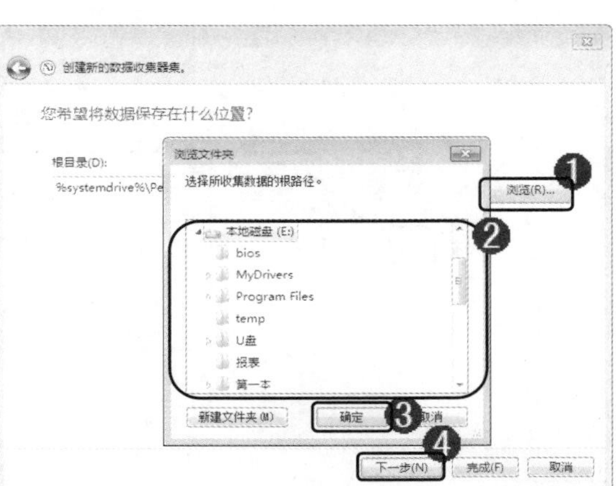

图 9-47

第 5 步 进入【是否创建数据收集器集】界面，①选中【保存并关闭】单选按钮；②单击【完成】按钮，如图 9-48 所示。

第 6 步 在【性能监视器】对话框中，①依次展开【数据收集器】文件夹→【用户自定义】文件夹，选择 Memory 选项；②在 Memory 区域中，右击【系统监视器日志】选项；③弹出快捷菜单，选择【属性】菜单项，如图 9-49 所示。

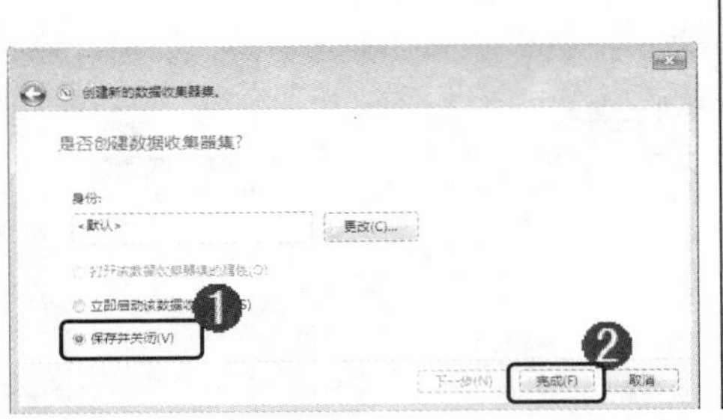

图 9-48

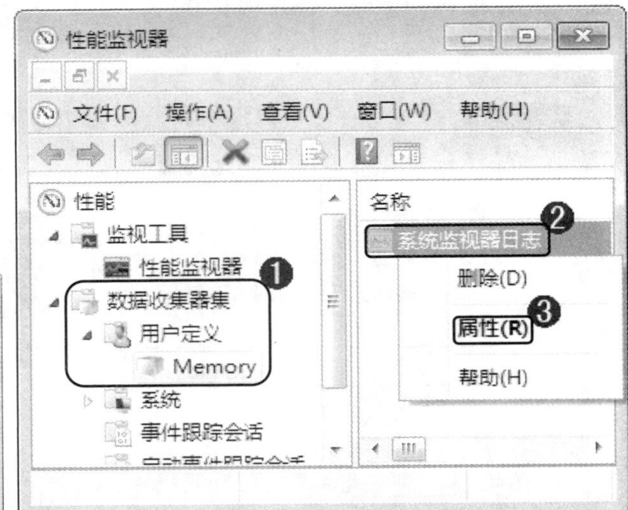

图 9-49

第 7 步 在弹出的【系统监视器日志 属性】对话框中，单击【添加】按钮，如图 9-50 所示。

第 8 步 在弹出的对话框中，①选择 Memory 选项；②单击【添加】按钮；③单击【确定】按钮，如图 9-51 所示。

图 9-50

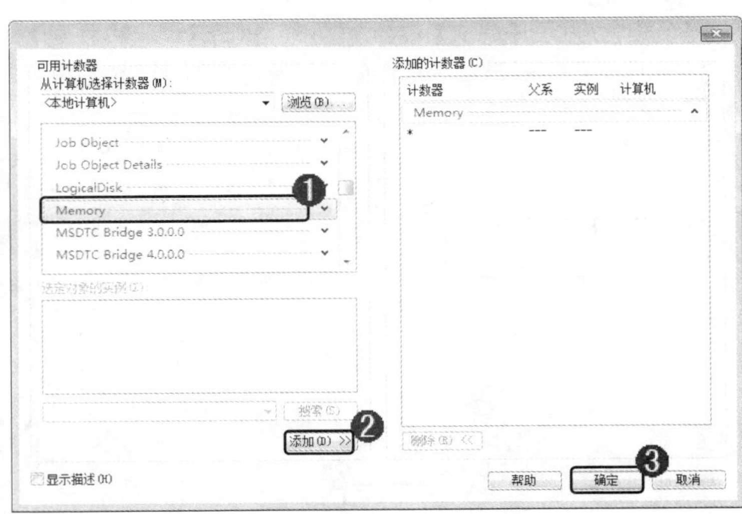

图 9-51

第 9 步 添加完毕后，在【系统监视器日志 属性】对话框中单击【确定】按钮，如图 9-52 所示。

第 10 步 回到【性能监视器】对话框中，右击 Memory 选项，在弹出的快捷菜单中选择【开始】菜单项，如图 9-53 所示。

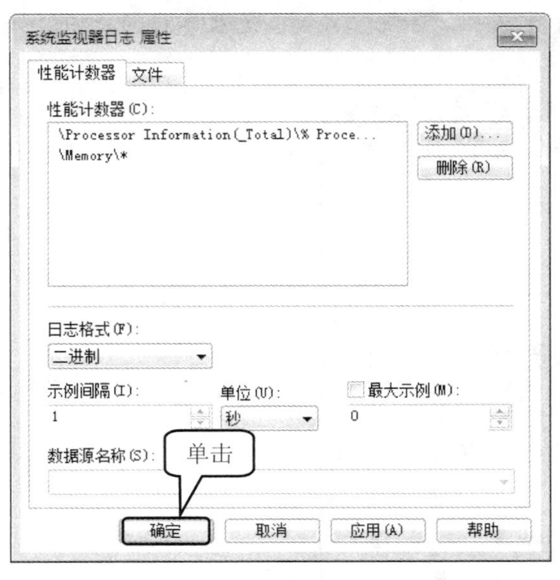

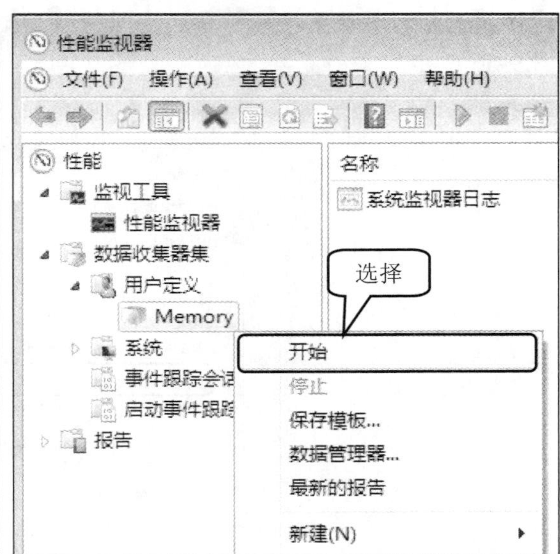

图 9-52　　　　图 9-53

第 11 步 收集信息完毕后，用户可以在【报告】选项的【用户自定义】选项中查找系统监视器日志，在日志里可以查看内存的运行情况以及相关数据。用户可以选择在电脑中文本查看，也可以选择使用打印机，打印出来查看。

9.4.4　关闭远程连接

如果不希望有其他电脑远程连接本机的话，用户可以选择关闭远程连接来规避风险，下面以 Windows 7 为例详细介绍一下如何关闭远程连接。

第 1 步 在 Windows 7 系统桌面上，①右击【计算机】图标；②在弹出的快捷菜单中选择【属性】菜单项，如图 9-54 所示。

第 2 步 在弹出的【系统】窗口中选择【远程设置】选项，如图 9-55 所示。

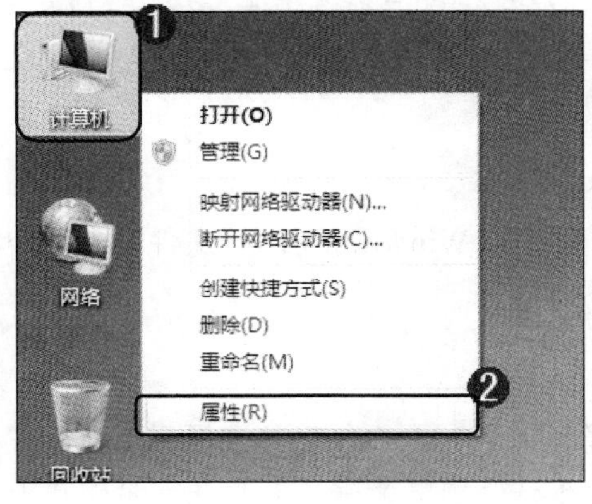

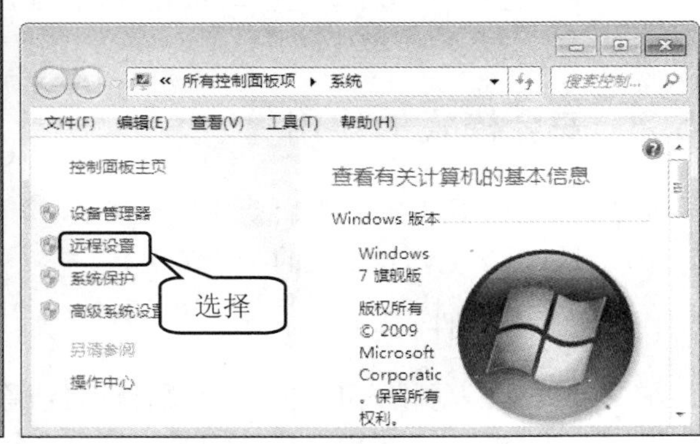

图 9-54　　　　图 9-55

第 3 步 在弹出的【系统属性】对话框中，①选择【远程】选项卡；②选中【不允许连接到这台计算机】单选按钮；③单击【确定】按钮，即可完成关闭远程连接的操作，如图 9-56 所示。

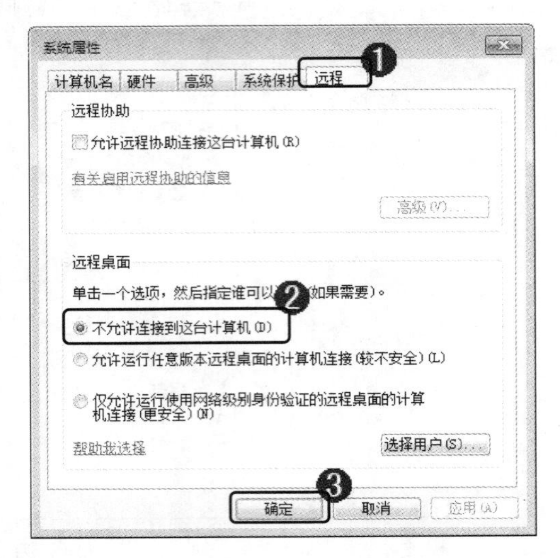

图 9-56

9.5 安全模式

安全模式的工作原理是在不加载第三方设备驱动程序的情况下启动电脑，使电脑运行在系统最小模式，这样可以方便地检测与修复计算机系统的错误。

9.5.1 如何进入安全模式

安全模式一般在 Windows 开始系统运行之前，按下 F8 键，会弹出模拟 DOS 选项，用户可以使用键盘上的方向键选择进入安全模式。

安全模式也可以在启动电脑时按住 Ctrl 键，在系统显示多项选择菜单的时候选择 SafeMode 项，进入安全模式。

9.5.2 安全模式的作用

安全模式会将所有非系统启动项自动禁止，释放了对 Windows 对这些文件的本地控制权，用户可以轻松地修复系统的一些错误。

1. 删除顽固文件

在 Windows 正常模式下删除一些文件或者清除回收站时，系统可能会提示“文件正在被使用，无法删除”，出现这样的情况可以在安全模式下将其删除。因为在安全模式下，Windows 会自动释放这些文件的控制权。

2. 安全模式下的系统还原

如果电脑不能启动，只能进入安全模式，那么可以在安全模式下恢复系统。进入安全模式之后依次选择【开始】→【所有程序】→【附件】→【系统工具】→【系统还原】菜单项，打开系统还原向导，然后选择【恢复我的计算机到一个较早的时间】选项，单击【下一步】按钮，在日历上单击黑体字显示的日期选择系统还原点，单击【下一步】按钮即可进行系统还原。

3. 安全模式下的病毒查杀

在 Windows 系统下进行杀毒有很多病毒清除不了，而在 DOS 系统下杀毒软件无法运行。这个时候启动安全模式，Windows 系统只会加载必要的驱动程序，这样就可以把病毒彻底清除。

4. 修复系统故障

如果 Windows 运行起来不太稳定或者无法正常启动，这时候不要忙着重装系统，试着重新启动计算机并切换到安全模式启动，之后再重新启动计算机。如果是由于注册表有问题而引起的系统故障，此方法非常有效，因为 Windows 在安全模式下启动时可以自动修复注册表问题，在安全模式下启动 Windows 成功后，一般都可以在正常模式下启动了。

5. 恢复系统设置

如果是在安装了新的软件或者更改了某些设置后，导致系统无法正常启动，也需要进入安全模式下解决。如果是安装了新软件引起的，请在安全模式中卸载该软件；如果是更改了某些设置，比如显示分辨率设置超出显示器显示范围，导致了黑屏，那么进入安全模式后可以改变回来。

6. 查出恶意的自启动程序或服务

如果电脑出现一些莫名其妙的错误，比如上不了网，按常规思路又查不出问题，可启动到带网络连接的安全模式下查看，如果可以连网，则说明是某些自启动程序或服务影响了网络的正常连接。

9.6　实践案例与上机指导

通过对本章的学习，读者可以掌握电脑的日常维修与保养的基本知识以及一些常见的操作方法，下面通过练习操作，以达到巩固学习、拓展提高的目的。

9.6.1　调整虚拟内存

虚拟内存是计算机系统内存管理的一种技术。它使得应用程序认为它拥有连续的可用的内存。虚拟内存通常是被分隔成多个物理内存碎片，还有部分暂时存储在外部磁盘存储器上，在需要时进行数据交换。用户可以通过调整虚拟内存的大小来提高电脑运行的速度，下面将详细介绍如何调整虚拟内存。

第 1 步 在 Windows 7 系统桌面上，①右击【计算机】图标；②弹出快捷菜单，选择【属性】菜单项，如图 9-57 所示。

第 2 步 弹出【系统】窗口，选择【高级系统设置】选项，如图 9-58 所示。

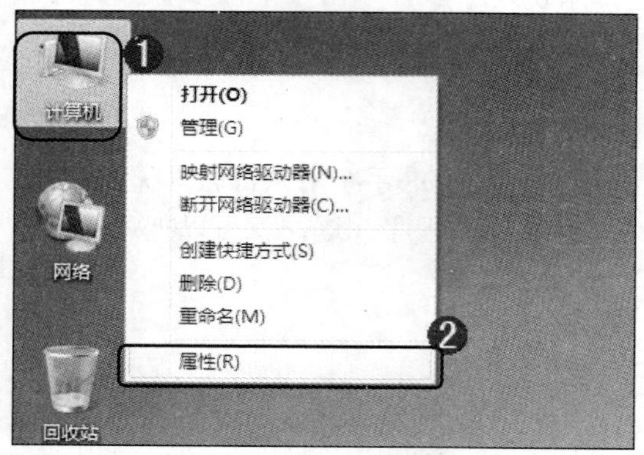

图 9-57

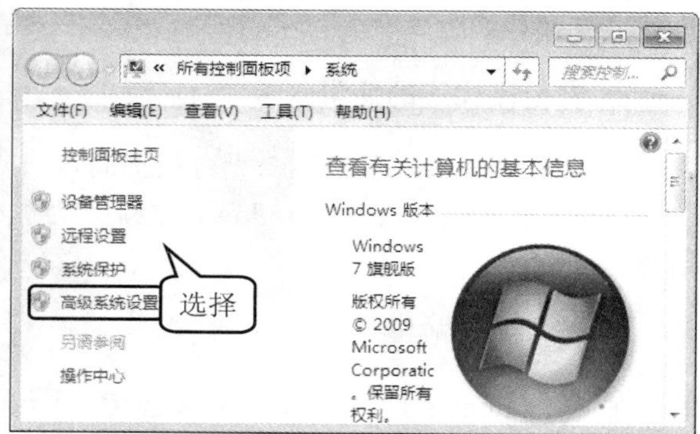

图 9-58

第 3 步 在弹出的【系统属性】对话框中，①选择【高级】选项卡；②单击【设置】按钮，如图 9-59 所示。

第 4 步 在弹出的【性能选项】对话框中，①选择【高级】选项卡；②单击【更改】按钮，如图 9-60 所示。

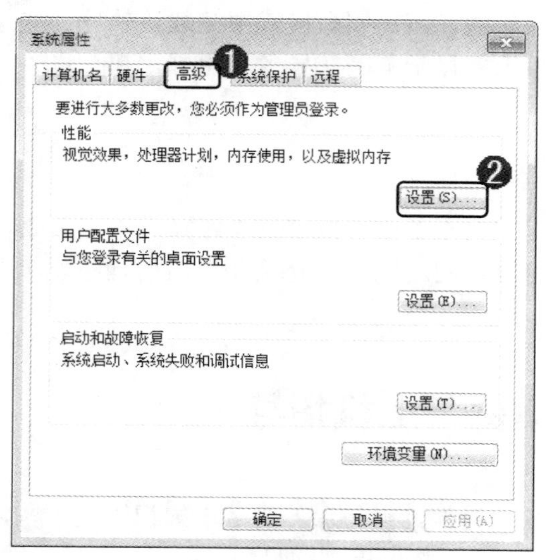

图 9-59

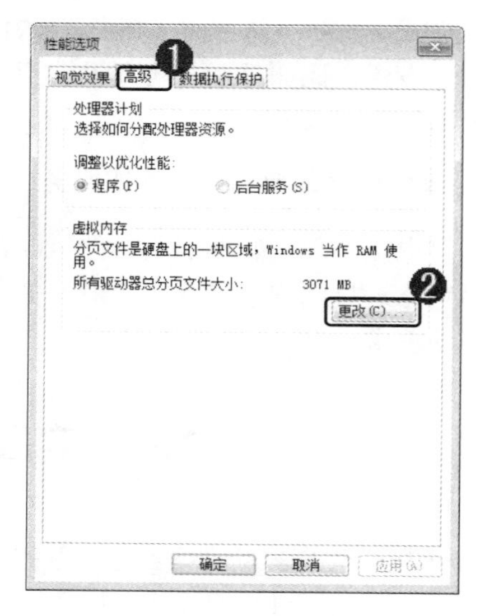

图 9-60

第 5 步 在弹出的【虚拟内存】对话框中，①取消选中【自动管理所有驱动器的分页文件大小】复选框；②选中【自定义大小】单选按钮；③在【初始大小】和【最大值】两个文本框处输入需要调整的数值；④单击【设置】按钮；⑤单击【确定】按钮完成设置，如图 9-61 所示。

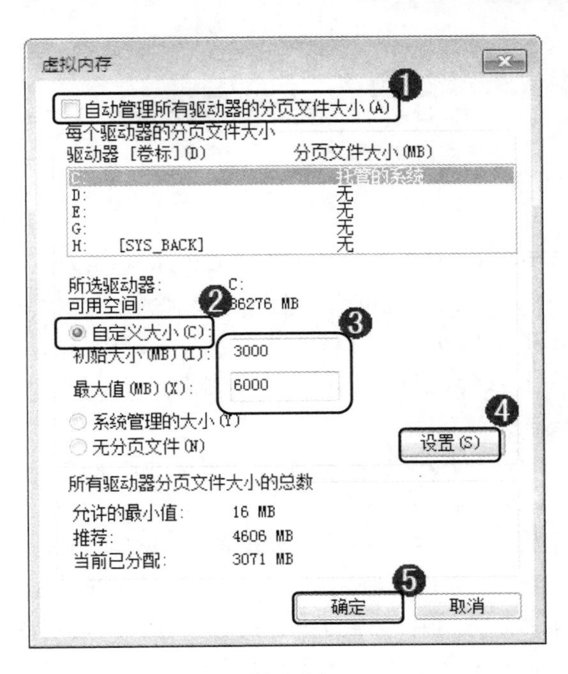

图 9-61

9.6.2　禁用多余的系统服务

提升电脑运行速度还可以通过禁用多余的系统服务来实现，下面将以禁用诊断策略服务为例详细介绍如何禁用多余的系统服务。

第 1 步 按下 Win+R 快捷键，打开【运行】对话框，①在文本框处输入“services.msc”；②单击【确定】按钮，如图 9-62 所示。

第 2 步 在弹出的【服务】窗口中，①选择 Diagnostic Policy Service 选项；②选择【停止此服务】选项，完成禁用，如图 9-63 所示。

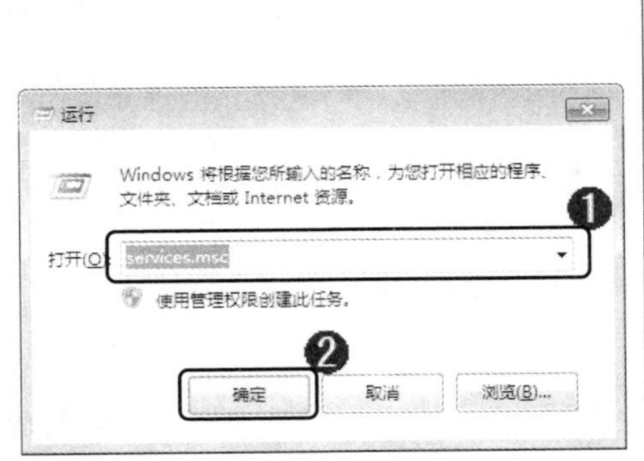

图 9-62

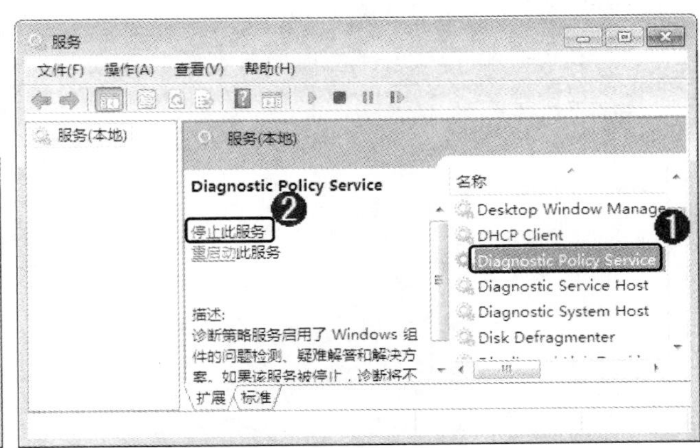

图 9-63

第 3 步 这样即完成了操作，按照以上步骤即可禁用其他多余的系统服务。

9.7 思考与练习

一、填空题

1. 好的环境会提高电脑的使用寿命，电脑的工作环境可以从________、工作湿度、工作温度、光线照射、________、接地系统和电网环境等几个方面来考虑。

2. 电脑的使用方法不正确也会起引起电脑________或者________的损坏，养成良好使用电脑的习惯可以减少电脑的使用消耗程度，并能减少维护电脑的工作量和延长其使用寿命。

3.________就是对磁盘进行整理，对平时使用硬盘时产生的一些垃圾进行整理。通过释放________，可以提高计算机的性能。

4. ________的工作原理是在不加载第三方设备驱动程序的情况下启动电脑，使电脑运行在系统最小模式，这样可以方便地检测与________计算机系统的错误。

5. ________是计算机系统内存管理的一种技术。它使得应用程序认为它拥有连续的可用的内存。________通常是被分隔成多个物理内存碎片，还有部分暂时存储在外部磁盘存储器上，在需要时进行数据交换。

二、判断题

1. 打开电脑都会有一些启动项随电脑的启动而运行，这些全是必要程序。 ( )

2. 操作系统是所有软件的基础，稳定的操作系统能够提高其他软件的使用效率，同时可以避免很多故障的发生。 ( )

3. 安全模式会将所有非系统启动项自动禁止，释放了对 Windows 对这些文件的本地控制权，用户可以轻松地修复系统的一些错误。 ( )

三、思考题

1. 本章讲解了哪几种正确使用电脑的方法？

2. 如何进入安全模式？

第10章

电脑故障排除基础知识

本章要点

- 电脑故障产生原因
- 电脑的硬件故障
- 电脑的软件故障
- 电脑故障的排除

本章主要内容

本章主要介绍了电脑故障的分类与产生方面的知识，同时还讲解了硬件故障的产生及原因和软件故障的产生和原因，在本章的最后还介绍了电脑故障诊断与排除的原则、电脑故障诊断与排除的注意事项和常见的故障检测方法。通过对本章的学习，读者可以掌握诊断和排除电脑故障方面的知识和技巧，为深入学习计算机组装、维护与故障排除奠定基础。

10.1 电脑故障的分类与产生原因

电脑在使用一段时间以后难免会出现各种故障，一般电脑故障可以分为硬件故障和软件故障两大类，下面分别予以介绍。

10.1.1 硬件故障及产生原因

电脑硬件故障是指电脑中的内部硬件及外部设备等部分发生接触不良、使用性能下降和电路或者元器件损坏方面的问题引起的故障。一般硬件故障可以分为三个级别。

- 一级故障：一级故障通常是板卡类故障，常出现的是板卡接口不良、数据线接口不良和电源接口不良等问题。
- 二级故障：二级故障是指发生在硬件内部电子元件的损坏或者老化造成的故障，通常需要借助一些检测设备来完成检测。
- 三级故障：三级故障是指线路的故障，是依照硬件电路原理对硬件各主要功能电路进行检测而发现的故障。

常见硬件故障的产生原因，一般包括数据或者电源插口接触不良、跳线设置错误、硬件不兼容和显示器花屏等，下面将详细介绍。

1. 数据或者电源插口接触不良

数据或者电源插口接触不良会造成电脑无法运行，排查出接触不良的接口后，拔下插头重新安装回去即可。

2. 跳线设置错误

跳线设置错误会造成硬件之间的冲突，使电脑无法正常工作。

3. 硬件不兼容

硬件不兼容是指两个硬件之间不能配合使用，会造成电脑死机、蓝屏甚至无法启动，需要通过更换硬件来恢复使用。

4. 显示器花屏

引起显示器花屏的原因有很多，可能是显示器与主机的线没有接好，也可能是显卡故障，也可能是内存松动，需要用户逐一排查。

10.1.2 软件故障及产生原因

软件故障是指由于电脑系统配置不当、电脑感染病毒或操作人员对软件使用不当等因素引起的电脑不能正常工作的故障，常见的软件故障有以下几种。

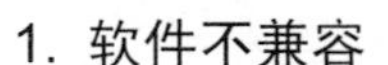

1. 软件不兼容

软件不兼容是指两个或者两个以上的软件同时运行，造成的电脑系统崩溃、蓝屏或者死机等现象，例如同时运行两个或者两个以上的杀毒软件。

2. 非法操作

非法操作是由于操作不当造成的，例如卸载某个软件，不使用专门的卸载软件而是直接删除，这样会留下大量垃圾文件造成操作故障的隐患。

3. 误操作

误操作是指在使用电脑的时候，不小心删除了系统中重要的数据或者文件，造成一些程序不能执行，甚至不能启动系统。

4. 感染病毒

感染了病毒的电脑，会有些程序不能正常运行、系统文件遭到破坏甚至系统不能正常启动的现象。

10.2　电脑故障诊断与排除原则

在解除电脑故障的过程中，用户要按照一定的流程和顺序进行检测，避免因为一些错误的操作而引起的更多故障，本节将详细介绍电脑故障诊断与排除原则的相关知识与技巧。

10.2.1　电脑故障诊断与排除的原则

电脑故障的排除是有规律可循的，按照一定的规律排除故障，对电脑有着事半功倍的效果。下面将详细介绍一下。

1. 调查后再动手

要弄清电脑在运行时的环境及状况，充分了解故障发生的整个情况之后再具体逐一排查。

2. 先看软件再看硬件

首先要排除软件问题，这一点是至关重要的。系统有没有什么问题、是不是有软件之间的冲突或者软件运行的环境不对等。软件没有问题的话再排查硬件问题。

3. 检查外部后检查内部

如果排除了软件问题，那么就要检查硬件了。首先要切断电源，检查外部接口或者电源开关是否有接触不良的现象。如果没有，再进行内部检查。

4. 先看电源再看机械

电源是整个电脑的供电设备，断电后要检查电源的工作是否正常。电源运作没有问题才能保证其他设备的正常运作。

5. 清洁后在检查

很多时候电脑不能正常工作是因为机箱内部的灰尘太多，阻碍硬件的散热造成的。首先要检查 CPU 的散热情况，然后检查显卡的散热情况，最后检查其他硬件的散热情况。

6. 先考虑常见情况再考虑特殊情况

电脑故障首先要排除具有普遍性和规律性的故障，然后再去检查特殊故障。

10.2.2 电脑故障诊断与排除的注意事项

在排除电脑故障的时候需要注意一些细节，避免发生二次故障。下面详细介绍一下这些需要注意的细节。

1. 备份

如果是操作系统故障或者软件故障，要做好资料备份工作，把重要的数据、文件和资料转移到安全的地方，比如其他磁盘分区、U 盘或者移动硬盘等。

2. 禁止带电作业

检查硬件的时候一定要断电检查。硬件插拔的时候会有很强的电流通过，带电插拔会产生强大的电流冲击，造成硬件损坏，例如串口设备、VGA 接口的显示器、PS/2 接口的键盘和鼠标以及并口的打印机等，在通电的时候都不能进行插拔。

3. 熟读说明书

对于不是很熟悉的软件或者硬件，一定要熟读说明书、用户手册和其他相关文档才能动手检查。

4. 洗手后检查

我们的手通常会有静电，静电也会带给电脑伤害，影响硬件正常工作。检查硬件故障之前一定要洗手，洗手后要擦拭干净，不能有水。必要的时候可要带防静电手套。

10.2.3 常见的故障检测方法

针对不同的电脑故障，检查电脑故障方法包括观察法、插拔法、替换法、清洁法、排除病毒法、软件升级法和重新安装法，下面将详细介绍这几种方法。

1. 观察法

观察法主要包括看、听、摸和闻这几个方面。

- 看：检查插口是否松动接触不良，是否有电容爆浆等问题。
- 听：检查是否存在异常声音，例如硬盘、光驱等等。
- 摸：检查硬件是否过热。
- 闻：检查是否有异味，例如焦味等。

2. 插拔法

将板卡拔出后启动电脑，每拔出一块板卡启动一次电脑。如果故障消失，说明故障在哪块板卡上。

3. 替换法

找一块好用的板卡，替换掉怀疑故障的板卡。如果故障消失，则说明是这个板卡的故障。

4. 清洁法

对于使用时间较长，工作环境较差的电脑，用户可以采用清洁法尝试排查故障。

用户可用毛刷清除机箱内的灰尘，和用橡皮擦清除金手指上的氧化层，来达到排除故障的目的。

5. 排除病毒法

如果电脑的运行速度明显变慢或有其他异常，用户可以考虑尝试使用杀毒软件清除病毒。在清除前需要准备启动盘，以应付感染病毒的硬盘无法启动的现象。

6. 软件升级法

如果确定是软件故障的时候，用户可以考虑软件升级，查看软件是否存在更新，如果有更新程序升级软件达到排除故障的目的。

7. 重新安装法

如果确定是软件的故障，而且软件没有升级程序，用户可以考虑重新安装软件来到达排除故障的目的。

10.3　思考与练习

一、填空题

1. 常见的硬件故障一般包括数据或者电源插口接触不良、________、________和显示器花屏等。

2. 硬件不兼容是指两个硬件之间不能配合使用，会造成电脑________、________甚至无法启动，需要用户通过更换硬件来恢复使用。

3. 针对不同的电脑故障，检查电脑故障方法包括________、插拔法、________、清洁法、排除病毒法、________和重新安装法。

二、判断题

1. 三级故障是指发生在硬件内部电子元件的损坏或者老化造成的故障，通常需要借助一些检测设备来完成检测。 (　　)

2. 软件故障是指由于电脑系统配置不当、电脑感染病毒或操作人员对软件使用不当等因素引起的电脑不能正常工作的故障。 (　　)

3. 电脑故障首先要排除具有普遍性和规律性的故障，然后再去检查特殊故障。 (　　)

4. 如果是操作系统故障或者软件故障，不需要做备份工作。 (　　)

三、思考题

1. 一般电脑故障可以分为几类？分别是多少？

2. 电脑故障诊断与排除的原则是哪些？

第 11 章

常见软件故障及排除方法

本章要点

- Windows 7 系统故障排除
- Office 办公软件故障排除
- 影音播放软件故障排除
- 常见工具软件故障排除
- Internet 上网故障排除

本章主要内容

本章主要介绍了 Windows 7 系统故障排除方面的知识与技巧，同时还讲解了 Office 办公软件故障排除、影音播放软件故障排除以及常见工具软件故障排除的知识与技巧，在本章的最后还介绍了 Internet 上网故障排除的知识与技巧。通过对本章的学习，读者可以掌握常见软件故障及排除方面的知识和技巧，为深入学习计算机组装、维护与故障排除奠定基础。

11.1 Windows 7 系统故障排除

Windows 7 系统在使用的过程中会出现各种各样的问题和故障，下面详细介绍一些常见的故障排除方法。

11.1.1 无法安装软件

在 Windows 7 系统中最常见的故障是有一些软件无法安装，如果出现无法安装软件的现象可以尝试下列方法。

1. 更换系统账号

安装软件需要权限的时候，用户可以使用管理员账号安装。使用新建的普通账号登录系统，只有一般权限，无法安装软件。

2. 启用 Windows Installer 服务

无法安装软件也可能是因为 Windows Installer 服务没有启用的原因，下面将详细介绍一下启用 Windows Installer 服务的具体步骤。

第 1 步 按下 Win+R 组合键，弹出【运行】对话框，①在文本框处输入“services.msc”；②单击【确定】按钮，如图 11-1 所示。

第 2 步 弹出【服务】对话框，①右击 Windows Installer 选项；②弹出快捷菜单，选择【启动】菜单项，如图 11-2 所示。

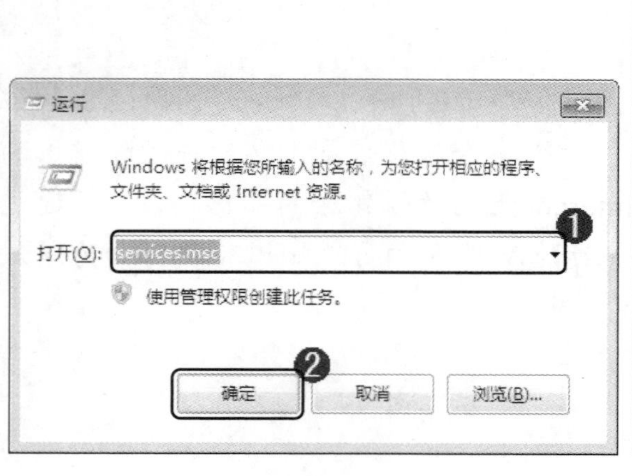

图 11-1

图 11-2

第 3 步 弹出【服务控制】对话框，在线等待一段时间即可完成启用 Windows Installer

服务，如图 11-3 所示。

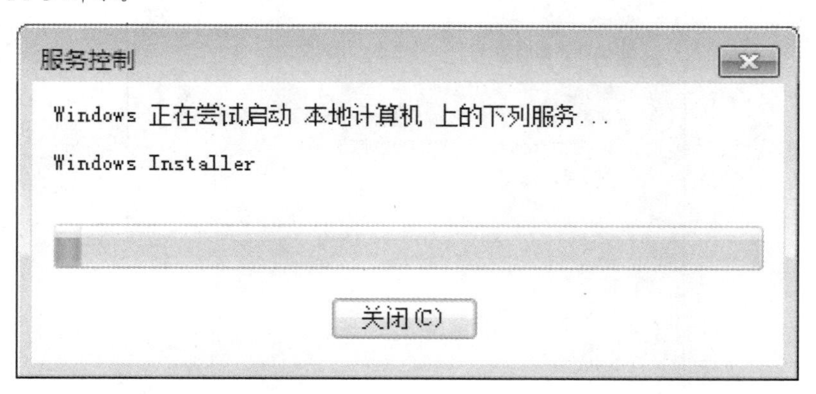

图 11-3

11.1.2　桌面图标变成白色

在 Windows 7 系统的使用过程中，有时会出现桌面的快捷方式图标都变成一块白色，这是因为更改分辨率或者误操作造成的，出现这种情况，用户可以采用还原默认的方法来解决，下面详细介绍一下具体的操作步骤。

第 1 步 在 Windows 7 系统桌面空白处，①右击；②在弹出的快捷菜单中选择【个性化】菜单项，如图 11-4 所示。

第 2 步 弹出的【个性化】对话框，单击【更改桌面图标】链接项，如图 11-5 所示。

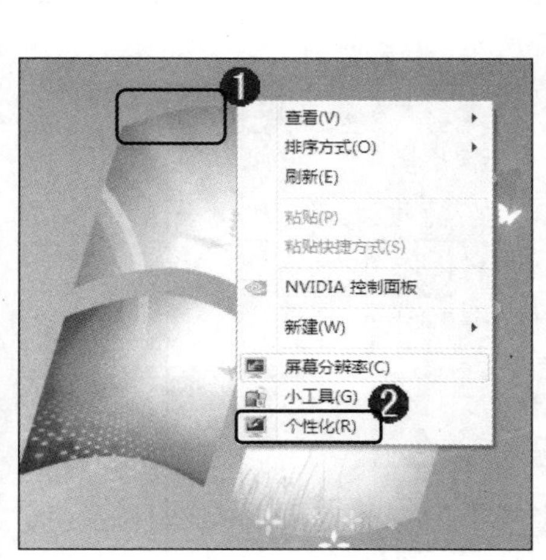

图 11-4

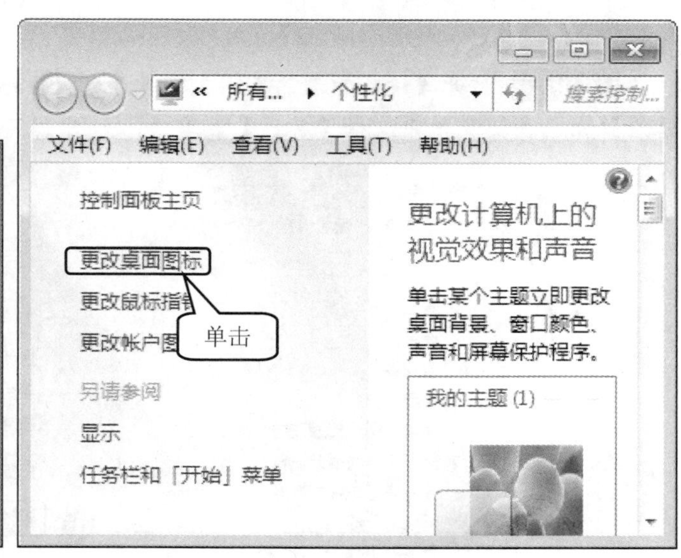

图 11-5

第 3 步 在弹出的【桌面图标设置】对话框中，①单击【还原默认值】按钮；②单击【确定】按钮，这样即完成了桌面图标还原，如图 11-6 所示。

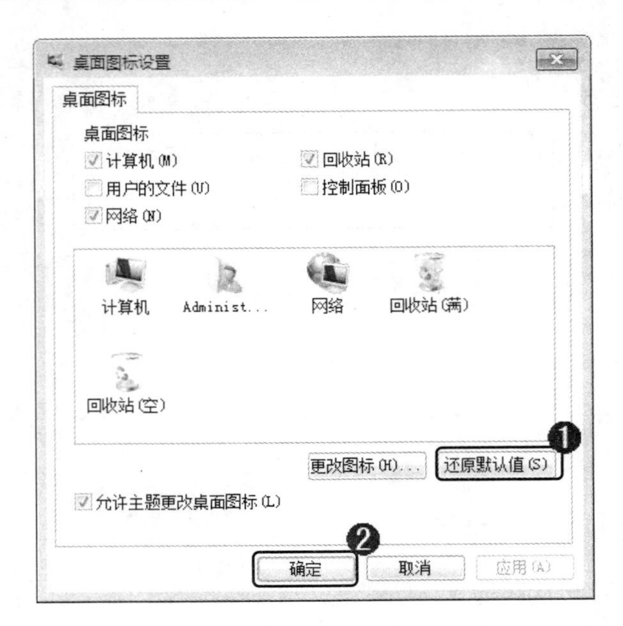

图 11-6

11.1.3 Windows 7 系统不休眠

在使用 Windows 7 系统的时候会出现明明设置了休眠，系统却不休眠的现象，出现不休眠多数是因为网卡的原因，用户可以更改网卡的选项来达到目的，下面将详细介绍具体操作步骤。

第 1 步 打开【设备管理器】，①在展开的【网络适配器】列表中，右击网卡选项；②在弹出的快捷菜单中选择【属性】菜单项，如图 11-7 所示。

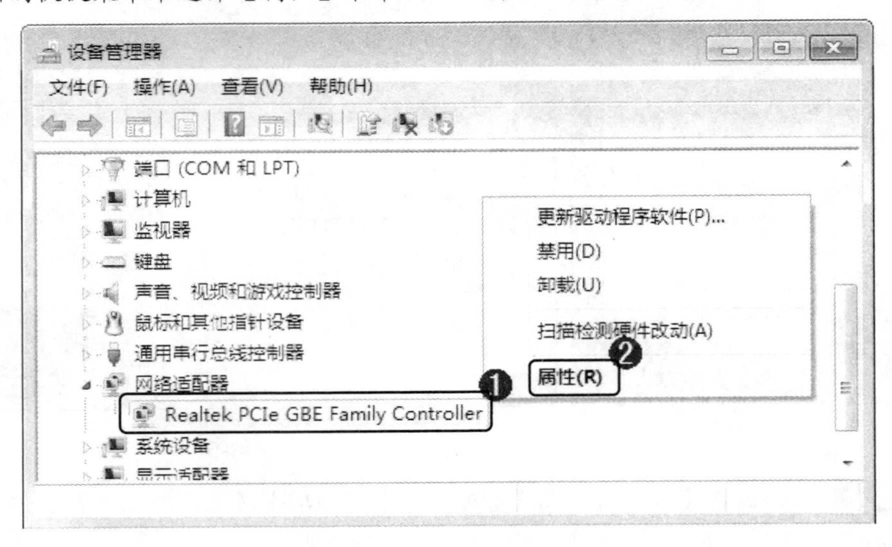

图 11-7

第 2 步 弹出网卡【属性】对话框，①选择【电源管理】选项卡；②选中【允许计算机关闭此设备以节约电源】复选框；③单击【确定】按钮，这样即解决了 Windows 7 系统不休眠的问题，如图 11-8 所示。

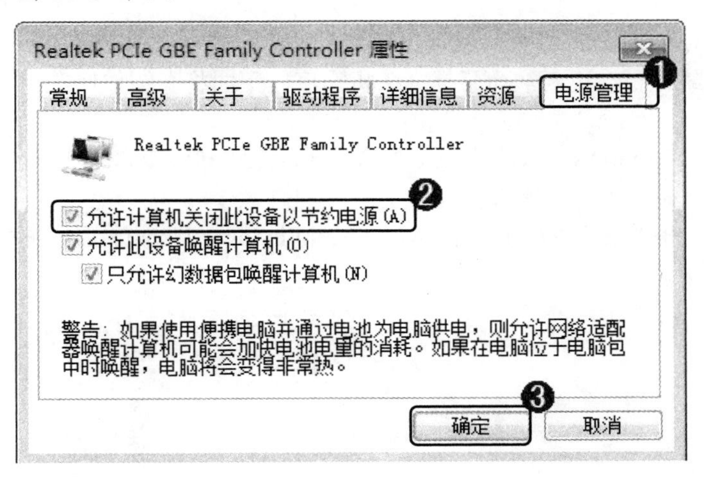

图 11-8

智慧锦囊

有的时候一些无线设备，例如蓝牙驱动器或者无线网卡驱动器等都可以引起系统不休眠，用户可以尝试以上步骤完成电源管理，以达成系统休眠的目的。

11.1.4　硬盘灯一直闪烁

硬盘灯只有在写入和读取数据的时候才会闪烁，这是硬盘工作的标志。如果硬盘灯不停地闪烁，可以通过关闭相应的服务程序来解决，下面详细地介绍一下具体的操作步骤。

第 1 步　按下 Win+R 组合键，打开【运行】对话框，①在文本框中输入“services.msc”；②单击【确定】按钮，如图 11-9 所示。

第 2 步　在弹出的【服务】对话框中，①右击 Superfetch 列表项；②弹出快捷菜单，选择【停止】菜单项，这样即解决了硬盘灯一直闪烁的问题，如图 11-10 所示。

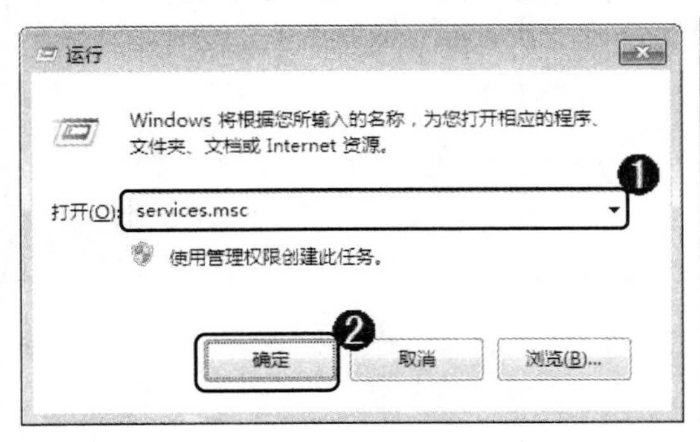

图 11-9

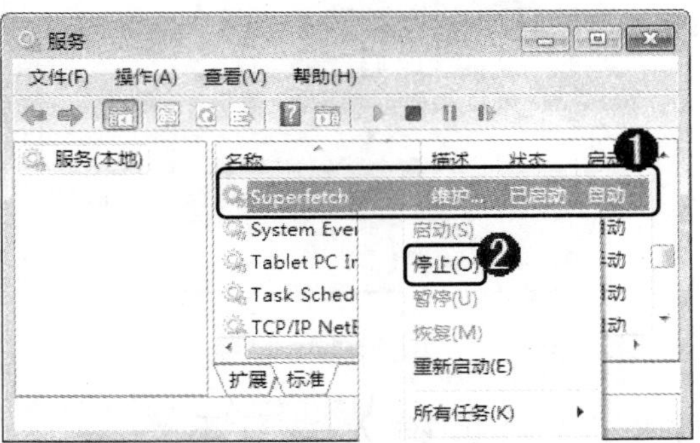

图 11-10

11.1.5 关闭 Windows Update

关闭 Windows 7 系统的时候，经常出现“Windows Update 配置中……请勿关闭计算机”的提示，这是系统在自动更新。为了提高关机速度，下面将介绍如何关闭 Windows 7 系统自动更新。

第 1 步 在 Windows 7 系统中，①单击【开始】按钮；②在文本框中输入“操作中心”并按下 Enter 键，如图 11-11 所示。

第 2 步 弹出【操作中心】对话框，单击 Windows Update 区域中的【更改设置】按钮，如图 11-12 所示。

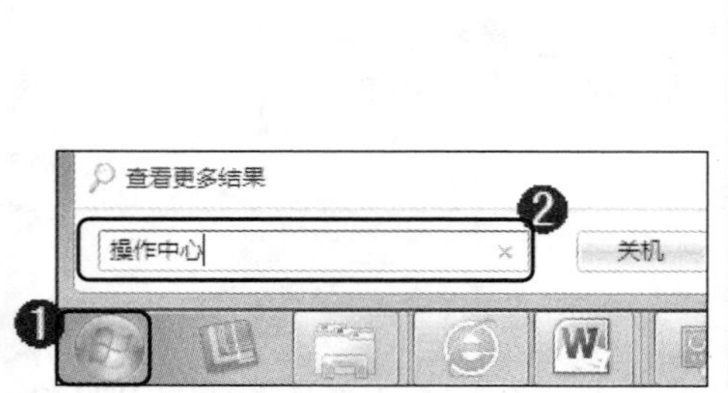

图 11-11

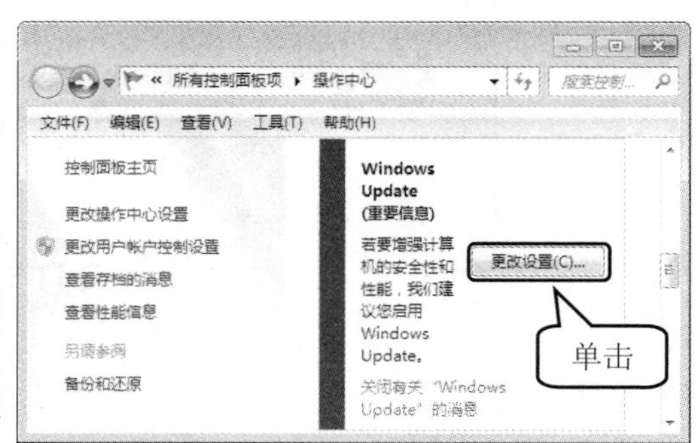

图 11-12

第 3 步 弹出【操作中心】对话框，单击【让我选择】按钮，如图 11-13 所示。

第 4 步 弹出【更改设置】对话框，①在【重要更新】区域中选择【从不检查更新】选项；②在【推荐更新】区域中选中【以接收重要更新的相同方式为我提供推荐的更新】复选框；③单击【确定】按钮，这样即完成了关闭 Windows Update 的操作，如图 11-14 所示。

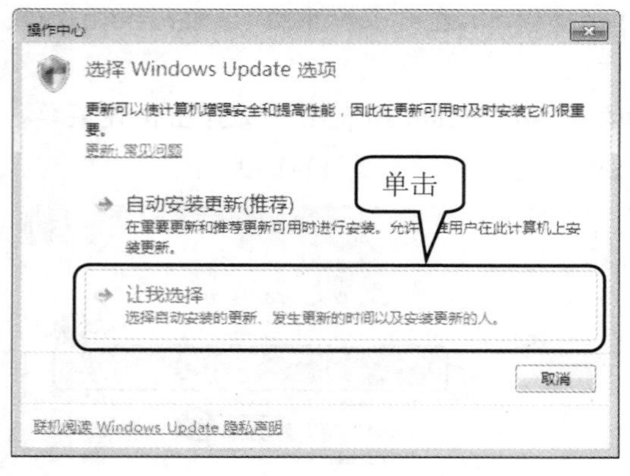

图 11-13

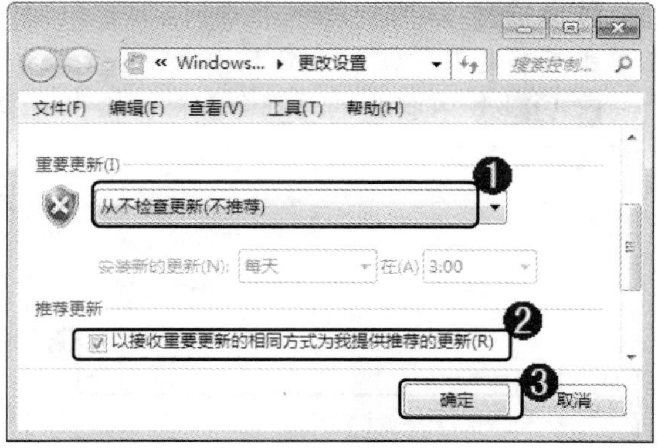

图 11-14

11.1.6 找回输入法图标

在使用电脑的过程中，用户可能会出现右下角任务栏中输入法图标不见了的情况，下面详细介绍找回输入法图标的具体步骤。

第 1 步 在 Windows 7 系统桌面上，①单击【开始】按钮；②在文本框中输入“区域和语言”，并按下 Enter 键，如图 11-15 所示。

第 2 步 弹出【区域和语言】对话框，①选择【键盘和语言】选项卡；②单击【更改键盘】按钮，如图 11-16 所示。

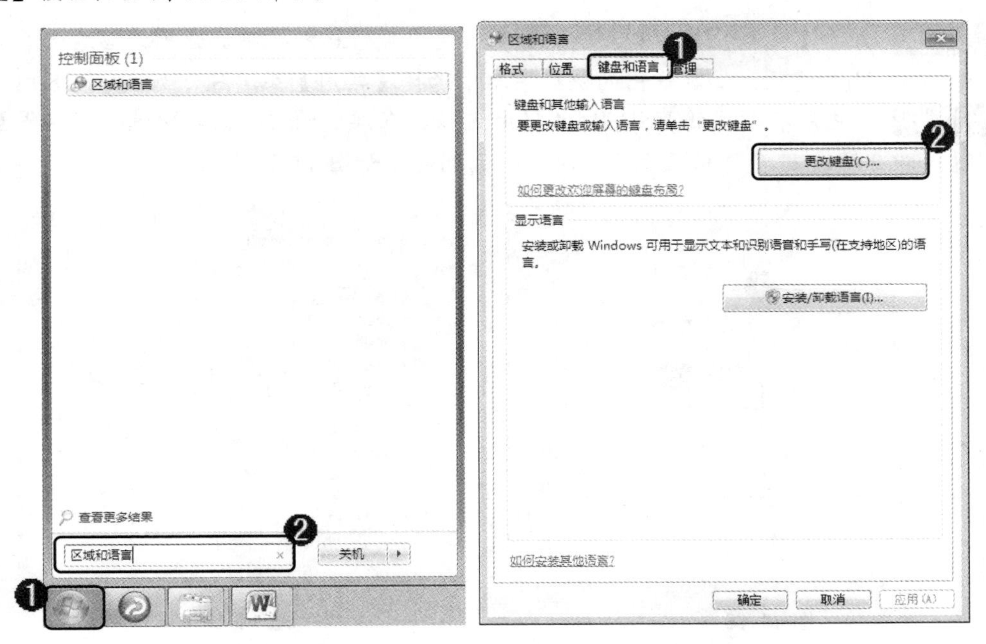

图 11-15　　　　图 11-16

第 3 步 弹出【文本服务和输入语言】对话框，①选择【语言栏】选项卡；②选择【停靠于任务栏】单选按钮；③单击【确定】按钮，这样即完成了找回输入法图标的操纵，如图 11-17 所示。

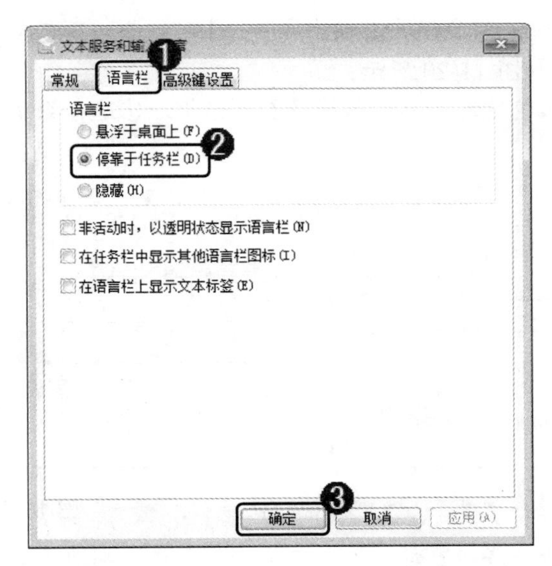

图 11-17

11.1.7 U 盘弹出后无法再次使用

在使用 U 盘的时候通常会出现，弹出 U 盘之后，再次插入则无法使用 U 盘，下面详细介绍一下具体解决办法。

第 1 步 打开【设备管理器】窗口，①双击通用串行总线控制器选项；②右击所有展开的 USB Root Hub 选项；③在弹出的快捷菜单中选择【禁用】菜单项，如图 11-18 所示。

第 2 步 右击所有禁用的 USB Root Hub 选项，在弹出的快捷菜单中选择【启用】菜单项，这样即可解决 U 盘弹出后无法再次使用的问题，如图 11-19 所示。

图 11-18

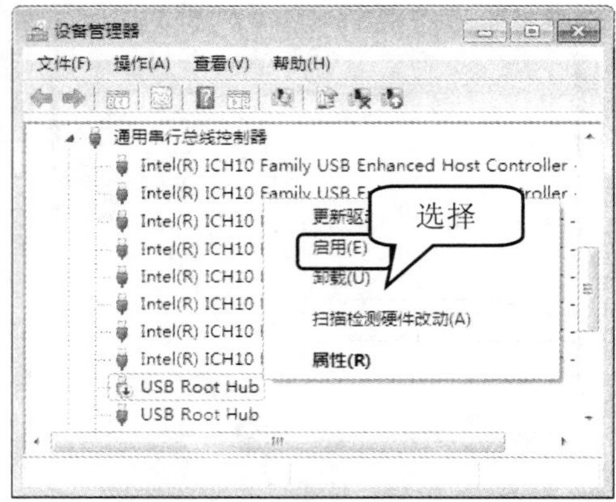

图 11-19

11.1.8 缩略图显示异常

使用 Windows 7 系统的时候，用户经常会在浏览图片文件夹的时候，出现缩略图显示异常，这是因为缓存文件异常造成的，下面详细介绍一下如何解决缩略图显示异常。

第 1 步 按下 Win+R 组合键，①弹出【运行】对话框，在文本框中输入“cleanmgr”；②单击【确定】按钮，如图 11-20 所示。

第 2 步 弹出【磁盘清理：驱动器选择】对话框，①选择系统盘符；②单击【确定】按钮，如图 11-21 所示。

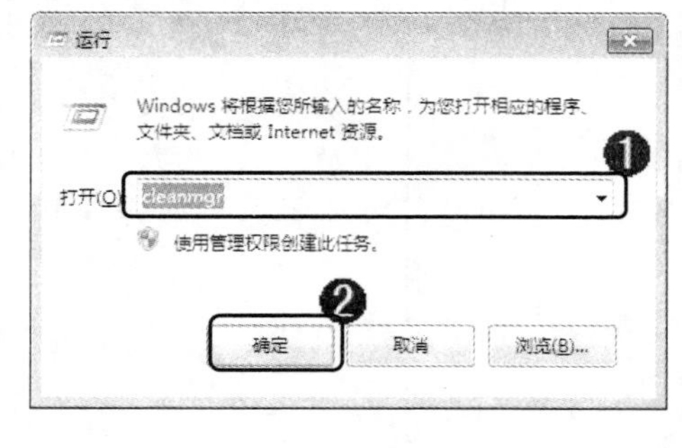

图 11-20

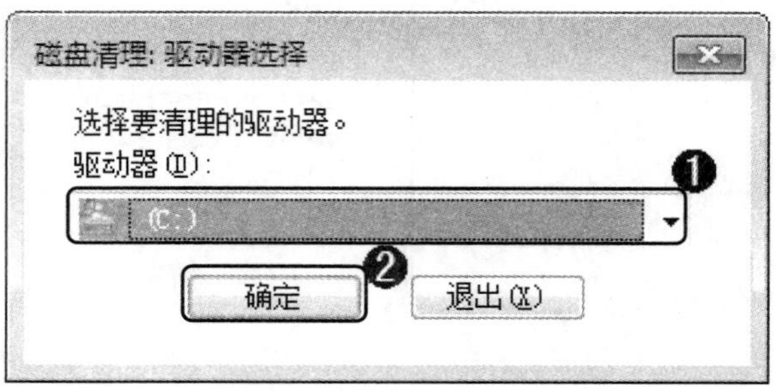

图 11-21

第 3 步 弹出【磁盘清理】对话框，显示清理进度，如图 11-22 所示。

第 4 步 弹出【(C:)的磁盘清理】对话框，①选中【缩略图】复选框；②单击【确定】按钮，这样即解决了缩略图显示异常的问题，如图 11-23 所示。

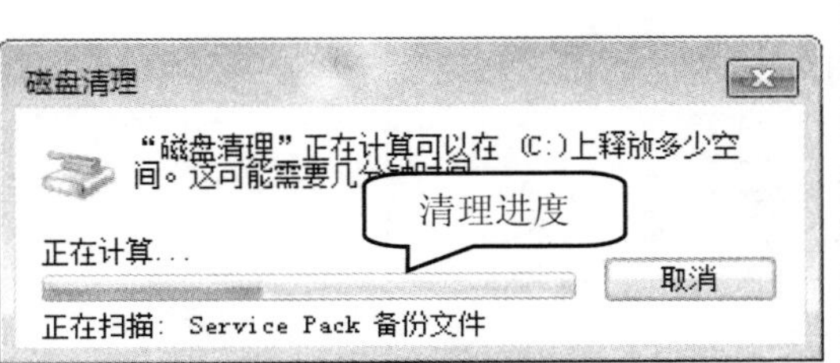

图 11-22

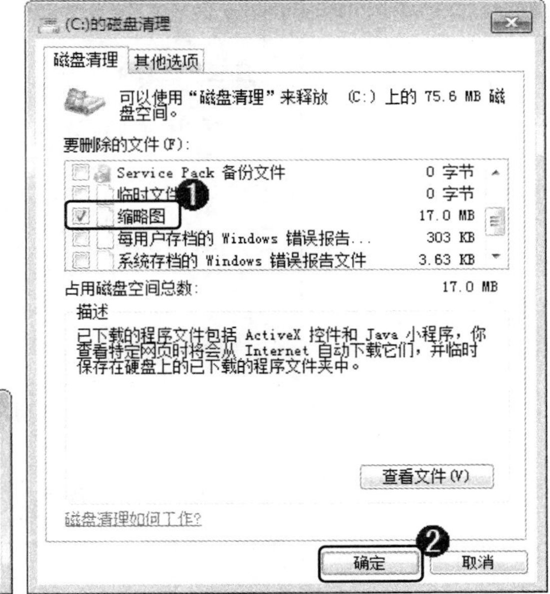

图 11-23

11.1.9　找回丢失的"计算机"图标

使用 Windows 7 系统，用户有时候会因为误操作或者使用某些软件，导致系统桌面上"计算机"图标的丢失，下面将详细介绍找回"计算机"图标的具体步骤。

第 1 步 在 Windows 7 系统桌面空白处，①右击；②弹出快捷菜单，选择【个性化】菜单项，如图 11-24 所示。

第 2 步 弹出【个性化】窗口，选择【更改桌面图标】选项，如图 11-25 所示。

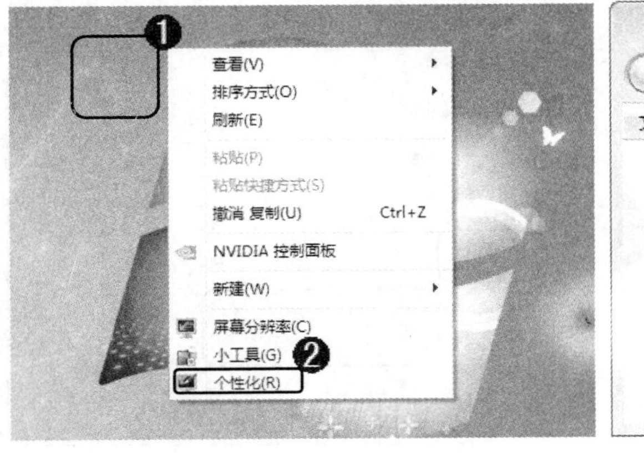

图 11-24

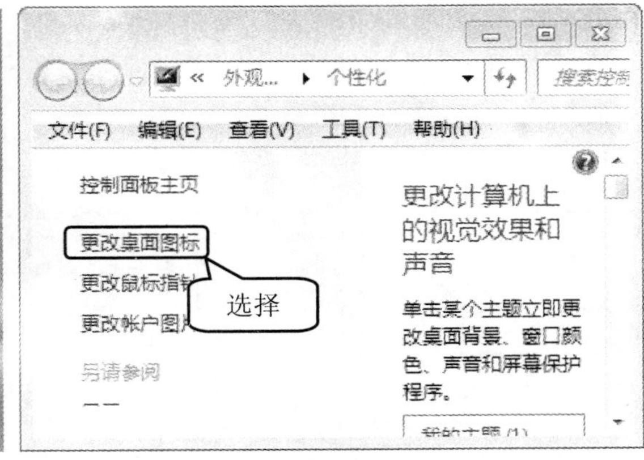

图 11-25

第 3 步 弹出【桌面图标设置】对话框，①选中【计算机】复选框；②单击【确定】

按钮，这样即可完成找回“计算机”图标的操作，如图 11-26 所示。

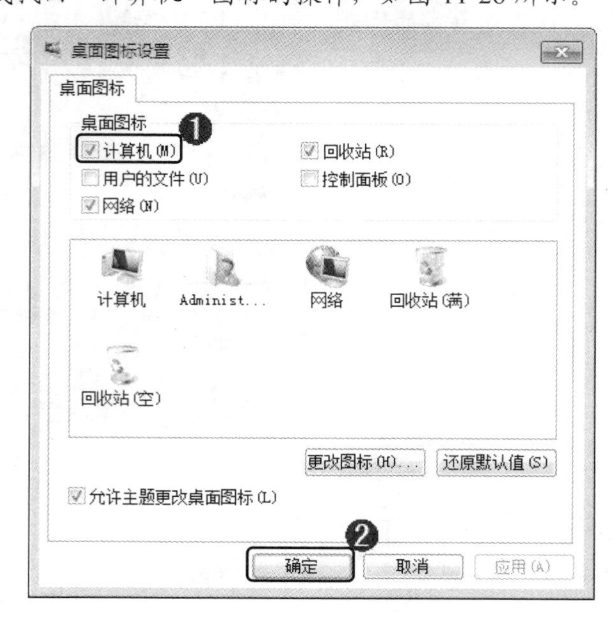

图 11-26

第 4 步 重复以上步骤也可以完成【回收站】和【网络】图标的找回，这里不再赘述。

11.1.10 无法更换桌面背景

如果出现桌面背景无法更换，首先要查杀病毒，如果不是电脑病毒的原因那么可以尝试以下方法，下面详细介绍具体步骤。

第 1 步 在 Windows 系统中，①单击左下角的【开始】按钮；②在弹出的开始菜单文本框中输入“轻松访问中心”，按下 Enter 键，如图 11-27 所示。

第 2 步 弹出【轻松访问中心】窗口，选择【使计算机更易于查看】选项，如图 11-28 所示。

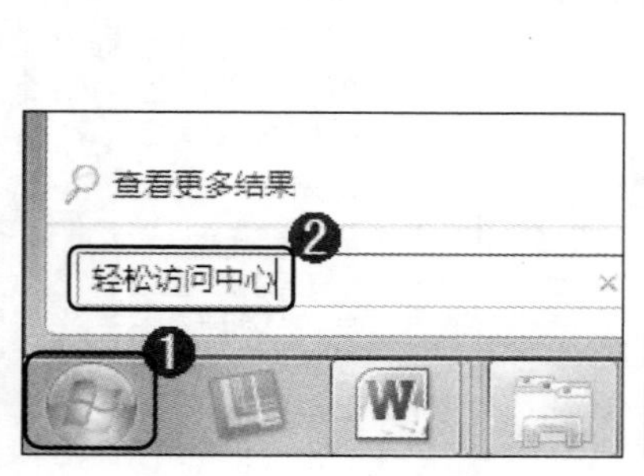

图 11-27

图 11-28

第 3 步 进入【使计算机更易于查看】界面，①取消选中【删除背景图像(如果有)】

复选框；②单击【确定】按钮，这样即解决了无法更换桌面背景的问题，如图 11-29 所示。

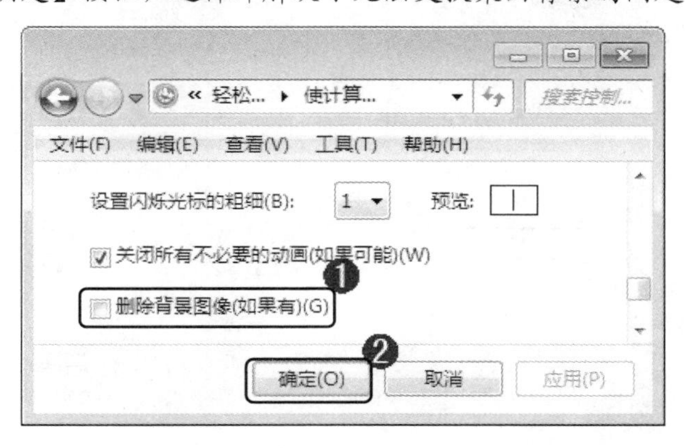

图 11-29

11.2　Office 办公软件故障排除

Office 办公软件是微软公司推出的办公软件，其中包括常用的 Word、Excel、Access、Powerpoint、FrontPage 等组件，在使用这些组件的过程会出现各种各样的故障，本节将详细介绍这些组件在使用过程中，出现故障的排除方法。

11.2.1　修复损坏的 Word 文件

办公软件在使用过程中，难免会因为解压缩或者 U 盘存档等问题出现损坏的文件，下面以 Word 2010 为例详细介绍修复损坏文件的具体步骤。

第 1 步 打开 Word 2010 程序，①选择【文件】选项卡；②在【文件】选项卡中选择【打开】选项，如图 11-30 所示。

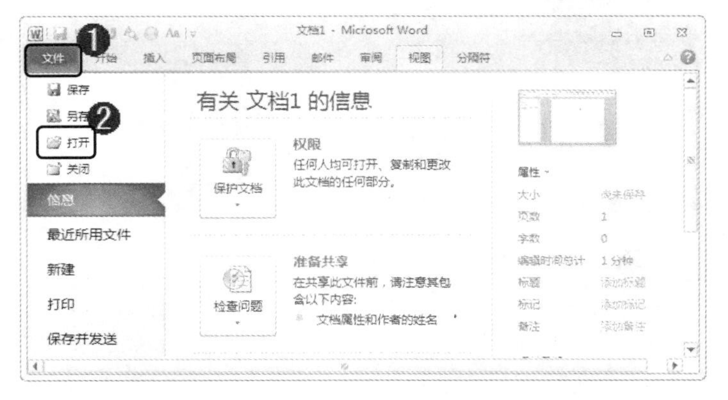

图 11-30

第 2 步 弹出【打开】对话框，①选择需要修复的文档文件；②单击【打开】下拉按钮；③在弹出的下拉列表框中选择【打开并修复】选项，这样即完成了文档文件的修复，如图 11-31 所示。

图 11-31

11.2.2 复制粘贴后的文本前后不一致

在使用 Word 的时候难免会遇到复制粘贴的情况，有时候复制过来的文本与前文的字体是不一样的，出现这样的问题可以通过格式跟踪选项来解决。下面详细介绍如何使用格式跟踪解决问题。

第 1 步 打开 Word 2010 程序，①选择【文件】选项卡；②在【文件】选项卡中单击【选项】选项，如图 11-32 所示。

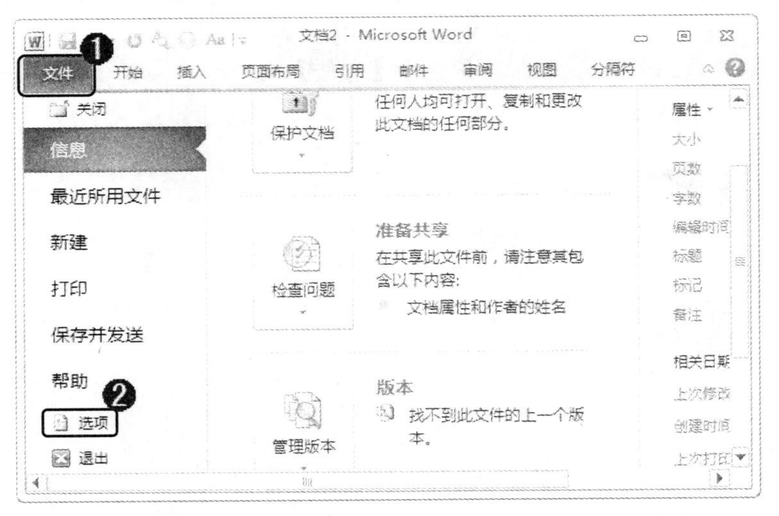

图 11-32

第 2 步 弹出【Word 选项】对话框，①选择【高级】选项卡；②选中【保持格式跟踪】复选框；③单击【确定】按钮，这样即解决了复制粘贴后文本前后不一样的问题，如图 11-33 所示。

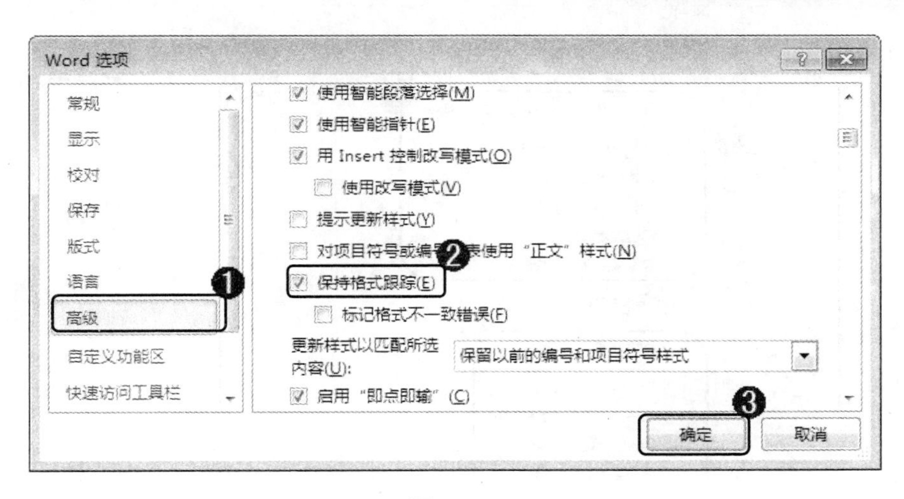

图 11-33

11.2.3　去掉 Word 中的红绿线

在使用 Word 的时候经常会在文本的下方出现红色或者绿色的波浪线，红色波浪线表示错误的单词或者标点符号；绿色的波浪线表示语法错误。但是出现红绿线不是很美观，下面将详细介绍如何去除红绿线。

第 1 步　打开 Word 2010 程序，①选择【文件】选项卡；②在【文件】选项卡中单击【选项】选项，如图 11-34 所示。

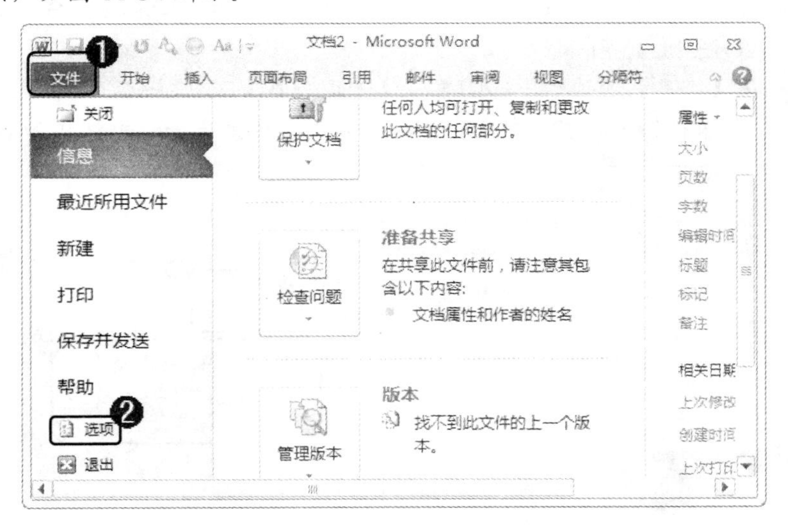

图 11-34

第 2 步　弹出【Word 选项】对话框，①选择【校对】选项卡；②取消选中【在 Microsoft Office 程序中更正拼写时】区域中所有复选框；③取消选中【在 Word 中更正拼写和语法时】区域中所有复选框；④单击【确定】按钮，这样即可以解决红绿线的问题，如图 11-35 所示。

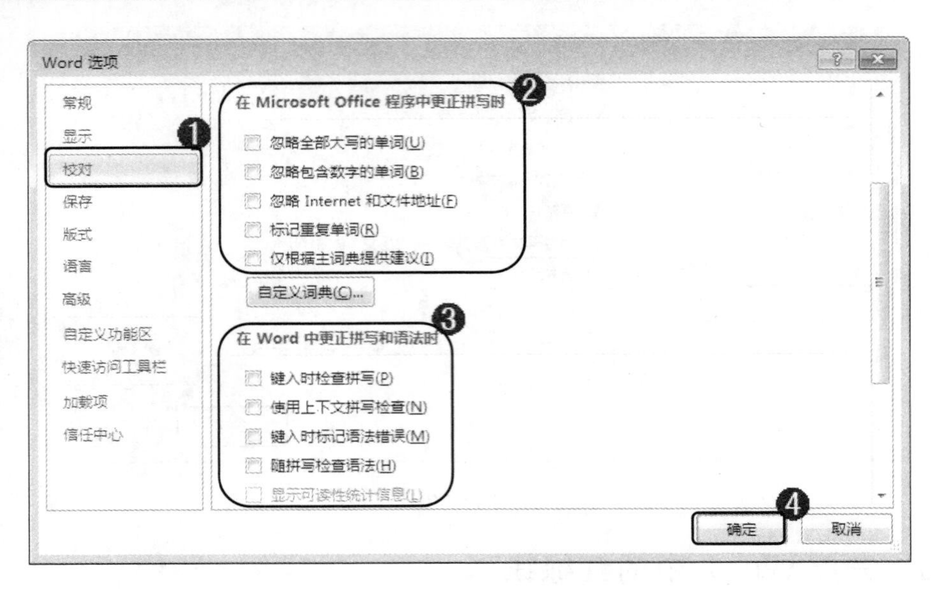

图 11-35

11.2.4 恢复未保存的 Word 文档

在使用 Word 的时候，有时候会遇到断电或者误操作而造成文档未保存，用户可以尝试使用信息工具，恢复未保存的文档文件。下面将详细介绍具体操作步骤。

第 1 步 打开 Word 2010 程序，①选择【文件】选项卡；②在【文件】选项卡中选择【信息】选项，如图 11-36 所示。

第 2 步 在【信息】选项卡中，①单击【管理版本】下拉按钮；②在弹出的下拉列表框中选择【恢复未保存的文档】菜单项，这样即完成了恢复未保存文档，如图 11-37 所示。

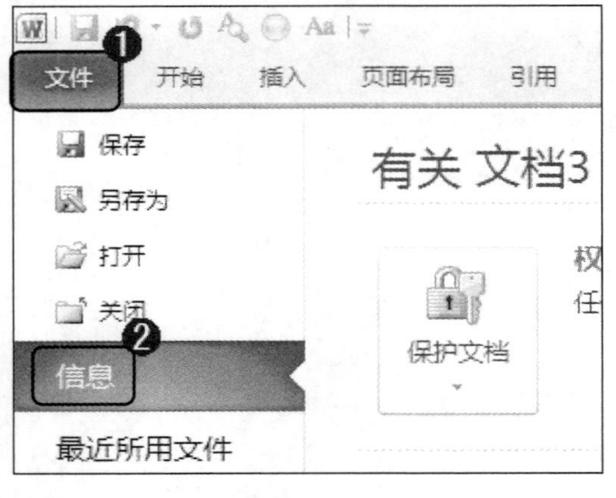

图 11-36

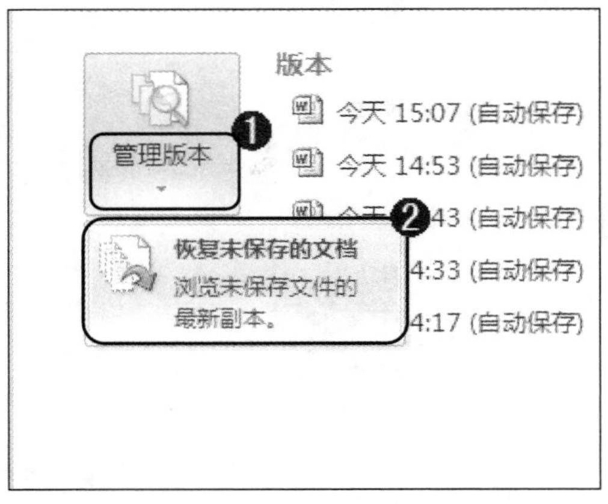

图 11-37

11.2.5 Excel 不能求和

使用 Excel 过程中更改字段的数值，而求和字段中，所有单元格中的数值没有随之变化，造成了不能求和运算，下面详细介绍具体解决方法。

第 1 步 打开 Excel 程序，①选择【文件】选项卡；②选择【选项】选项，如图 11-38 所示。

第 2 步 弹出【Excel 选项】对话框，①选择【公式】选项卡；②选择【计算选项】区域中的【自动重算】单选按钮；③单击【确定】按钮，这样即可以解决 Excel 不能求和的问题，如图 11-39 所示。

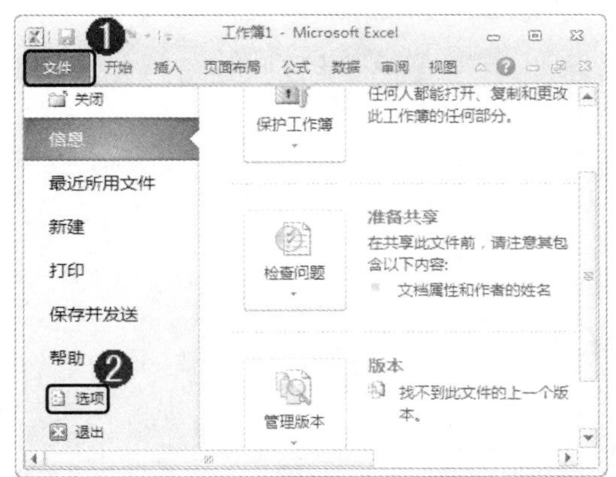

图 11-38

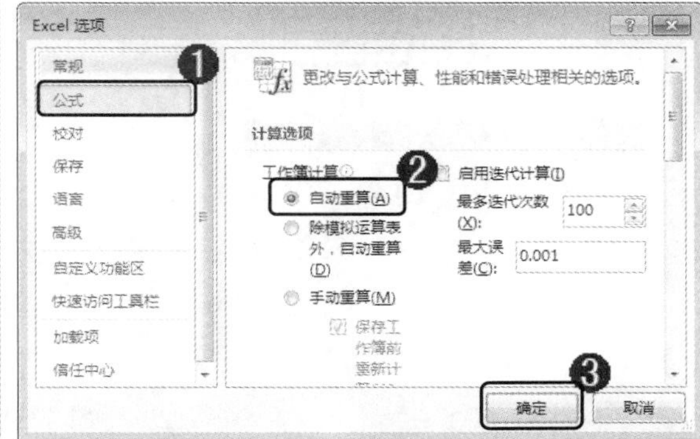

图 11-39

11.2.6　Excel 中出现“＃DIV/0！”错误信息

使用 Excel 过程中，经常会出现“＃DIV/0！”错误信息，这是因为在函数公式中使用“0”作为除数、在公式中使用了空白格作为除数或者包含零值单元格的单元格引用。则可以通过修改单元格引用和输入不为“0”的数值即可解决。

11.2.7　Excel 中出现“＃VALUE！”错误信息

在使用 Excel 过程中出现“＃VALUE！”错误信息，需要用户检查是否参数使用不正确、是否运算符使用不正确、是否执行“自动更正”命令时不能更正错误和是否需要输入数字或逻辑值时输入了文本信息，检查以上信息可以解决“＃VALUE！”错误信息问题。

11.2.8　单元格内输入文字不自动换行

使用 Excel 过程中，在一个单元格中输入文字，当超出该单元格宽度时，程序并不自动换行，而是在同一行内继续输入，这样既不方便同时也影响美观，用户可以通过更改设置来解决此问题，下面详细介绍具体步骤。

第 1 步 打开 Excel 程序，①右击准备设置自动换行的单元格；②在弹出的快捷菜单中选择【设置单元格格式】菜单项，如图 11-40 所示。

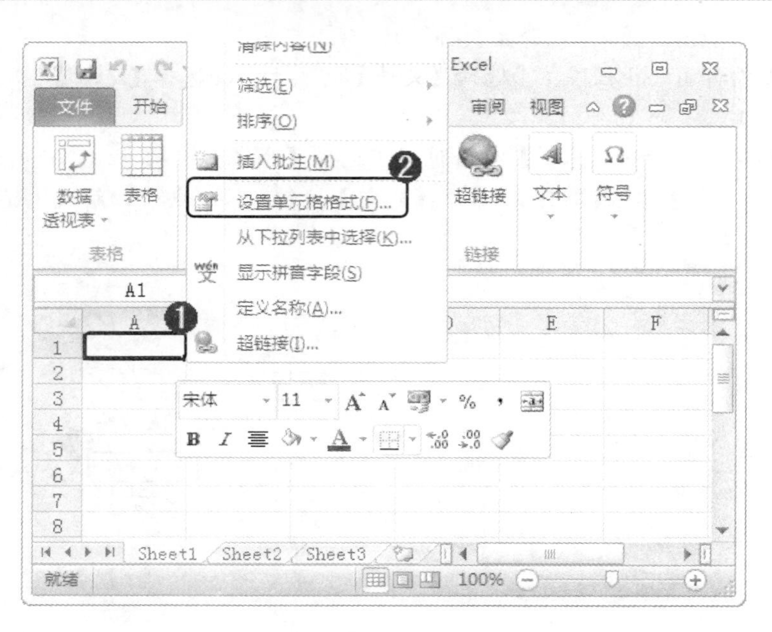

图 11-40

第 2 步 弹出【设置单元格格式】对话框，①选择【对齐】选项卡；②在【文本控制】区域中选中【自动换行】复选框；③单击【确定】按钮，这样即可解决单元格内输入文字不自动换行的问题，如图 11-41 所示。

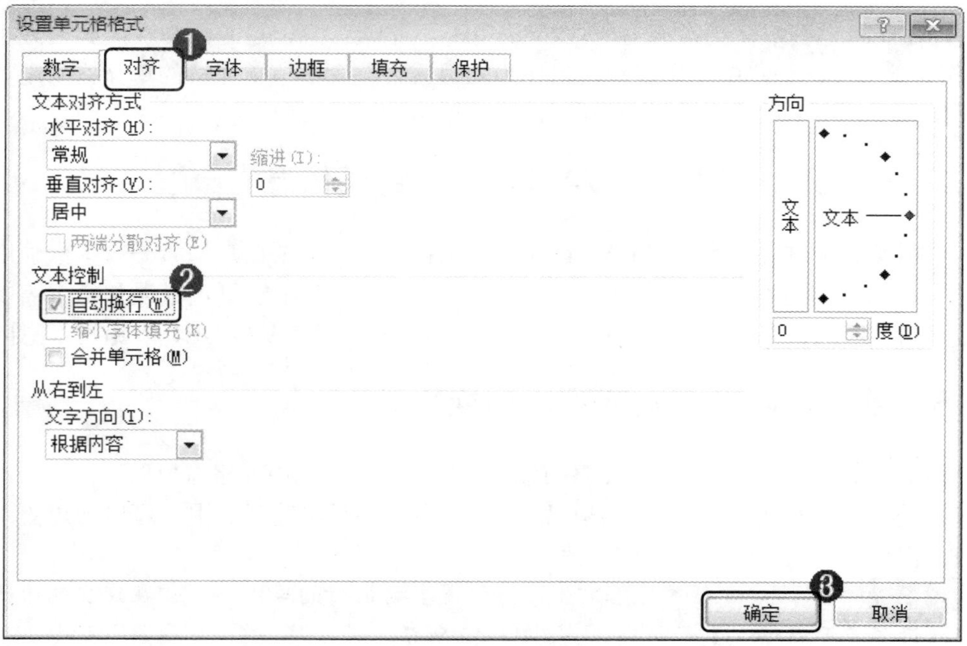

设置单元格格式
数字 对齐 字体 边框 填充 保护
文本对齐方式
水平对齐(H)：常规
缩进(I)：0
垂直对齐(V)：居中
两端分散对齐(E)
文本控制
自动换行(W)
缩小字体填充(K)
合并单元格(M)
从右到左
文字方向(T)：根据内容
方向
文本
0 度(D)
确定 取消

图 11-41

11.2.9　找回演示稿原来的字体

使用 PowerPoint 的过程中，如果将演示稿复制到另一台电脑播放，经常会出现字体不同的现象，影响演示效果的现象。出现此问题，用户可以通过嵌入字体的方法来解决，下面详细介绍嵌入字体的详细步骤。

第 1 步　打开 PowerPoint 程序，①选择【文件】选项卡；②选择【选项】选项，如图 11-42 所示。

第 2 步　弹出【PowerPoint 选项】对话框，①选择【保存】选项；②在【共享此演示文稿时保持保真度】区域中选中【将字体嵌入文件】复选框；③选择【仅嵌入演示文稿中使用的字符(适于减小文件大小)】单选按钮；④单击【确定】按钮，这样即解决了该问题，如图 11-43 所示。

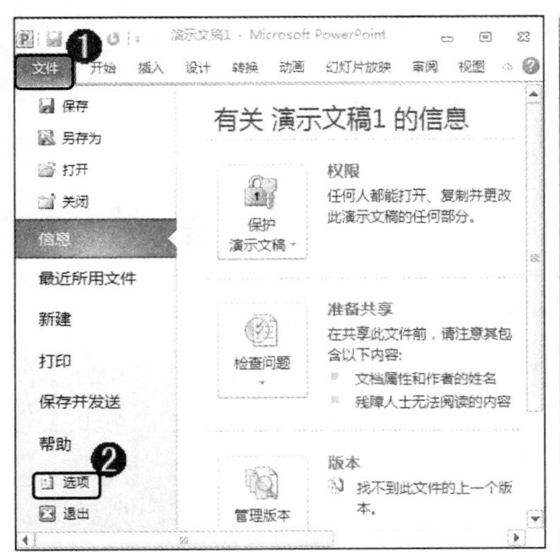

图 11-42

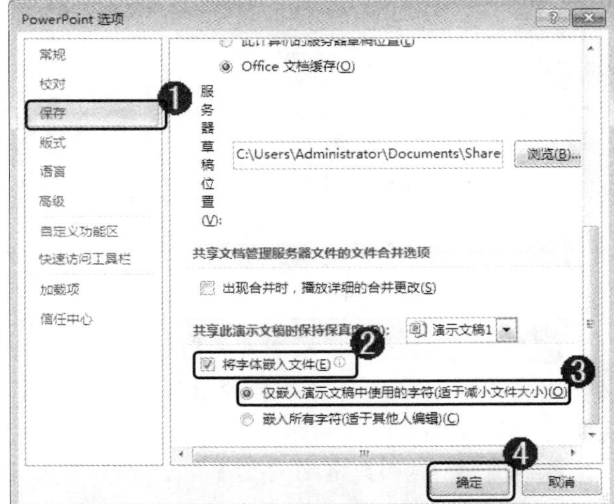

图 11-43

11.2.10　演示稿文件容量太大

使用 PowerPoint 过程中，经常会出现生成的演示稿容量过大的现象，这是因为在演示稿中插入的图片文件和音频文件过大造成的，用户可以通过更改图片文件和音频文件的格式以及压缩图片的方法解决，下面详细介绍一下解决此问题的具体步骤。

1. 更改图片和音频格式

在制作演示稿的过程中，尽量不要使用 BMP 格式的图片文件，用户可以选择使用 JPEG 格式的图片文件，或者通过一些格式转换软件，将 BMP 格式的图片文件转换为 JPEG 格式的图片文件，以便减小演示稿容量的大小；在选择音频方面，用户可以选择 MIDI 格式的音频，尽量不要使用 WAV 等格式的音频文件，如果使用 WAV 等格式的音频文件，会使演示稿的容量变大。

2. 压缩演示稿图片

在制作演示稿的时候，如果使用的是 JPEG 格式的图片文件，但演示稿容量还存在过大的话，用户可以选择压缩图片来解决此问题，下面详细介绍具体操作步骤。

第 1 步 打开 PowerPoint 程序，①选择【文件】选项卡；②选择【另存为】选项，如图 11-44 所示。

第 2 步 弹出【另存为】对话框，①单击【工具】下栏按钮；②在弹出的下拉列表中选择【压缩图片】选项，如图 11-45 所示。

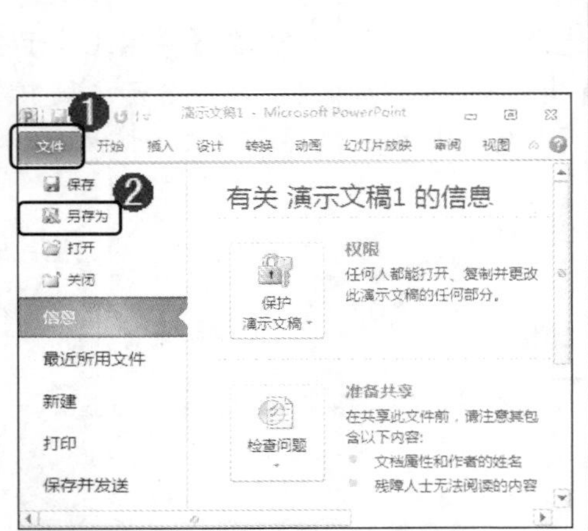

图 11-44

图 11-45

第 3 步 弹出【压缩图片】对话框，①选中【压缩选项】区域中的【删除图片的剪裁区域】复选框；②选择【目标输出】区域中的【电子邮件(96 ppi)】单选按钮；③单击【确定】按钮，如图 11-46 所示。

第 4 步 返回到【另存为】对话框，单击【保存】按钮，这样即完成了压缩演示稿图片，如图 11-47 所示。

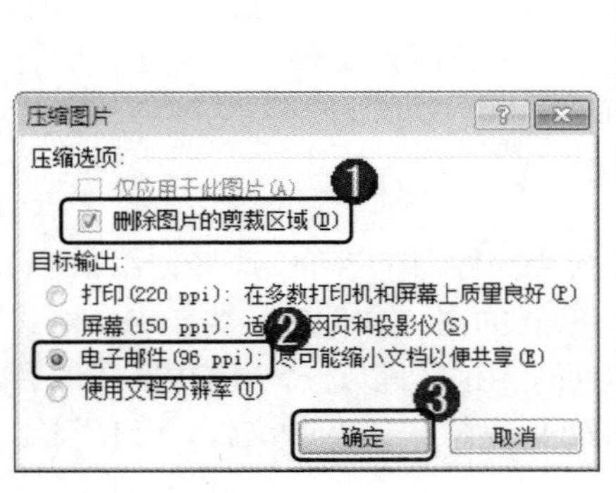

图 11-46

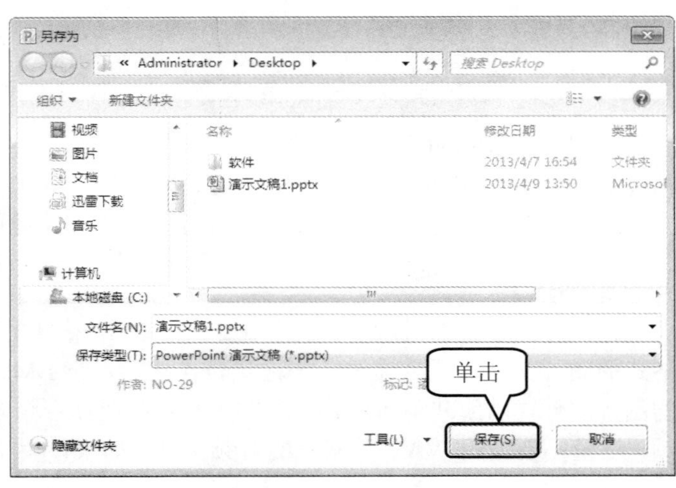

图 11-47

11.3 影音播放软件故障排除

听歌和看电影是电脑重要的娱乐功能，在听歌或者看电影的时候，会用到各种类型的播放器，掌握这些播放器的故障排除方法，有助于平时的使用，本节将详细介绍各种播放器故障排除的方法。

11.3.1 使用 Windows Media Player 时出现屏幕保护

使用 Windows Media Player 播放电影的时候，经常会在播放一段时间以后，出现屏幕保护程序，影响观看电影，下面详细介绍解决此问题的具体步骤。

第 1 步 打开 Windows Media Player 程序，①单击【组织】下拉按钮；②弹出下拉列表，选择【选项】选项，如图 11-48 所示。

第 2 步 弹出【选项】对话框，①选择【播放机】选项卡；②取消选中【播放时允许运行屏幕保护程序】复选框；③单击【确定】按钮，这样即解决此项问题，如图 11-49 所示。

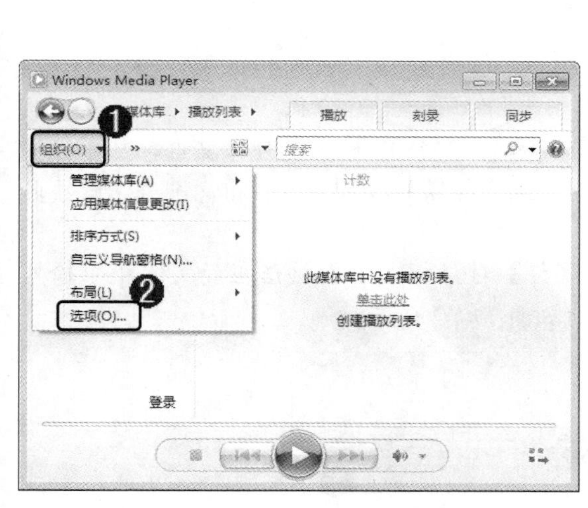

图 11-48

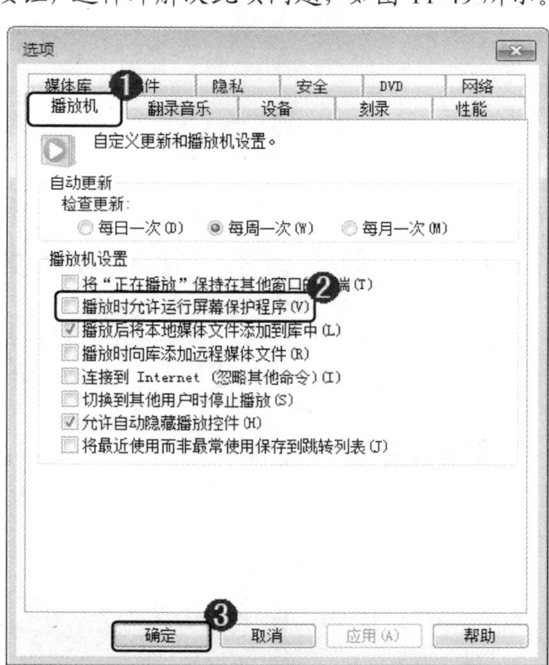

图 11-49

11.3.2 无法使用 Windows Media Player 在线听歌

在很多听歌网站上都在使用 Windows Media Player 在线听歌，有时候会出现准备就绪字样，这是因为设置不当造成的，下面将详细介绍解决此问题的具体步骤。

第 1 步 打开 Windows Media Player 程序，①单击【组织】下拉按钮；②弹出下拉列表，选择【选项】选项，如图 11-50 所示。

第 2 步 弹出【选项】对话框，①选择【播放机】选项卡；②选中【连接到 Internet(忽略其他命令)】复选框；③单击【确定】按钮，这样即解决此项问题，如图 11-51 所示。

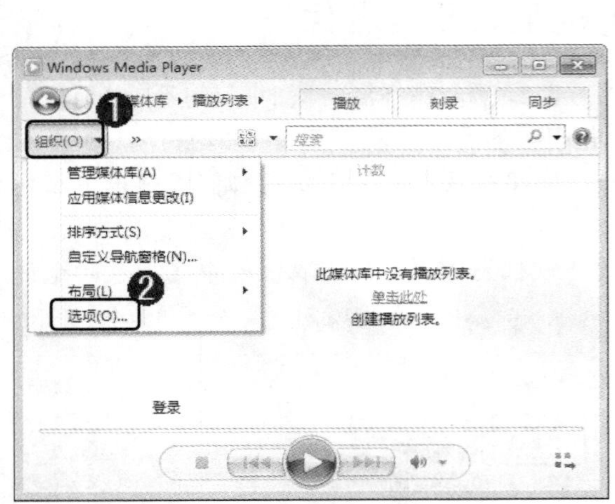

图 11-50

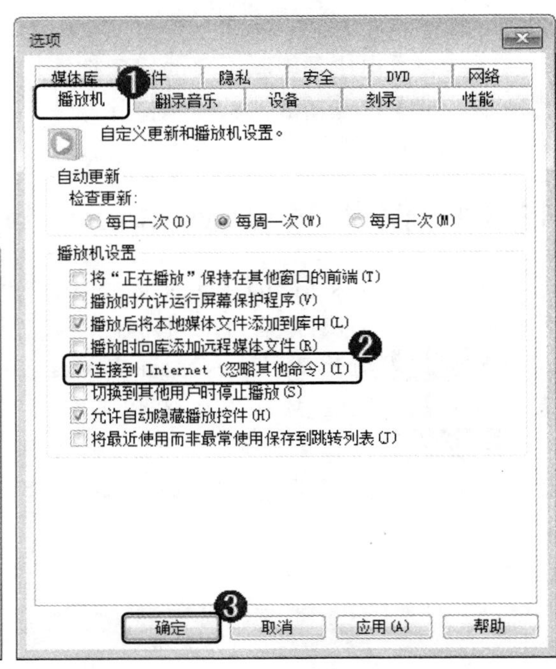

图 11-51

11.3.3 暴风影音不能播放 AVI 文件

使用暴风影音的时候，用户会遇到可以播放 RM、RMVB 格式的视频文件，却不能播放 AVI 格式的视频文件，这是因为 quartz.dll 文件尚未注册的缘故，下面将详细介绍解决此问题的具体步骤。

第 1 步 按下 Win+R 组合键，弹出【运行】对话框，①在对话框的文本框中输入“regsvr32 quartz.dll”；②单击【确定】按钮，如图 11-52 所示。

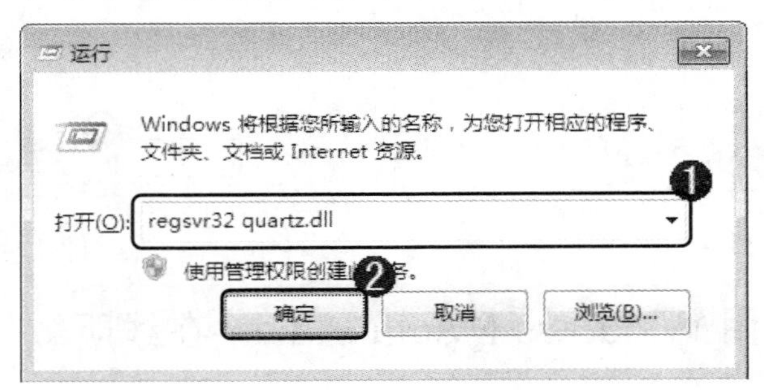

图 11-52

第 2 步 弹出 RegSvr 32 对话框，显示“DllRegisterServer 在 quartz.dll 已成功”信息，这样即解决暴风影音不能播放 AVI 文件的问题，如图 11-53 所示。

图 11-53

11.3.4　使用 KMPlayer 播放 MKV 文件时花屏

使用 KMPlayer 软件过程中，播放 MKV 格式高清视频时，在切换声道的时候，会出现花屏现象，这是因为没有正确设置 Matroska 的缘故，下面详细介绍解决此问题的具体操作步骤。

第 1 步 打开 KMPlayer 程序，①在 KMPlayer 主界面任意位置右击；②弹出快捷菜单，选择【选项】菜单项；③弹出子菜单，选择【参数设置】子菜单项，如图 11-54 所示。

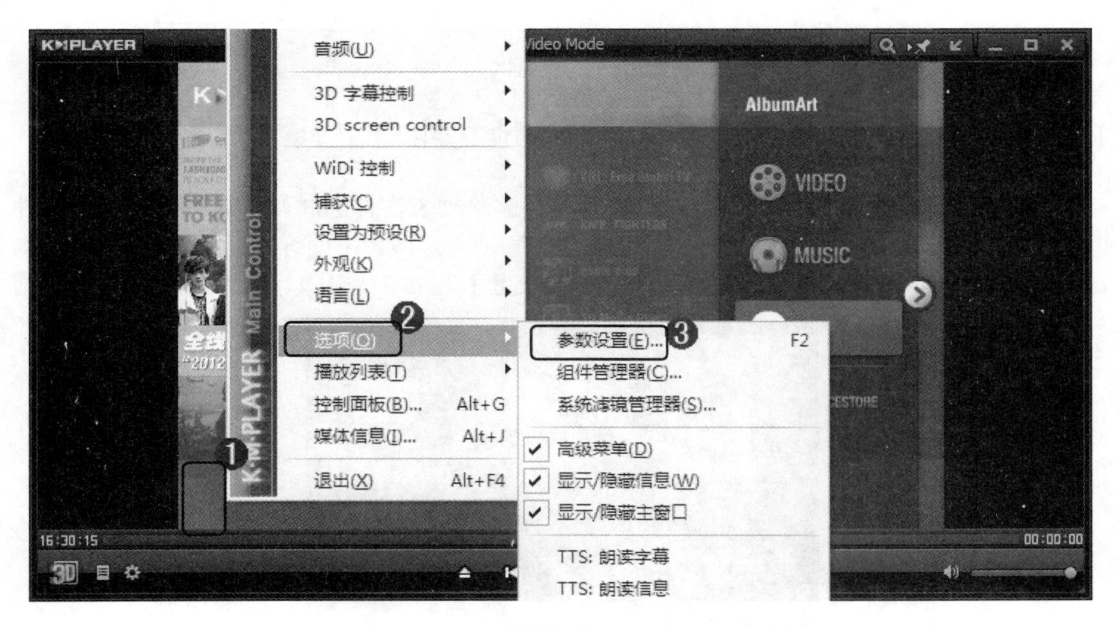

图 11-54

第 2 步 弹出【参数设置】对话框，①选择【滤镜控制】选项；②选择【分离器】子选项；③选择【常规】选项卡；④在 Matroska 区域中选择 Gabest MKV Splitter 下拉列表项；⑤单击【关闭】按钮，这样即解决了使用 KMPlayer 播放 MKV 文件时花屏的问题，如图 11-55 所示。

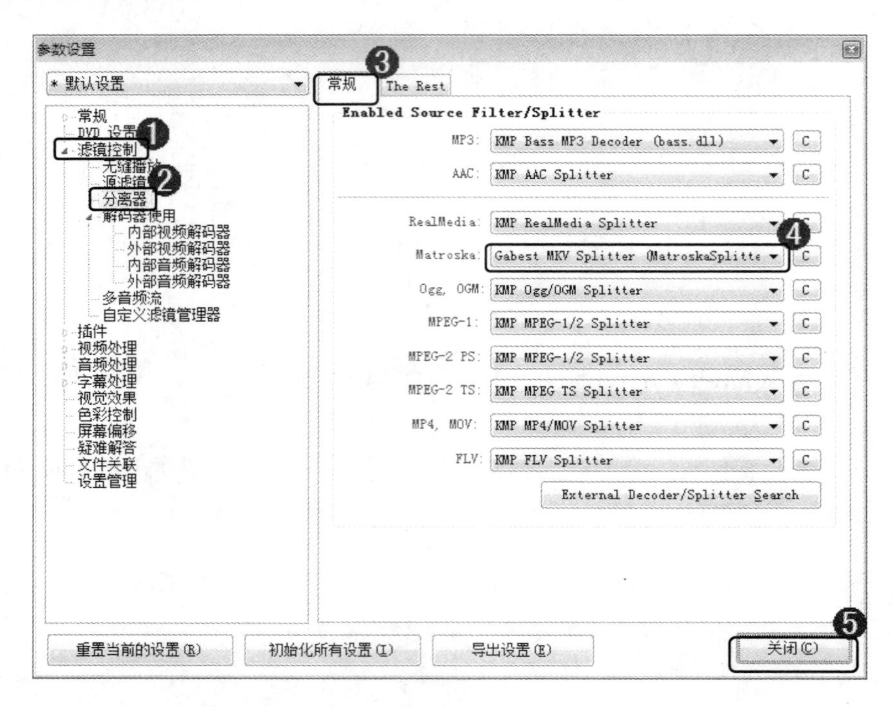

图 11-55

11.3.5 千千静听删除列表时删除本地文件

在使用千千静听的过程中，用户可能会遇到删除列表文件的时候，连带本地音频文件也删除了，解决这个问题可以通过设置播放列表选项来达成，下面详细介绍具体操作步骤。

第 1 步 打开【千千静听】程序，单击【设置】按钮，如图 11-56 所示。

图 11-56

第 2 步 弹出【千千静听-选项】对话框，①选择【播放列表】选项卡；②选中【禁用磁盘文件删除功能】复选框；③单击【全部保存】按钮；④单击【关闭】按钮，这样即解决了此问题，如图 11-57 所示。

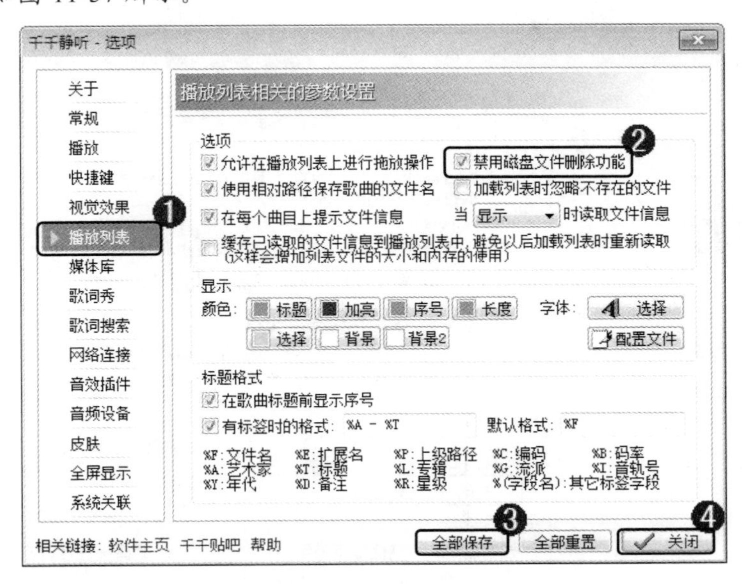

图 11-57

11.3.6　RealPlayer 在线观看视频加载频繁

在使用 RealPlayer 观看在线视频的时候，经常会出现，已经缓冲好的视频，还是反复地提示“缓冲”或者“正在通信”信息，下面详细介绍解决此问题的具体步骤。

第 1 步 打开 RealPlayer 程序，①单击 RealPlayer 下拉按钮；②弹出下拉菜单，选择【首选项】菜单项，如图 11-58 所示。

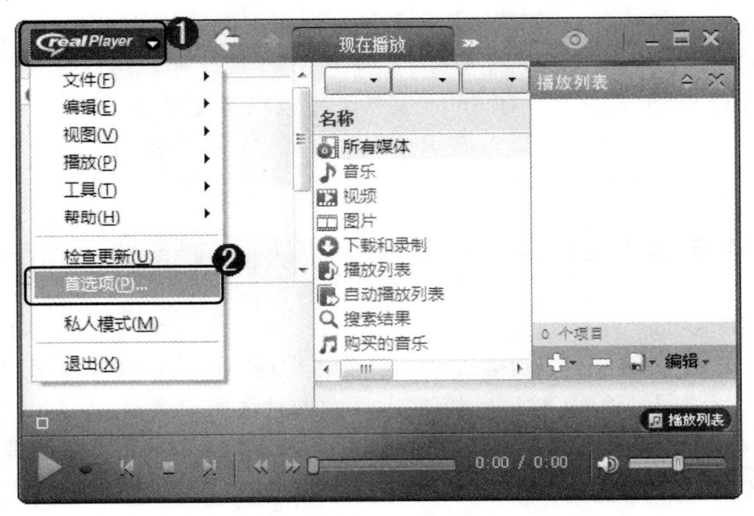

图 11-58

第 2 步 弹出【首选项】对话框，①选择【常规】选项；②选择【播放设置】子选项；③在 TurboPlay 区域中选中【启用 TurboPlay】复选框；④单击【确定】按钮，这样即解决了此问题，如图 11-59 所示。

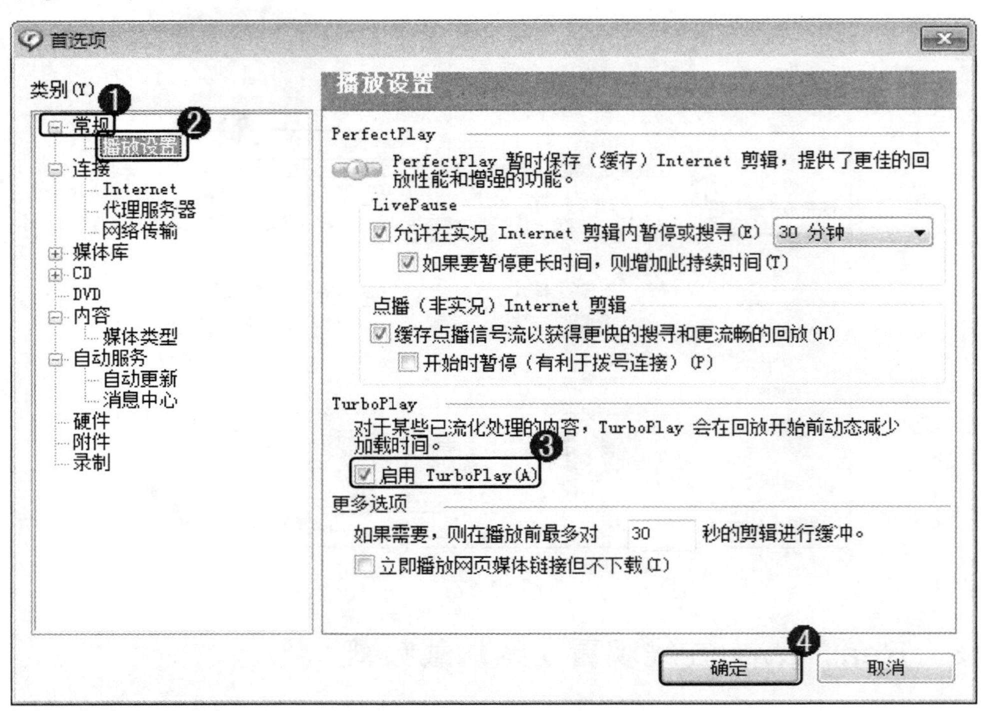

图 11-59

11.3.7 新安装的 RealPlayer 不能启动

安装了新版的 RealPlayer，安装过程很顺利，但却不能启动 RealPlayer，这是因为，卸载上一个版本的时候没有卸载干净造成的。要解决这个问题，用户可以打开 RealPlayer 的安装目录，双击打开 Setup 文件夹，在 Setup 文件夹中，双击使用 RealPlayer 自带的卸载程序 r1pclean.exe 完成卸载。卸载后重新安装 RealPlayer 程序，用户就可以解决 RealPlayer 不能启动的问题。

11.3.8 无法使用 Foobar 2000 作为默认播放器

音频播放器 Foobar 的音效目前是最好的播放器之一，通常会选择 Foobar 作为默认音频播放器，而刚刚安装的 Foobar 2000，却不能关联本地磁盘的音频文件，用户可以通过设置文件关联来解决此问题，下面详细介绍解决此问题的具体操作步骤。

第 1 步 打开 Foobar 2000 程序，①单击菜单栏中的【文件】菜单；②在弹出的菜单中选择【参数选项】菜单项，如图 11-60 所示。

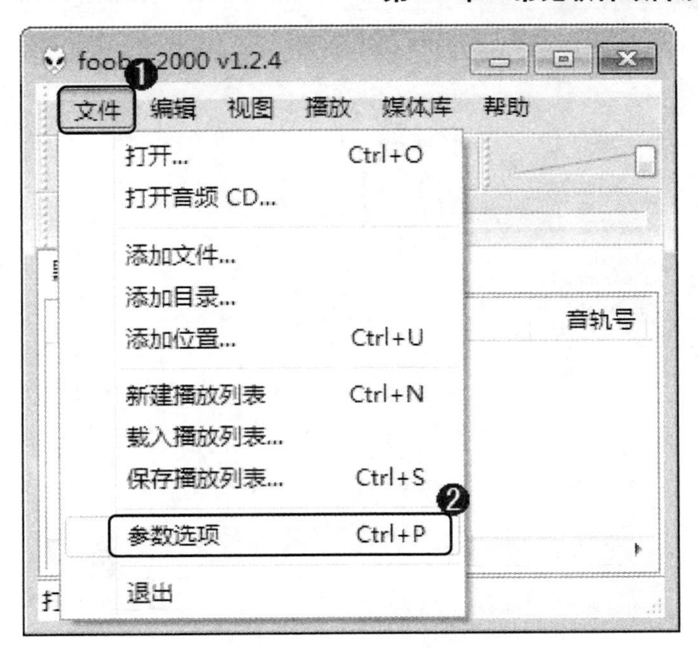

图 11-60

第 2 步 弹出【参数选项】对话框，①选择【外壳互交】选项；②单击【管理文件关联】链接项，如图 11-61 所示。

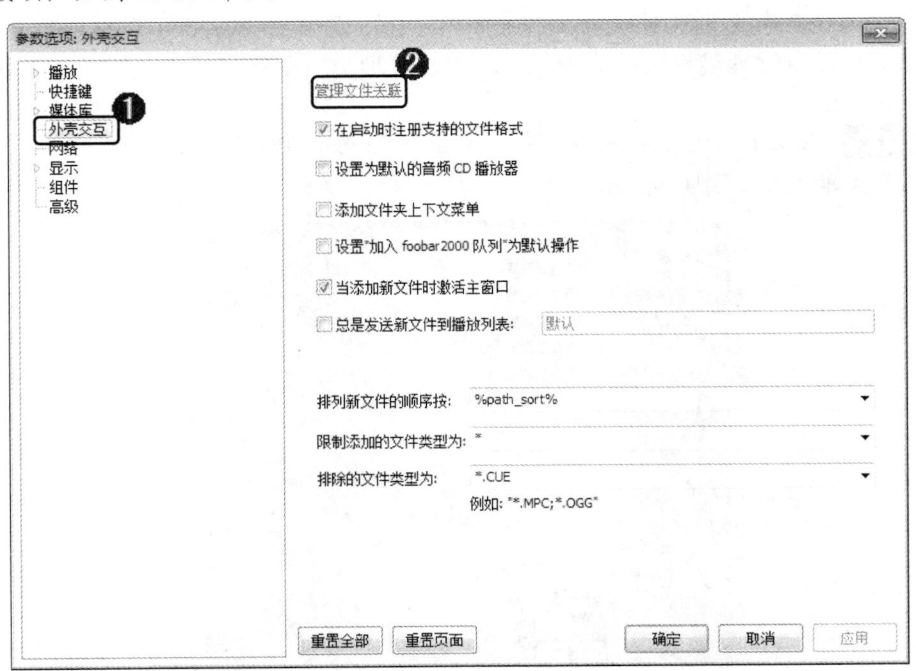

图 11-61

第 3 步 弹出【设置程序关联】窗口，①在【设置程序的关联】区域中选中【全选】复选框；②单击【保存】按钮，这样即可解决此问题，如图 11-62 所示。

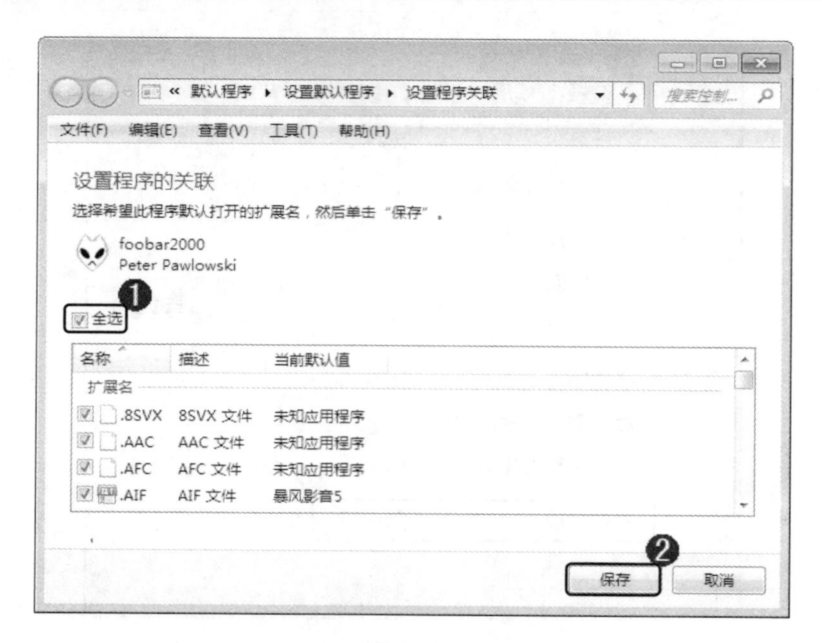

图 11-62

11.3.9 Foobar 2000 提示“无法访问配置文件目录”

在 Windows 7 系统中使用 Foobar 2000，可能会出现“无法访问配置文件目录”信息，这是因为用户没有管理员权限的原因，通过增加管理员权限即可解决此问题，下面详细介绍具体操作步骤。

第 1 步 在 Windows 7 系统桌面中，①右击 Foobar 2000 图标；②弹出快捷菜单，选择【属性】菜单项，如图 11-63 所示。

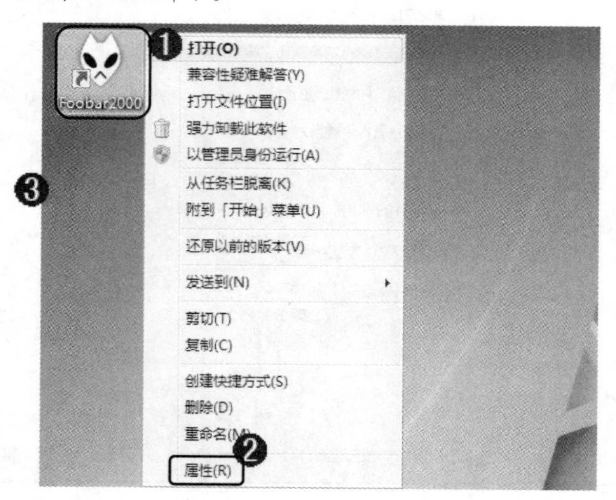

图 11-63

第 2 步 弹出【Foobar 2000 属性】对话框，①选择【兼容性】选项卡；②在【特权等级】区域中选中【以管理员身份运行此程序】复选框；③单击【确定】按钮，这样即可解决此问题，如图 11-64 所示。

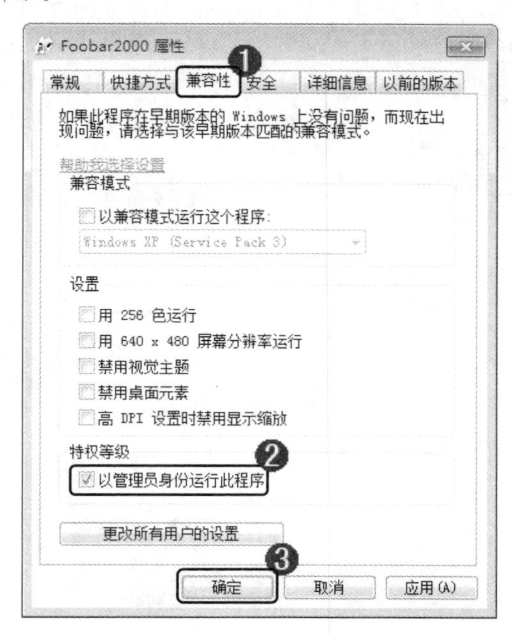

图 11-64

11.3.10　使用 Winamp 播放音频显示“已停止工作”

在 Windows 7 系统中使用 Winamp 播放器播放音频，有时候会出现提示“Winamp 已停止工作”信息，这是因为 Winamp 使用了 Gracenote 插件服务的原因，取消使用 Gracenote 插件服务可以解决此问题。如果需要用到 Gracenote 插件服务，用户可以通过设置权限来解决此问题，这里以 SYSTEM 用户为例，下面详细介绍具体操作步骤。

第 1 步 在 Windows 7 系统桌面中，①右击 Winamp 图标；②弹出快捷菜单，选择【属性】菜单项，如图 11-65 所示。

图 11-65

第 2 步 弹出【Winamp 属性】对话框，①选择【安全】选项卡；②在【组或用户名】

区域中选择 SYSTEM 选项；③单击【编辑】按钮，如图 11-66 所示。

第 3 步 弹出【Winamp 权限】对话框，①取消选中【SYSTEM 的权限】区域中【拒绝】下方所有的复选框；②单击【确定】按钮，这样即可解决此问题，如图 11-67 所示。

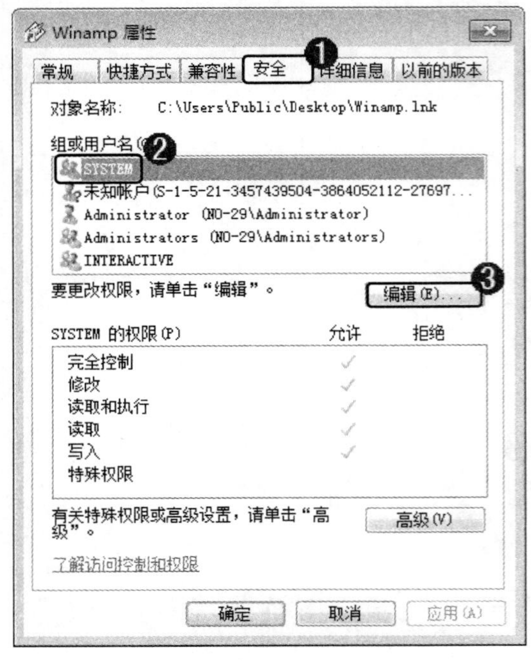

图 11-66

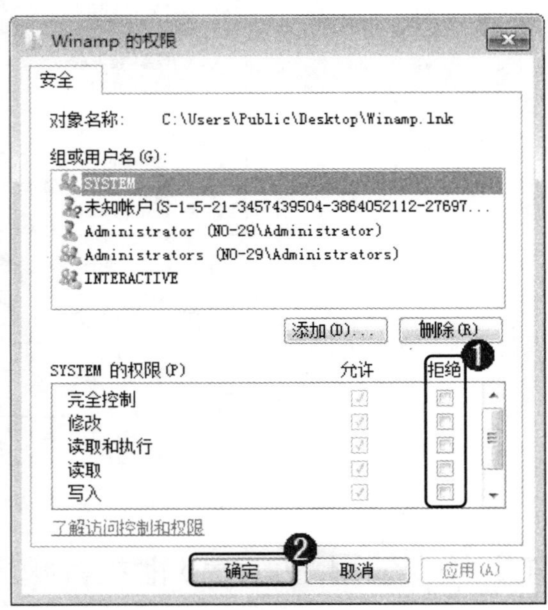

图 11-67

智慧锦囊

在 Windows 7 系统中有很多影音软件，用户都可以通过增加权限或者以管理员身份运行来解决在运行中的一些小故障。

11.4 常见工具软件故障排除

随着网络的飞速发展，日常应用的工具软件也日渐增多，常用的工具软件随着使用，会出现各种各样的故障，本节将详细介绍常见工具软件故障排除的方法和技巧。

11.4.1 迅雷下载速度慢

在使用迅雷的过程中，经常会出现热门资源下载速度很慢的问题，这不是因为网络中的资源太少造成的，用户可以通过设置原始线程数量解决这一问题，下面详细介绍具体操作步骤。

第 1 步 打开【迅雷】程序，①右击【标题栏】区域；②弹出快捷菜单，选择【配置中心】菜单项，如图 11-68 所示。

图 11-68

第 2 步 进入【配置中心】界面，①在【配置中心】区域中选择【我的下载】选项；②选择【任务默认属性】子选项；③在【其他设置】区域中的【原始地址线程数】文本框处，输入“10”；④单击【应用】按钮，这样即可解决此问题，如图 11-69 所示。

图 11-69

11.4.2　下载文件时不主动弹出迅雷

安装迅雷以后，下载文件的时候迅雷不主动弹出，这是因为浏览器关联失效的缘故，

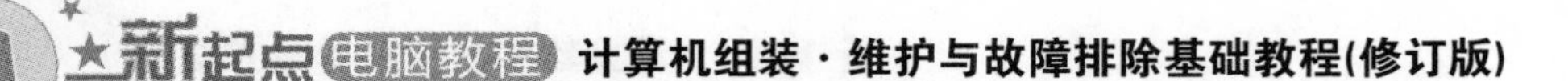

用户可以通过修复浏览器关联来解决问题，下面详细介绍具体操作步骤。

第 1 步 打开【迅雷】程序，①右击【标题栏】区域；②弹出快捷菜单，选择【配置中心】菜单项，如图 11-70 所示。

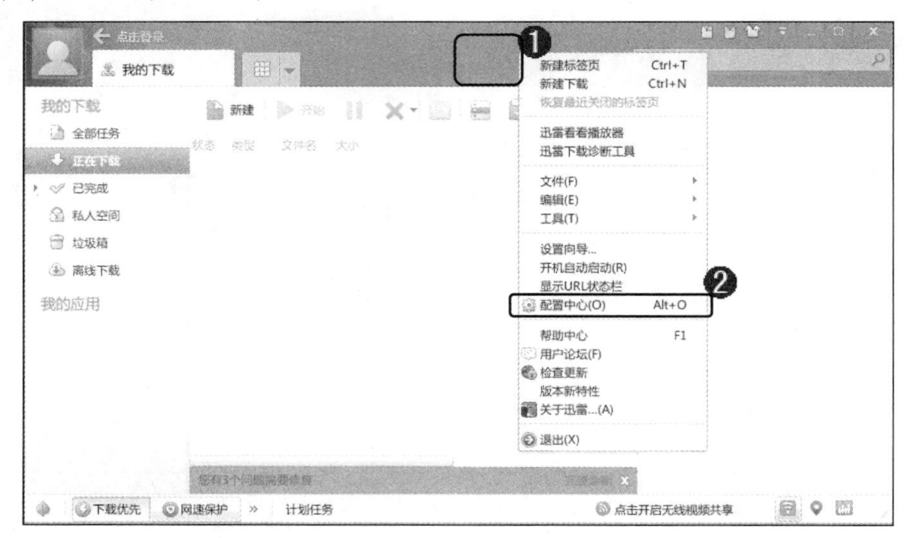

图 11-70

第 2 步 进入【配置中心】界面，①在【配置中心】区域中选择【我的下载】选项；②选择【监视设置】子选项；③在【监视对象】区域中单击【修复浏览器关联】按钮；④单击【应用】按钮，这样即可解决此问题，如图 11-71 所示。

图 11-71

11.4.3 去掉快车 FlashGet 弹出的广告

使用快车 FlashGet 软件的过程中，每次打开程序都会弹出广告，用户可以通过取消推荐设置来解决这一问题，下面详细介绍具体操作步骤。

第 1 步 打开【快车 FlashGet】程序，①单击菜单栏中的【工具】菜单；②弹出菜单，选择【选项】菜单项，如图 11-72 所示。

图 11-72

第 2 步 弹出【选项】对话框，①选择【基本设置】选项；②选择【事件提醒】子选项；③取消选中【允许快车弹出推荐资源提示】复选框，这样即可解决此问题，如图 11-73 所示。

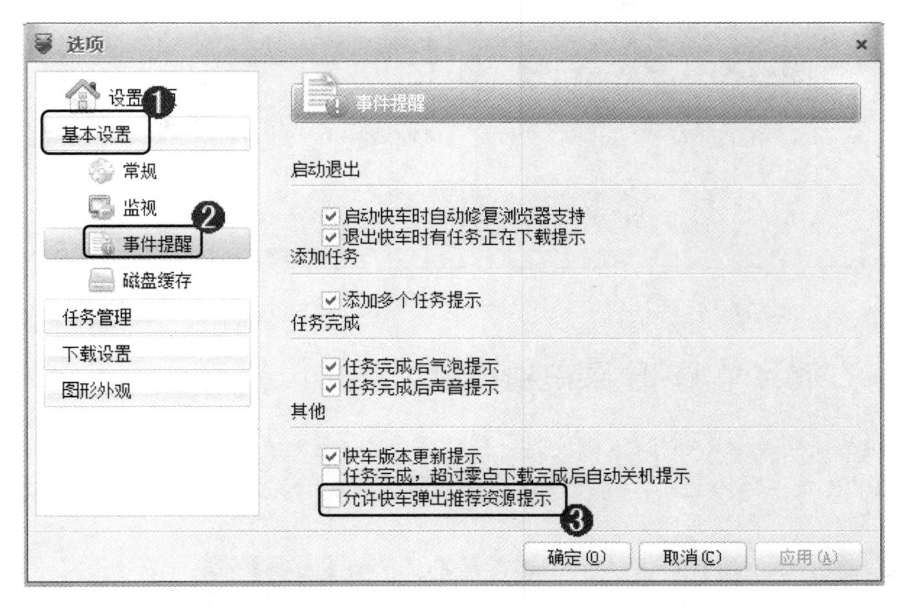

图 11-73

11.4.4 使用 WinRAR 提示“CRC 校验失败，文件被破坏”

使用 WinRAR 解压缩文件的时候，提示“CRC 校验失败，文件被破坏”，这是因为 WinRAR 的临时保存文件出了问题，用户可以通过打开操作系统所在分区下的 Documents and Settings\用户名\Local Settings\temp 文件夹，删除里面的“RAR$100.*”之类的文件夹，重新启动电脑即可。

11.4.5 无法调用其他程序打开压缩包中的文件

用户使用 WinRAR 打开压缩包，应该由系统调用相关的程序打开里面的文件，然而系统却调用 WinRAR 查看器打开文件，造成乱码等现象，这是因为程序错误设置了 WinRAR 查看器的缘故，通过设置关联程序可以解决这一问题，下面详细介绍具体操作步骤。

第 1 步 打开 WinRAR 程序，①选择菜单栏中的【选项】菜单；②弹出菜单，选择【设置】菜单项，如图 11-74 所示。

第 2 步 弹出【设置】对话框，①选择【查看器】选项卡；②在【查看器类型】区域中选中【关联程序】单选按钮；③单击【确定】按钮，这样即可解决此问题，如图 11-75 所示。

图 11-74

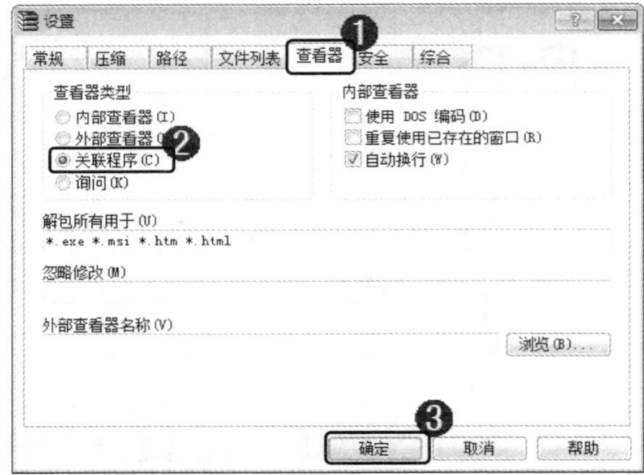

图 11-75

11.4.6 右键菜单 RAR 菜单项不见了

如果经常使用 WinRAR 解压缩文件，右键菜单中 RAR 菜单项是非常方便的，如果右键菜单中的 RAR 菜单项不见了，用户可以通过设置外壳整合来解决这一问题，下面详细介绍具体操作步骤。

第 1 步 打开 WinRAR 程序，①选择菜单栏中的【选项】菜单；②弹出菜单，选择【设置】菜单项，如图 11-76 所示。

第 2 步 弹出【设置】对话框，①选择【综合】选项卡；②在【外壳整合】区域中选中【把 WinRAR 整合到资源管理器中】复选框；③单击【确定】按钮，这样即可解决此问题，如图 11-77 所示。

图 11-76

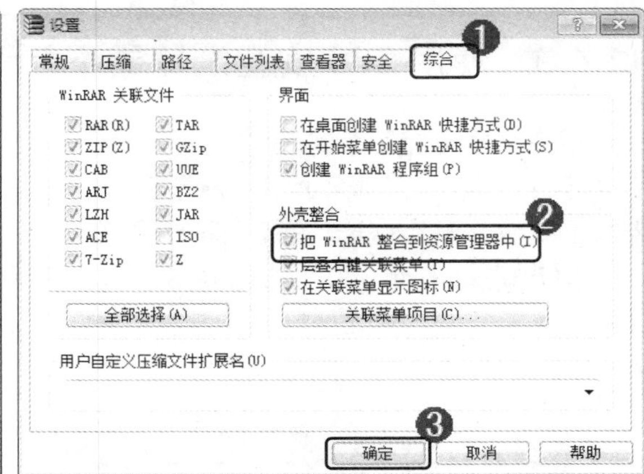

图 11-77

11.4.7　输入法图标不见了

输入法是电脑中最常见的程序之一，用户经常会因为误操作导致输入法图标不见了，通过执行一个简单的命令，就可以找回输入法图标。按下 Win+R 组合键，弹出【运行】对话框，在文本框处输入“ctfmon”，按下 Enter 键，这样即可解决此问题，如图 11-78 所示。

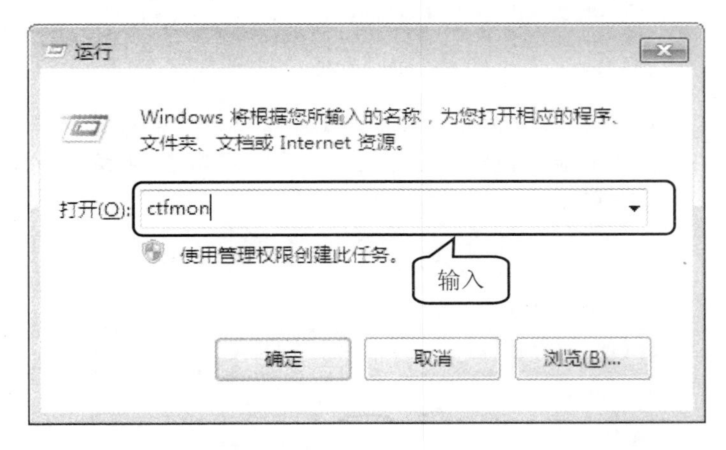

图 11-78

11.4.8　搜狗拼音输入法和游戏出现冲突

使用搜狗拼音输入法时，用户会发现在某些游戏里，使用搜狗拼音输入法输入文字的时候，会很卡且系统反应极慢，甚至会出现游戏直接关闭的情况。

这说明该游戏和搜狗拼音输入法有冲突，解决该问题的办法很简单，即更新到最新版本的搜狗拼音输入法或者使用其他输入法后，再玩此游戏。

11.4.9 使用 360 安全浏览器不能看在线视频

现在很多电脑上都安装了 360 安全浏览器，可在使用过程中，用户会遇到不能在线观看视频的现象，这是因为误操作或其他软件原因造成的。用户可以通过改变 360 安全浏览器页面设置来解决这一问题，下面详细介绍具体操作步骤，

第 1 步 打开 360 安全浏览器，①选择菜单栏中的【工具】菜单；②弹出菜单，选择【选项】菜单项，如图 11-79 所示。

图 11-79

第 2 步 进入【360 安全浏览器设置中心】，①选择【网页设置】选项；②在【网页内容】区域中取消选中【不显示视频】复选框，并重新启动【360 安全浏览器】，这样即可解决此问题，如图 11-80 所示。

图 11-80

第 3 步 重复以上步骤，也可解决使用【360 安全浏览器】中遇到的不显示图像、不显示 Flash 和不执行脚本等问题，这里不再赘述。

11.4.10　拒绝 QQ 陌生人信息

在使用 QQ 的过程中，经常会遇到陌生人发来 QQ 消息，非常影响 QQ 的正常使用，为了避免陌生人的打扰，解决这个问题可以通过设置临时会话来实现，下面将详细介绍具体操作步骤。

第 1 步 打开 QQ 程序，单击主界面左下方的【打开系统设置】按钮，如图 11-81 所示。

第 2 步 弹出【系统设置】对话框，①选择【权限设置】选项卡；②选择【临时会话】选项；③在【临时会话】区域中选中【不接受任何临时会话消息】复选框，这样即可解决此问题，如图 11-82 所示。

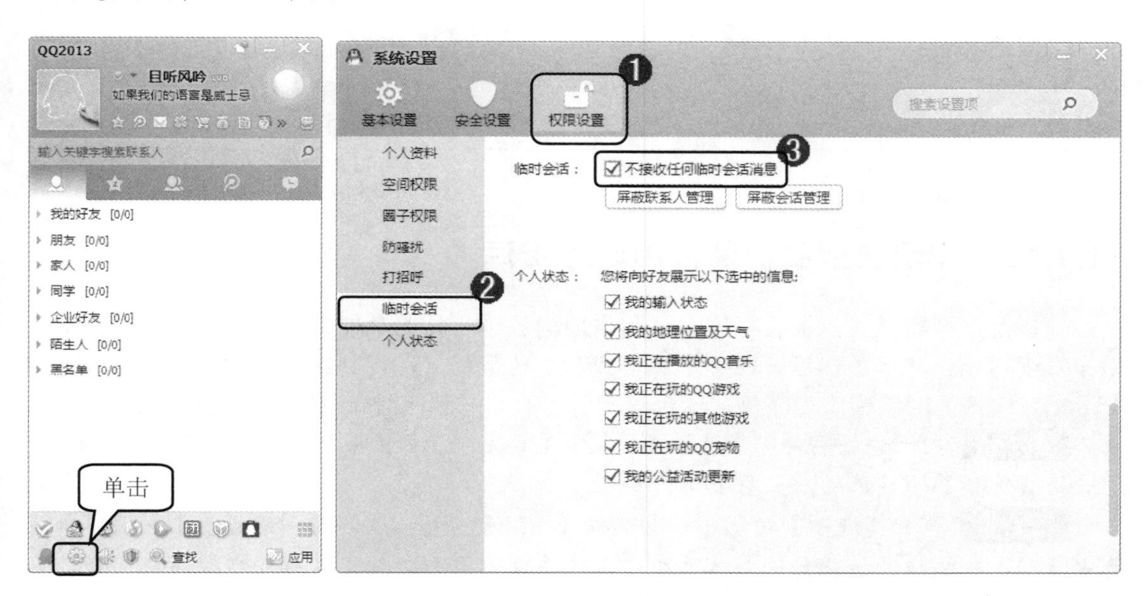

图 11-81　　　　图 11-82

11.4.11　关闭 QQ 消息声音

在看电影或者听歌的时候，通常会被 QQ 消息的提醒音打扰，很不方便，为了避免这一问题，用户可以通过设置关闭 QQ 所有声音来解决，下面详细介绍具体操作步骤。

第 1 步 打开 QQ 程序，单击主界面左下方的【打开系统设置】按钮，如图 11-83 所示。

第 2 步 弹出【系统设置】对话框，①选择【基本设置】选项卡；②选择【声音】选项；③在【声音】区域中选中【关闭所有声音】复选框，这样即可解决此问题，如图 11-84 所示。

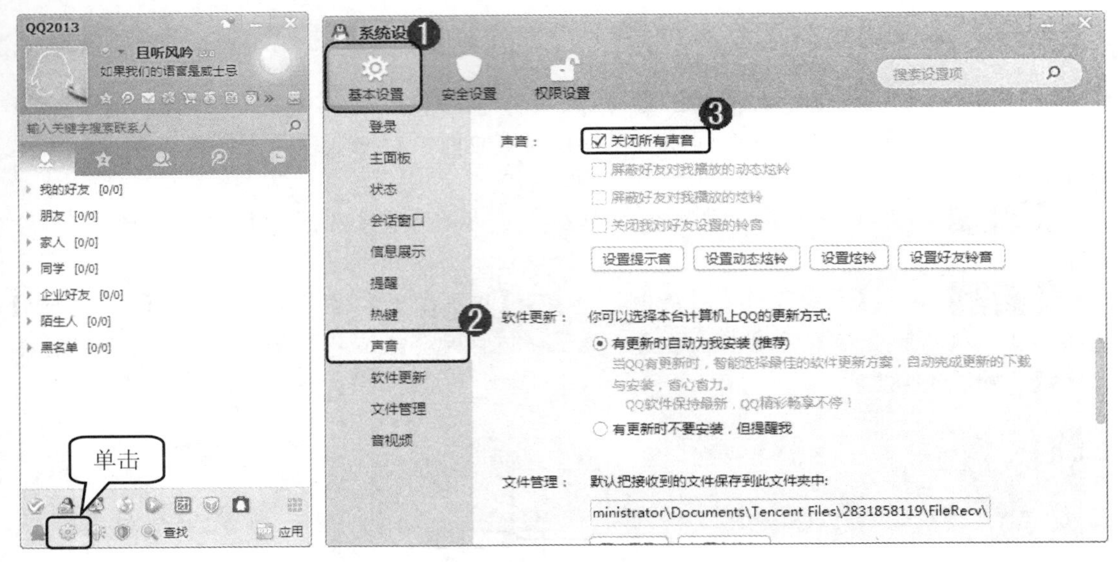

图 11-83

图 11-84

11.4.12 关闭快播后仍然占用网络资源

快播是一款集在线点播、在线直播和本地播放于一体的全能播放器。在使用过程中，用户发现退出快播播放器后，网络仍然下载和上传数据，占用网络资源，这是因为没有完全退出，快播的网络模块程序仍在后台运行引起的，下面详细介绍解决此问题的具体步骤。

第 1 步 打开快播程序，①选择【主菜单】菜单；②弹出菜单，选择【设置】菜单项；③选择【选项】子菜单项，如图 11-85 所示。

第 2 步 弹出【选项】对话框，①选择【网络】选项；②在【网络设置】区域中取消选中【加入快播缓冲优化计划】复选框；③单击【确定】按钮，这样即可解决此问题，如图 11-86 所示。

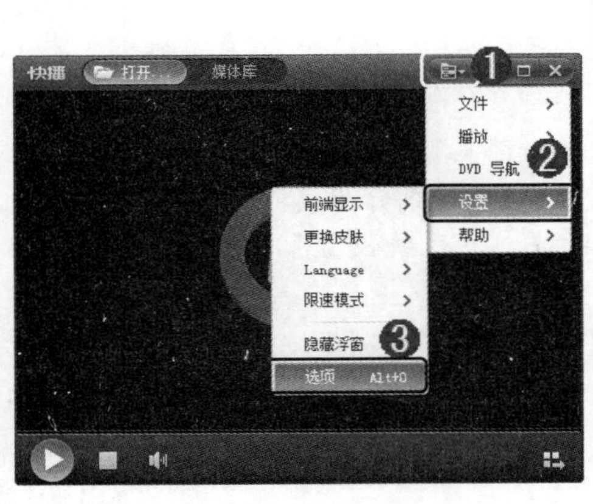

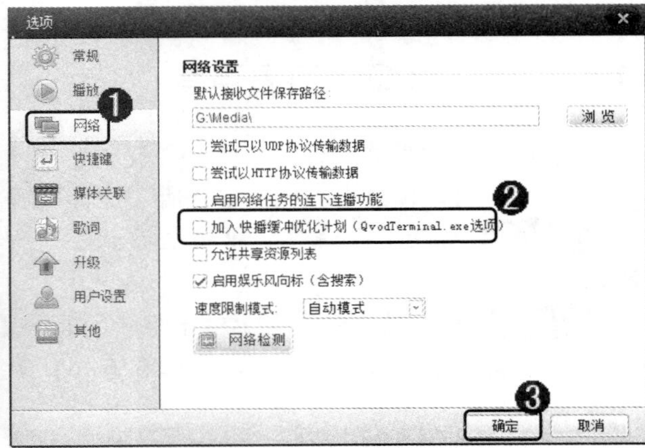

图 11-85

图 11-86

11.5　Internet 上网故障排除

Internet 上网是电脑重要的网络应用之一，然而在网上冲浪的过程中，最容易出现的几类故障问题都与系统安全相关，掌握一些必要的故障排除方法，有利于用户使用 Internet 上网，本节将详细介绍 Internet 上网故障排除的相关知识及操作方法。

11.5.1　使用 Windows 7 上网显示“691 错误”

在使用 Windows 7 上网的时候，偶尔会出现“691 错误”提示，出现这种情况有三种可能。首先，检查用户名和账号是否输入正确；其次，服务端未激活账号，用户可以咨询运营商客服；最后，确认账户是否欠费。如果排除以上三种可能，用户可以通过使用路由器和更改 Internet 协议版本属性来解决此问题，下面详细介绍具体操作步骤。

1. 使用路由器

使用路由器连接电脑可以避免这个问题，使用路由器不需要手动连接宽带，路由器是默认在其内部拨号上网，所以使用路由器可以解决此问题。

2. 更改 Internet 协议版本属性

更改 Internet 协议版本属性，是通过手动设置“Internet 协议版本 4”属性来解决这一问题，下面将详解介绍具体操作步骤。

第 1 步 在 Windows 7 系统桌面，①右击【网络】图标；②弹出快捷菜单，选择【属性】菜单项，如图 11-87 所示。

第 2 步 弹出【网络和共享中心】窗口，单击【更改适配器设置】选项，如图 11-88 所示。

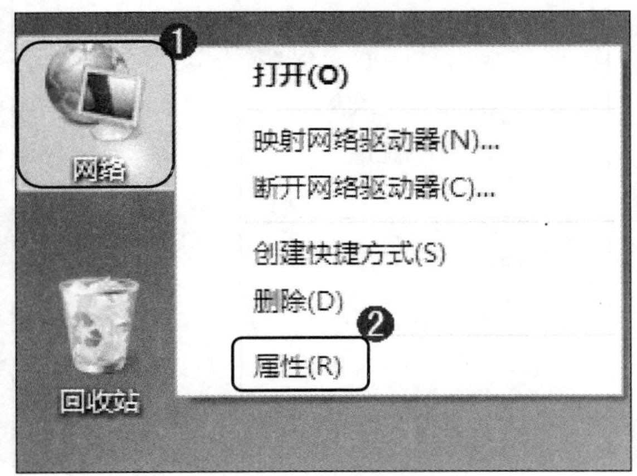

图 11-87

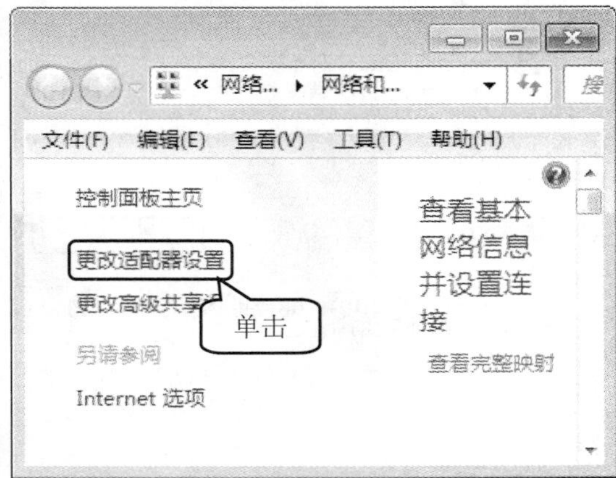

图 11-88

第 3 步 弹出【网络连接】窗口，①右击【宽带连接】图标；②弹出快捷菜单，选择【属性】菜单项，如图 11-89 所示。

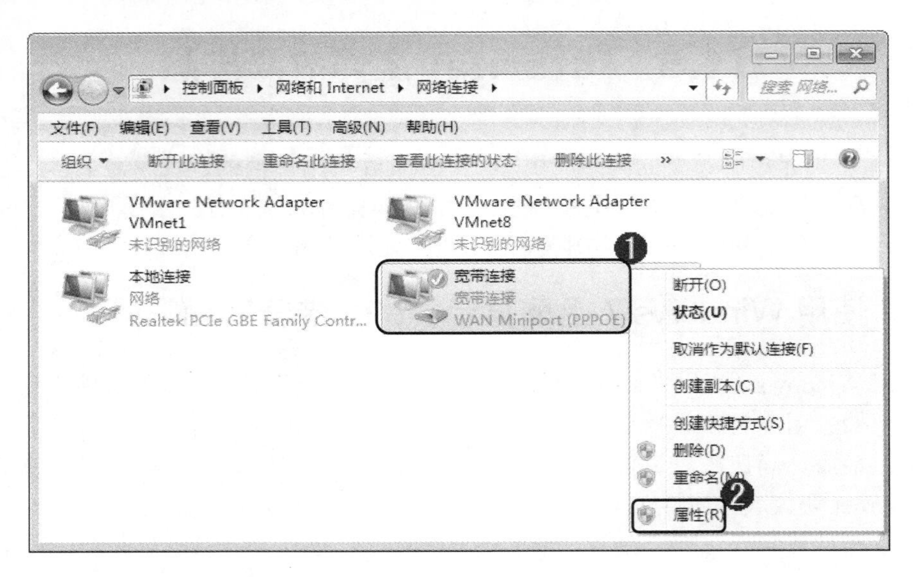

图 11-89

第 4 步 弹出【宽带连接 属性】对话框，①选择【网络】选项卡；②在【此连接使用下列项目】区域中选中【Internet 协议版本 4(TCP/IPv4)】复选框；③单击【属性】按钮，如图 11-90 所示。

第 5 步 弹出【Internet 协议版本 4(TCP/IPv4)属性】对话框，①选择【常规】选项卡；②选中【自动获得 IP 地址】单选按钮；③选中【自动获得 DNS 服务器地址】单选按钮；④单击【确定】按钮，这样即可解决此问题，如图 11-91 所示。

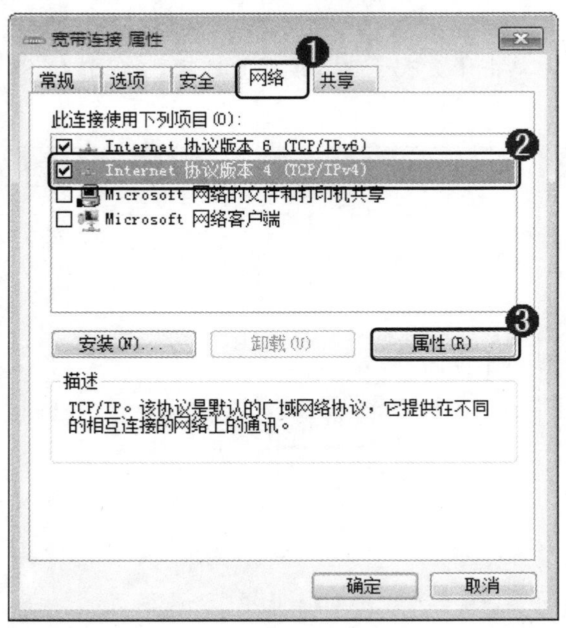

图 11-90

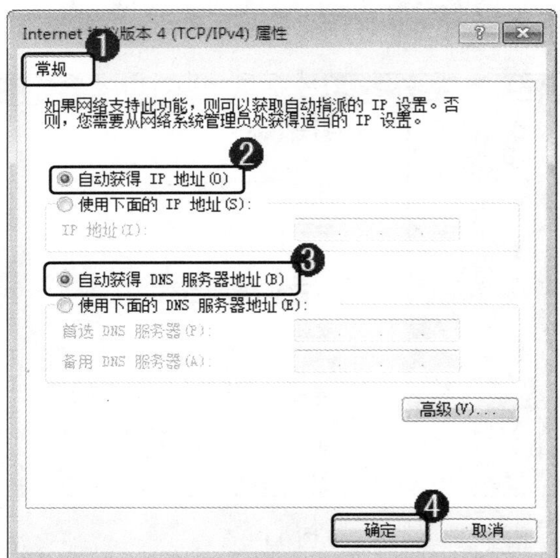

图 11-91

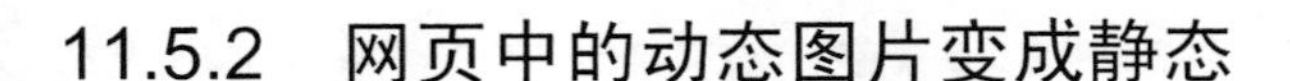

11.5.2　网页中的动态图片变成静态

使用 IE 浏览器的时候，用户经常会在浏览网页的时候，页面中的动态图片变静止了，解决这一问题可以通过更改 Internet 设置来实现。下面以 IE 10 浏览器为例，介绍详细操作步骤。

第 1 步　打开 IE 10 浏览器，①选择菜单栏中的【工具】菜单；②弹出菜单，选择【Internet 选项】，如图 11-92 所示。

第 2 步　弹出【Internet 选项】对话框，①选择【高级】选项卡；②在【设置】区域中选中【在网页中播放动画】复选框；③单击【确定】按钮，这样即可解决此问题，如图 11-93 所示。

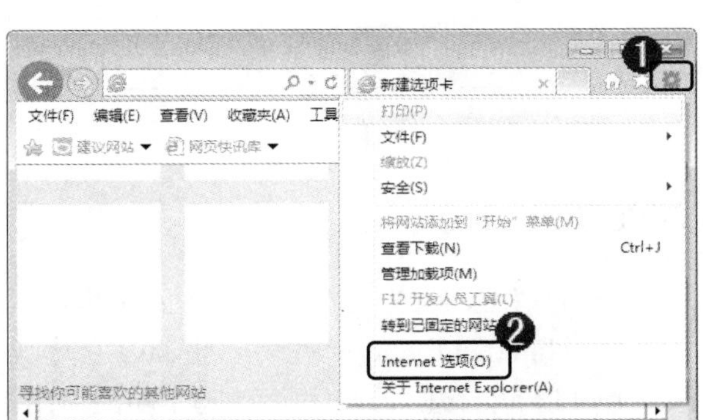

图 11-92

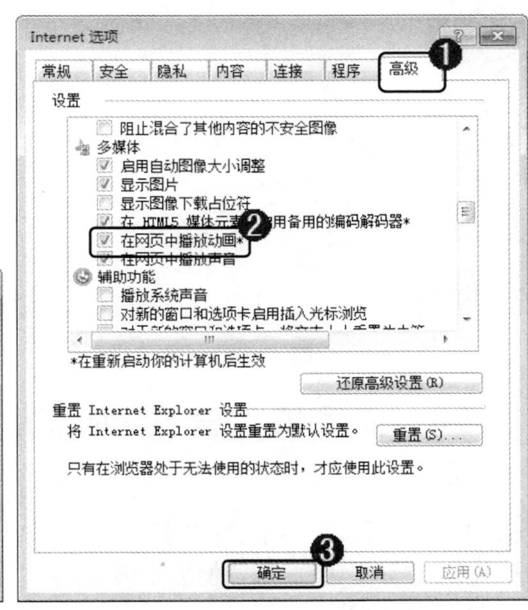

图 11-93

第 3 步　重复以上步骤，用户也可解决浏览的网页中不显示图片和视频没有声音等问题，这里不再赘述。

11.5.3　IE 浏览器窗口最大化

在使用 IE 浏览器的时候，用户经常会遇到每次打开或者弹出新窗口的时候，IE 浏览器窗口总是以常规窗口方式运行，这样非常影响网页的浏览效果。解决这一问题，用户可以通过更改 IE 浏览器的运行方式来实现，下面以 IE 10 为例，详细介绍具体操作步骤。

第 1 步　在 Windows 7 系统桌面上，①右击 IE 浏览器图标；②弹出快捷菜单，选择【属性】菜单项，如图 11-94 所示。

第 2 步　弹出【Internet Explorer 属性】对话框，①选择【快捷方式】选项卡；②调整运行方式为“最大化”；③单击【确定】按钮，这样即可解决此问题，如图 11-95 所示。

图 11-94

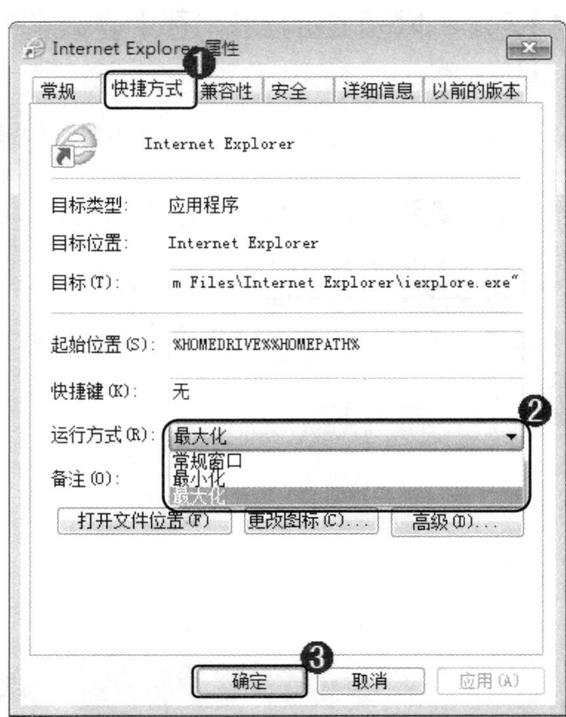

图 11-95

11.5.4 使用 IE 浏览器看网页常常死机

在使用 IE 浏览器看网页的时候，如果出现死机的情况，首先要检查电脑是否中病毒，其次检查更新系统补丁。如果排除前面两种可能后， Internet Explorer 在对一些 Java 程序代码作侦测，导致出现死机的情况，所以建议将 Internet Explorer 的 Java 和活动脚本功能关闭，即可解决此问题。

11.5.5 QQ 能上但打不开网页

用户的电脑有时会出现在 QQ 上，但是不能浏览网页，并且已经用安全软件检查没有发现问题，这种故障大概有以下三种错误解决的办法。

(1) DNS 服务器设置错误

检查网络连接中收选 DNS 和备用 DNS 设置是否正确。

(2) TCP/IP 协议出错

如果 DNS 设置无误，但仍无法浏览网页，应检查 TCP/IP 协议是否正确安装。如果重复安装两次拨号网络适配器或 TCP/IP 协议，极可能造成无法浏览网页，请务必删除一个。如果要卸载并重新安装 TCP/IP 协议，请卸载后重新启动电脑，再重新安装。

(3) 如果 IE 不能打开网页，而换用其他浏览器正常，则需要重新安装 IE 浏览器。

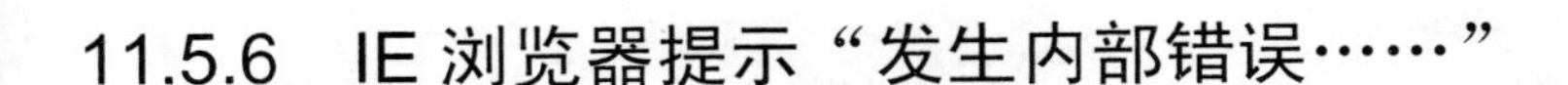

11.5.6　IE 浏览器提示“发生内部错误……”

使用 IE 浏览器的时候，如果出现提示“发生内部错误……”，通常是因为内存资源占用过多、IE 安全级别设置与浏览的网站不符、与其他软件发生冲突或者浏览网站本身含有错误代码等情况，解决这一问题大致有以下三种方法。

(1)　关闭多余的 IE 窗口

IE 窗口过多会占用大量内存资源，关闭多余窗口可以减少内存资源占用。

(2)　降低 IE 浏览器安全级别

打开【Internet 选项】对话框，在【安全】选项卡中单击【默认级别】按钮，如图 11-96 所示。

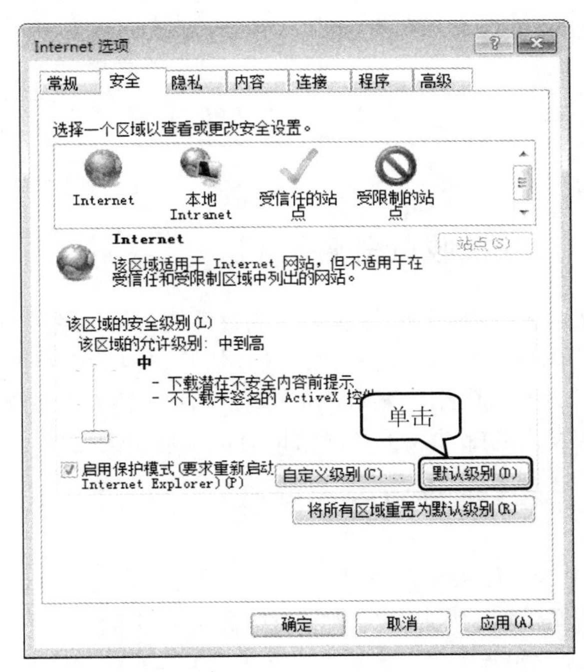

图 11-96

(3)　更新或升级 IE 浏览器

更新 IE 浏览器补丁可以确保安全浏览或者将 IE 浏览器升级到最新版本。

11.5.7　IE 浏览器无法新建选项卡

使用 IE 浏览器的时候，如果无法新建选项卡，可能是因为不小心禁用了选项卡的缘故，解决这一问题可以通过设置启用选项卡来实现，下面详细介绍具体操作步骤。

第 1 步　打开【Internet 选项】对话框，①选择【常规】选项卡；②在【选项卡】区域中单击【选项卡】按钮，如图 11-97 所示。

第 2 步　弹出【选项卡浏览设置】对话框，①选中【启用选项卡浏览】复选框；②单击【确定】按钮，这样即可解决此问题，如图 11-98 所示。

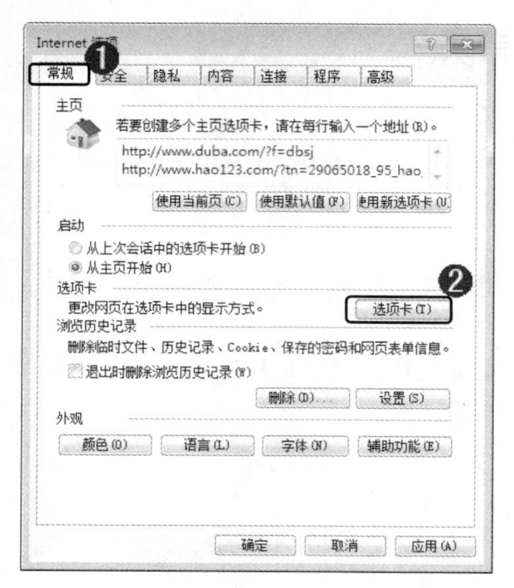

图 11-97

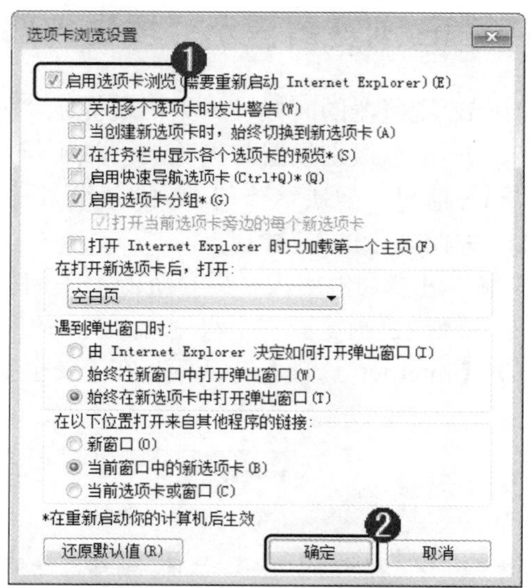

图 11-98

11.5.8 Foxmail 打开接收的邮件死机

使用 Foxmail 接收邮件，在打开邮件或者下载附件的时候出现死机现象，多数是因为邮件中带有病毒程序，从而导致死机。解决此问题，用户可以考虑从两个方面入手。首先，安装带有实时监控功能的杀毒软件，例如 360 安全卫士或者金山毒霸；其次，提高警惕，不要轻易地打开陌生人发来的邮件，更要谨慎地对待邮件中的附件。

11.5.9 ADSL 连网一段时间之后断开

使用 ADSL 拨号上网，如果出现总是在一段时间之后自动断网，这是因为开启了挂断前空闲时间，通过更改宽带连接属性可以解决这一问题，下面详细介绍具体操作步骤。

第 1 步 打开【网络和共享中心】窗口，在【查看活动网络】区域中单击【宽带连接】链接项，如图 11-99 所示。

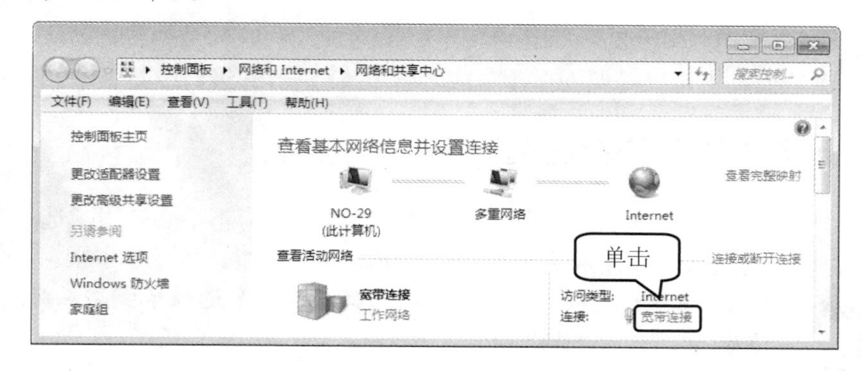

图 11-99

第 2 步 弹出【宽带连接 状态】对话框，单击【属性】按钮，如图 11-100 所示。

第 3 步 弹出【宽带连接 属性】对话框，①选择【选项】选项卡；②调整【挂断前的空闲时间】为【从不】；③单击【确定】按钮，这样即可解决此问题，如图 11-101 所示。

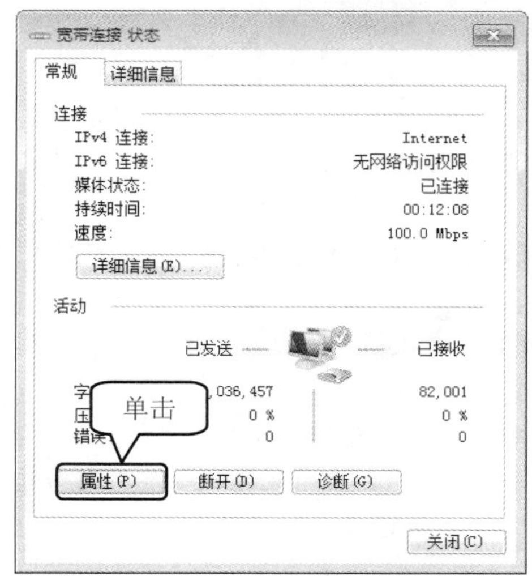

图 11-100

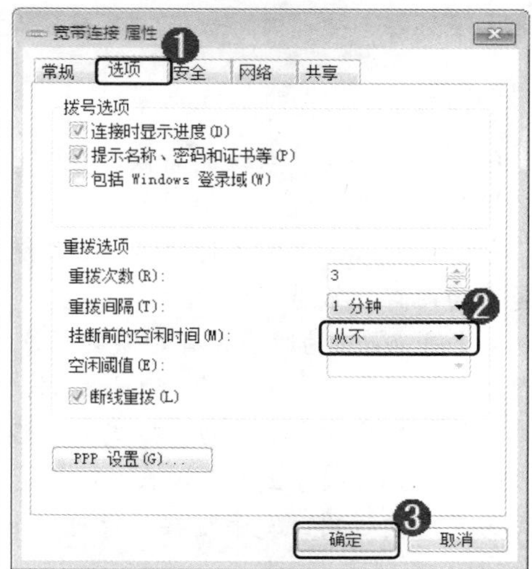

图 11-101

11.5.10　网速经常比较慢

如果用户觉得自己的宽带网速比较慢，请按照以下步骤进行检查和判断。

(1) 将电脑直接接入 ADSL 猫或 LAN 线路，即排除网络内其他电脑、设备干扰因素导致网速变慢。如果测试网速正常，可能因网络设备故障或多台电脑使用导致网速变慢。

(2) 关闭 ADSL 猫或路由器等网络设备无线功能，防止他人盗用或攻击用户的无线网络导致网速变慢，若需要使用无线功能，需要设置无线密码并定期更换密码。

(3) 关闭电脑上后台程序，尤其是一些 P2P 下载软件，这些软件在“盗用”用户的网络带宽，建议关闭一些陌生的进程。

11.6　思考与练习

一、填空题

1. ________只有在写入和________数据的时候才会闪烁，这是硬盘工作的标志。

2. 在使用 Word 的时候经常会在文本的下方出现红色或者绿色的波浪线，__________表示错误的单词或者标点符号；________表示语法错误。

3. 使用 WinRAR 打开________，应该由系统调用相关的程序打开里面的文件，然而系统却调用 WinRAR 查看器打开文件，造成乱码等现象，这是因为用户错误设置了________的缘故。

4. 使用 IE 浏览器的时候，如果出现提示“发生内部错误……”，通常是因为________、IE 安全级别设置与浏览的网站不符、与其他软件发生冲突或者浏览网站本身含有________

等情况。

5. 使用 Foxmail 软件接收邮件，在打开邮件或者下载附件的时候出现死机现象，多数是因为邮件中带有__________，从而导致死机。

二、判断题

1. 关闭 Windows 7 系统的时候，经常出现“Windows Update 配置中……请勿关闭计算机”的提示，这是系统在自动更新。（ ）

2. 使用 Windows 7 系统的时候，经常会在浏览图片文件夹的时候，出现缩略图显示异常，这是因为内存异常造成的。（ ）

3. 在使用 Word 的时候，有时候会遇到断电或者误操作而造成文档未保存，用户可以尝试使用信息工具，恢复未保存的文档文件。（ ）

4. 使用路由器不需要手动连接宽带，路由器是默认在其内部拨号上网。（ ）

5. 使用 ADSL 拨号上网，如果出现总是在一段时间之后自动断网，这是因为禁用了挂断前空闲时间，通过更改宽带连接属性可以解决这一问题。（ ）

三、思考题

1. 如何解决演示稿文件容量太大的问题？

2. 如何解决 Windows 7 上网显示“691 错误”？

第 12 章

电脑主机硬件故障及排除方法

本章要点

- CPU 及风扇故障排除
- 主板故障排除
- 内存故障排除
- 硬盘故障排除
- 显示卡故障排除
- 声卡故障排除
- 电源故障排除

本章主要内容

本章主要讲解了电脑主机硬件故障及排除方法，包括 CPU 及风扇故障排除、主板故障排除、内存故障排除、硬盘故障排除、显示卡故障排除、声卡故障排除和电源故障排除的方法与技巧。通过对本章的学习，读者可以掌握电脑主机硬件故障及排除方法方面的知识和技巧，为深入学习计算机组装、维护与故障排除奠定基础。

12.1 CPU 及风扇故障排除

CPU 作为电脑中最重要的部件之一，在电脑中占有很重要的地位，是影响电脑运行速度的重要因素之一，本章将详细介绍 CPU 及风扇故障排除的相关知识与技巧。

12.1.1 CPU 常见的几种故障

CPU 常见的故障常见的故障包括 CPU 散热不良、CPU 针脚接触不良和超频不当，下面将详细介绍这几种故障排除的方法与技巧。

1. CPU 散热不良

CPU 散热不良主要表现为重新启动或者死机，老式 CPU 还可能出现 CPU 烧毁的现象，解决 CPU 散热不良，用户可以检查 CPU 风扇的转数是否过慢，尤其是滚珠风扇，在使用一段时间以后，需要检查滚珠与轴承之间润滑油是否变少，避免风扇忽快忽慢，不利于 CPU 散热。

2. CPU 针脚接触不良

CPU 针脚接触不良表现为电脑无法启动或者死机，解决此问题用户可以将 CPU 拔下，检查 CPU 针脚是否在插槽内有松动的迹象，或者 CPU 针脚有氧化的痕迹。如果 CPU 松动可以将 CPU 重新插入插槽并固定好；如果 CPU 针脚有氧化的痕迹，需要使用棉签蘸无水酒精擦拭干净后，重新插入插槽内即可。

3. 超频不当

CPU 超频不当表现为显示器黑屏，这是因为 CPU 频率设置过高，导致 CPU 无法正常工作，解决此问题可以将主板上 COMS 电池放电，并重新设置 CPU 频率即可开机。

12.1.2 CPU 与 IE 浏览器不兼容

CPU 与 IE 浏览器不兼容表现为，启动 IE6 浏览器后系统变慢，最后导致死机，这是因为使用了支持超线程 CPU 的缘故，解决此问题首先进入 BIOS 关闭 CPU 超线程技术，然后更新 IE 浏览器补丁或者升级 IE 浏览器即可。

12.1.3 CPU 风扇灰尘过多引起死机

很多人喜欢开着机箱散热，这是很不可取的，封闭的机箱有很好的散热循环系统，开着机箱散热很容易造成大量灰尘的堆积，当 CPU 风扇扇叶堆积大量灰尘，风扇工作不稳定，便会造成电脑死机。解决这一问题首先要清除风扇扇叶上的灰尘，然后封闭机箱即可。

12.1.4　CPU 温度上升太快

一台电脑在运行时 CPU 温度上升很快，开机才几分钟左右温度由 31℃上升到 51℃，然而到了 53℃稳定下来了，不再上升。

一般情况下，CPU 表面温度不能超过 50℃，否则会出现电子迁移现象，从而缩短 CPU 寿命。对于 CPU 来说 53℃下温度太高了，长时间使用易造成系统不稳定和硬件损坏。根据现象分析，升温太快，稳定温度太高应该是 CPU 风扇的问题，只需更换一个质量更好的 CPU 风扇即可。

12.1.5　散热片故障

为了改善散热效果，在散热片与 CPU 之间安装了半导体制冷片，同时为了保证导热良好，在制冷片的两面都涂上硅胶，在使用了近两个月后，某天开机后机器黑屏。

出现这一故障首先检查 CPU，如果发现 CPU 的针脚有点发黑和绿斑，这是氧化的迹象。然后检查制冷片，发现有结露的现象，是制冷片的表面温度过低而结露，导致 CPU 长期工作在潮湿的环境中，产生太多锈斑会造成接触不良，从而引发故障。

用户用橡皮仔细地把 CPU 的每一个针脚都擦一遍，然后把散热片上的制冷片取下，从新安装，故障即可排除。

12.1.6　CPU 风扇噪声过大

要降低 CPU 风扇的噪声，用户可试着使用以下办法解决。

(1) 为风扇注油或更换新的散热风扇将风扇拆卸下来，用柔软的刷子将风扇上的灰尘清理掉，然后揭开风扇中间的商标，使用牙签蘸取润滑油点在轴承中。如果问题仍然存在，则需要更换风扇。

(2) 更换散热器可使用新的热管技术散热器，热管技术的原理简单来说是利用液体的气化吸热和气体的液化散热进行热量传递的。

(3) 安装热敏风扇调速器，这是一种带有测温探头的自动风扇调速器，温度升高时，调速器控制风扇提高速度，温度降低时，调速器控制风扇降低速度，这样也相对减小了风扇的噪声。

12.1.7　电脑启动发出蜂鸣声

电脑运行一段时间后发出蜂鸣声，一般是 CPU 温度超过设定的报警温度所致，虽然用户可以在 BIOS 里提高报警温度使系统不发出报警声，但如果玩游戏的时候仍发出报警声，说明 CPU 的温度已经很高了。所以应该检查 CPU 风扇运转是否正常，CPU 散热片的温度是否过高，如果温度过高，就要采取为 CPU 降温的措施了。所以应该检查 CPU 风扇的情况或更换优质的 CPU 风扇，以免烧坏 CPU。

12.1.8 玩游戏自动退出或蓝屏

玩游戏的时候出现游戏自动退出并蓝屏，这是因为CPU频率过高造成的，首先将CPU降频至正常值，再运行一下这些游戏，看看是否正常。因为CPU超频后，过高的频率会使CPU工作出现异常，例如，出现指令错误或数据丢失。尤其在运行大型游戏软件时，超频CPU工作不稳定很容易造成在游戏运行中退出或蓝屏。

12.1.9 开机自检后死机

电脑开机后在内存自检通过后便死机，这种故障是典型的由超频引起的故障。由于CPU频率设置过高，造成CPU无法正常工作，并造成显示器点不亮且无法进入BIOS中进行设置。这种情况需要将CMOS电池放电，并重新设置后即可正常使用。还有种情况是开机自检正常，但无法进入到操作系统，在进入操作系统的时候死机，这种情况只需重新启动电脑，进入BIOS将CPU改回原来的频率即可。

12.1.10 CPU卡扣安装错误造成死机

电脑在使用初期运行很稳定，在使用一段时间以后出现系统变慢，最后死机。检查CPU针脚、CPU风扇、散热片和导热硅脂都没有问题的状态下，仔细查看是否CPU卡扣方向安装反了，安装反了会造成散热片与CPU接触部位有缝隙，导致散热不良，从而死机。将卡扣按照正确方向安装正确即可。

12.1.11 CPU安装故障

电脑开机后没有任何响应，这种情况通常发生在新装的电脑上，一般是因为没有将CPU安装牢固或者忘记卡住CPU插座上的卡扣，重新安装CPU即可解决此问题。安装时一定要将CPU水平放到插座上，并保证安装方向正确，然后再将卡扣安装好，并确保卡扣已经牢固地卡在插座上，这样才能保证将CPU牢牢扣住。

12.2 主板故障排除

主板是电脑的重要组成部分之一，几乎所有的设备都要连接在主板上，主板一旦发生故障，电脑则不能正常工作，下面将详细介绍主板故障排除的相关知识与技巧。

12.2.1 主板常见的几种故障

主板常见的故障主要包括人为操作造成不良的故障、电子元件损坏造成的故障和运行环境不良造成的故障，下面将详细介绍这几种故障的排除方法与技巧。

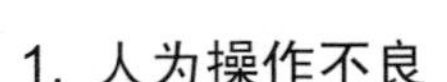

1. 人为操作不良

首先，主板在工作的时候会产生大量的静电，带电插拔设备会产生极大电流对冲，带电插拔极有可能造成设备损坏甚至烧毁；其次因为插拔操作不当，容易造成插口变形或者损坏。

2. 电元件损坏

电容是主板上最常见的电子元件，电容长期处于高温工作状态，极容易出现老化、爆浆等现象，如果电脑出现不稳定状态，首要检查是否是因为电容的老化等问题造成的故障。

3. 运行环境不良

主板上集聚了大量灰尘而导致短路，使其无法正常工作；如果电源损坏，或者电网电压瞬间产生尖峰脉冲，会使主板供电插头附近的芯片损坏，从而引起主板故障；主板上的 CMOS 电池没电或者 BIOS 被病毒破坏；主板各板卡之间的兼容性导致系统冲突；另外静电也常常造成主板上芯片被击穿，从而引起故障。

12.2.2　SATA 接口带电插拔后损坏

SATA 接口分为 1.0 接口、2.0 接口和 3.0 接口，其中 2.0 接口和 3.0 接口支持热插拔，而 1.0 接口则不支持带电插拔。强行对 1.0 接口进行带电插拔会造成损坏。另外 2.0 接口和 3.0 接口在进行带电插拔的时候，也要遵循先断电源线再断数据线的原则；还要注意，插拔之间不要太快，最好间隔 10 秒钟以上。

12.2.3　CMOS 设置不能保存

CMOS 设置不能保存，大致是因为主板电路故障、COMS 跳线设置错误和 CMOS 电池电压不足造成的，下面详细介绍这几种故障排除的方法与技巧。

1. 主板电路故障

如果是因为主板电路故障，导致 CMOS 设置不能保存，那么其成因复杂，需要找到专业的维修人员进行故障排除。

2. COMS 跳线设置错误

有时候因为错误的将主板上的 CMOS 跳线设为清除选项，或者设置成外接电池，使得 CMOS 设置无法保存。

3. CMOS 电池电压不足

CMOS 设置不能保存，最常见的是 CMOS 电池电压不足，只需要更换一块 CMOS 电池，并重新设置 CMOS 即可。

12.2.4 主板 COM 口或并行口、IDE 口失灵

出现此类故障一般是由于用户带电插拔相关硬件造成，此时用户可以用多功能卡代替，但在代替之前必须先禁止主板上自带的 COM 口与并行口(有的主板连 IDE 口都要禁止方能正常使用)。

12.2.5 主板无法识别 SATA 硬盘

早期主板芯片组只能支持传输速率为 150Mb/s 的硬盘，与一些传输速率为 300Mb/s 的 STAT 硬盘不兼容，从而导致无法识别 STAT 硬盘。根据硬盘背面的说明并通过设置硬盘跳线将硬盘传输速率限定为 150Mb/s 即可。

12.2.6 主板温控失常引发主板“假死”

由于 CPU 发热量非常大，所以许多主板都提供了严格的温度监控和保护装置。一般 CPU 温度过高，或主板上的温度监控系统出现故障，主板会自动进入保护状态。拒绝加电启动或报警提示。CPU 过热主板温度监控线脱落，导致主板自动进入保护状态，拒绝加电。所以当你的主板无法正常启动或报警时，先检查主板的温度监控装置是否正常。

12.2.7 主板 BIOS 被破坏

主板的 BIOS 中储存着重要的硬件数据，同时 BIOS 也是主板中比较脆弱的部分，极易受到破坏，一旦受损会导致系统无法运行。出现此类故障一般是因为主板 BIOS 被病毒破坏。

一般 BIOS 被病毒破坏后，硬盘里的数据将全部丢失，用户可以检测硬盘数据是否完好，以便判断 BIOS 是否被破坏；在有 DEBUG 卡的时候，也可以通过卡上的 BIOS 指示灯是否亮来判断。

当 BIOS 的 BOOT 模块没有被破坏时，启动后显示器不亮，PC 喇叭有“嘟嘟”的报警声；如果 BOOT 模块被破坏，这时加电后，电源和硬盘灯亮，CPU 风扇转，但是不启动，此时只能通过编程器来重写 BIOS。用户也可以插上 ISA 显卡，查看是否有显示。倘若没有开机画面，可以自己做一张自动更新 BIOS 的软盘，重新刷新 BIOS。

12.2.8 主板不识别键盘和鼠标

主板不识别键盘或鼠标主要因为接口损坏、接口接触不良和键盘或鼠标与主板不兼容。

(1) 一般主板的键盘、鼠标都是有外围设备控制芯片 IT8702F-A(ITE)或 W83977EF-AW(Winbond)等芯片。有的主板是直接有北桥控制。主板不认键盘或者鼠标，要首先检查给键盘、鼠标供电的+5V 电源是否正常。如果不正常时，再检查供电的保险电阻是否熔断。如果保险电阻呈高阻状态，可用细导线直接连通。有的主板为了节约成本，把保险电阻省去后也直接用导线连接。如果供电正常，在排除外设正常后，一般都是上述两种芯片因为

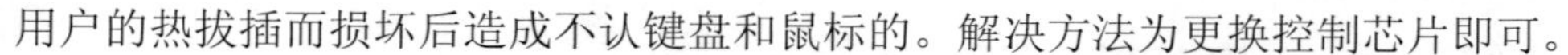

用户的热拔插而损坏后造成不认键盘和鼠标的。解决方法为更换控制芯片即可。

(2) 键盘和鼠标接口松动，左右晃晃便能够认识键盘。这是因为键盘口经常拔插松动后，接触不良造成的，解决方法为更换键盘鼠标口。

(3) 键盘或鼠标与主板不兼容。故障表现为开机找不到键盘鼠标或开机时提示按 F1 键继续，或者是在桌面上鼠标乱跑。解决的办法是更换键盘或鼠标。

12.2.9　总线及总线控制器故障

总线及总线控制器故障也会造成电脑黑屏或死机故障，严重时也会造成不开机故障。总线控制器属于小信号处理电路，输出的连线多且细，当主板受力弯折时容易断路，受潮、霉变时易发生短路和开路。不同的主板故障分布不一样，不同的芯片组的故障也有所不同。

12.2.10　按下电源开关不能关机

在关机时按下电源开关后并没有执行关机操作，而是进入了休眠状态，用操作系统实现软关机则一切正常。这是因为，ATX 架构的电脑在主板 BIOS 设置中使有一项是对主机电源开关的设定，用户可以设定单击主机电源开关按键关机或进入休眠状态。如果设置为进入休眠状态，要使用主机电源开关关机，则需要按住电源键不放至 4 秒钟以上才能关机。

12.3　内存故障排除

内存如果出现故障，会造成系统运行不稳定、程序出错或操作系统无法安装等故障，因此用户必须掌握一些引起内存故障的原因和常用的排查方法，本节将详细介绍内存故障排除的相关知识及操作方法。

12.3.1　内存常见的几种故障

内存常见的故障主要为兼容性故障、接触不良和卡槽变形或损坏，下面详细介绍这几种内存常见故障排除的方法和技巧。

1. 兼容性故障

内存是电脑中最容易更新的部件之一，所以兼容性故障是最常见的故障之一。生产厂商在不同时间生产的内存，所使用的 IC 颗粒也是不同的，如果使用两根内存，是不同厂商的产品，更容易产生不兼容的现象，换一根品牌、IC 颗粒和频率一样的即可解决这一问题。

2. 接触不良

内存接触不良，通常是因为插槽内有污垢或者金手指氧化造成的，解决这一问题只需要清除插槽内污垢和清除金手指氧化层即可。清除金手指氧化层可以使用普通橡皮擦，如图 12-1 所示。

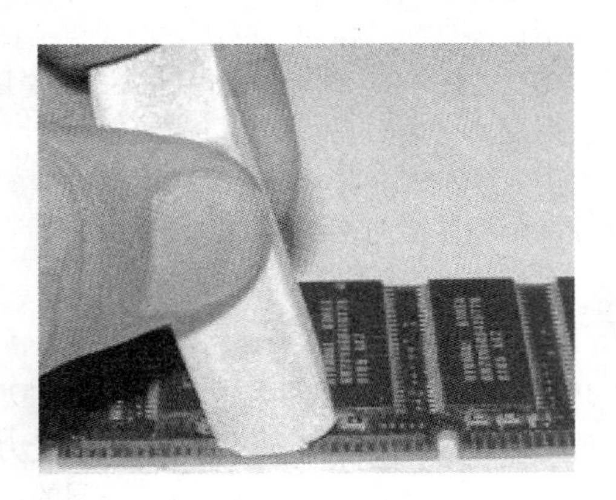

图 12-1

3. 卡槽变形或损坏

内存卡槽变形或者损坏通常是因为多次插拔或者插拔时操作不当造成的，需要专业人员进行维修。

12.3.2 内存供电不稳

一些使用时间较长的主板，因为主板上的电容长期受高温熏烤，CPU 和内存条周围的电容容量会慢慢地减小。这些变化除部分主板的电容会出现鼓包、漏液现象，多数时候这些表面没有任何特殊，但是因为电容容量减小，造成内存或 CPU 供电电流中的高频交流成分增加，这时候会出现主机启动不易，不能加电，多次开机才能启动之类的故障。

12.3.3 开机后内存多次自检

现在内存的容量越来越大，所以检测的时间也越来越长，有的时候需要检测三遍才可以检测完毕。跳过检测可以按下 Esc 键，也可以进入 BIOS 设置程序，选择 BIOS Features Setup 选项，把其中的 Quick Power On Self Test 项设置为 Enabled，然后存盘退出，系统将跳过内存自检。

12.3.4 内存过热导致死机

经常在使用电脑的时候，出现提示“内存不可读”信息，这种情况多数发生在炎热的夏天，所以出现此信息，说明机箱内散热不良，造成内存过热，引起内存工作不稳定。解决此问题，用户可以加置机箱内风扇或者散热装置，加强机箱内空气流通。

12.3.5 Windows 经常自动进入安全模式

一台电脑在使用过程中，Windows 经常自动进入安全模式，重装系统后故障依旧。此类故障一般由于主板与内存条不兼容，或内存条质量不佳引起的，常见于高频率的内存用于某些不支持此频率内存条的主板上时，用户可以尝试在 CMOS 内设置降低内存读取速度，看看能否解决问题，如若不行，只能更换内存条。另外，高频率的内存用于某些不支持此频率内存条的主板上，有时也会出现即使加大内存，系统资源反而降低的情况。

12.3.6　内存引起的不能开机

如果开机以后 CPU 风扇正常工作，但是伴随机箱报警声并不能进入 Windows 系统，这是因为内存损坏或安装错误引起的。解决这一问题，首先应该关机拔下内存条仔细查看内存芯片表面是否有被烧毁的迹象；金手指、电路板等处是否有损坏的迹象。如果内存无损坏，则应检查内存安装是否正确，是否插入到位。用户可以将内存拔出，将金手指用橡皮擦或无水酒精仔细擦拭，待酒精挥发后再重新仔细插入到内存插槽内。另外，主板内存插槽的损坏也会导致内存无法正常使用。

12.3.7　因为内存不能安装 Windows 7 系统

在安装 Windows 7 系统的时候，如果出现不能安装，或者蓝屏状态，用户可以检查是否安装了两根内存，且两根内存的品牌或者型号是否相同，解决此问题可以手动拔出一根内存，再次安装 Windows 7 系统，应该可以成功安装了。出现此问题是因为两根内存不兼容造成的，拔出一根内存，可以降低内存工作的不稳定性。

12.3.8　随机性死机

随机性死机一般是由于采用了几种不同芯片的内存条，由于各内存条速度不同产生了一个时间差从而导致死机，对此用户可以在 CMOS 设置内降低内存速度予以解决，否则，只有使用同型号内存。还有一种可能是内存条与主板不兼容，此类现象一般少见，另外也有可能是内存条与主板接触不良引起电脑随机性死机，此类现象倒是比较常见。

12.3.9　开机后显示 ON BOARD PARLTY ERROR

出现此类现象可能的原因有三种，第一，CMOS 中奇偶校验被设为有效，而内存条上无奇偶校验位。第二，主板上的奇偶校验电路有故障。第三，内存条有损坏，或接触不良。处理方法，用户首先检查 CMOS 中的有关项，然后重新插一下内存条试一试，如故障仍不能消失，则是主板上的奇偶校验电路有故障，需要更换主板。

12.3.10　PCI 插槽短引起内存条损坏

在对电脑清洁后再重新开机，发现软驱灯长亮，同时扬声器发出“嘟嘟”的连续短声。

怀疑是清洁的时候碰到了板卡，将其取下重新插入了一遍后，故障依旧，再用万用表测量电源的各输出电压，也完全正常，仔细检查主板后发现，主板的一个 PCI 插槽里落入了一小块金属片，将其取出后再开机，还是不能启动。在用替换法更换了内存后，电脑能正常启动了，后检查该内存，证明因 PCI 插槽短路已将该内存烧坏。

12.4 硬盘故障排除

硬盘是电脑中重要的存储设备，硬盘中存储大量的数据，一旦硬盘出现故障，对用户来说会有很大的损失，本节将详细介绍硬盘故障排除的相关知识及操作方法。

12.4.1 硬盘常见的几种故障

硬盘常见的故障大致包括接触不良、硬盘坏道、分区表被破坏和硬盘质量问题，下面将详细介绍这几种常见故障排除的方法与技巧。

1. 接触不良

硬盘接触不良主要是因为数据线或者电源线没有接好，硬盘跳线设置错误等引起的，用户可以通过重新插拔数据线或者电源线，以及正确设置硬盘跳线即可解决此问题。

2. 硬盘坏道

硬盘坏道分为逻辑坏道和物理坏道两种。逻辑坏道通常是因为非法关机、软件使用不当造成的，通过相关硬盘软件即可恢复；物理坏道通常是因为硬盘工作的时候有震动、插拔数据线以及过分超频造成的，物理坏道通常不能修复，用户可以使用相关软件屏蔽坏道区域。

3. 分区表被破坏

分区表被破坏的成因很多，例如，硬盘使用过程中突然断电、带电插拔、运行中强烈震动、软件使用不当或者病毒破坏等，可以考虑针对不同情况采用不同的补救措施。

4. 硬盘质量问题

硬盘质量的问题是厂商的责任，因为硬盘是比较精密的设备，需要极高的制造技术，用户可以通过选择知名的厂商品牌解决此问题。

12.4.2 系统不识别硬盘

出现系统不识别硬盘的现象，通常可以从三个方面入手，使用替换法插拔数据线或者电源线，排查是否数据线或者电源线失灵；如果没有这方面问题，需要检查硬盘跳线是否设置正确，确立主、从盘；如果问题还没有解决，用户可以进入 BIOS 程序，检查是否将硬盘屏蔽，在 BIOS 程序里重新启用硬盘即可解决此问题。

12.4.3 CMOS 引起的读写故障

在使用电脑过程中，如果出现硬盘读写困难，甚至不能读写的情况，用户可以考虑是否因为 CMOS 引起的读写故障，CMOS 的正确与否直接影响硬盘的正常使用，这里主要指

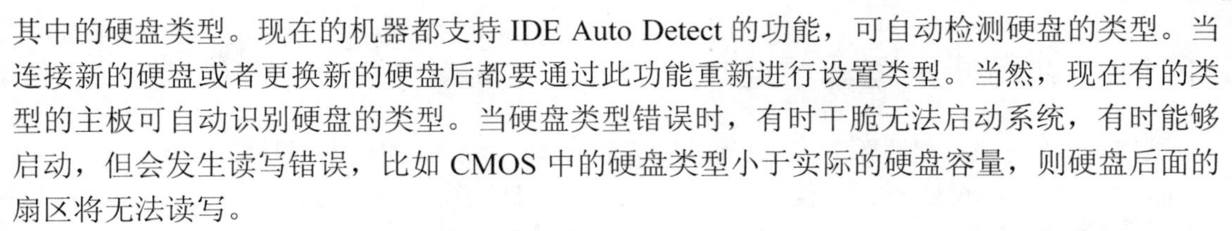

其中的硬盘类型。现在的机器都支持 IDE Auto Detect 的功能，可自动检测硬盘的类型。当连接新的硬盘或者更换新的硬盘后都要通过此功能重新进行设置类型。当然，现在有的类型的主板可自动识别硬盘的类型。当硬盘类型错误时，有时干脆无法启动系统，有时能够启动，但会发生读写错误，比如 CMOS 中的硬盘类型小于实际的硬盘容量，则硬盘后面的扇区将无法读写。

如果是多分区状态则个别分区将丢失。还有一个重要的故障原因，由于目前的 IDE 都支持逻辑参数类型，硬盘可采用 NormalLBALarge 等。如果在一般的模式下安装了数据，而又在 CMOS 中改为其他的模式，则会发生硬盘的读写错误，因为其物理地质的映射关系已经改变，将无法读取原来的硬盘位置。

12.4.4　BIOS 检查不到硬盘

电脑启动时，BIOS 无法找到硬盘，通常有以下四种原因。

(1) 硬盘未正确安装。这时候我们首先要做的是去检查硬盘的数据线及电源线是否正确安装。一般情况下可能是虽然已插入到相应位置，但却未正确到位所致，这时候当然检测不到硬盘了。

(2) 跳线未正确设置。如果你的电脑安装了双硬盘，那么需要将其中的一个设置为主硬盘(Master)，另一个设置为从硬盘(Slave)，如果两个都设置为主硬盘或两个都设置为从硬盘的话，你又将两个硬盘用一根数据线连接到主板的 IDE 插槽，这时 BIOS 就无法正确检测到你的硬盘信息了。最好是分别用两根数据线连接到主板的两个 IDE 插槽中，这样还可以保证即使你的硬盘接口速率不一，也可以稳定的工作。

(3) 硬盘与光驱驱动器接在同一个 IDE 接口上。一般情况下，只要我们正确设置的话，将硬盘和光驱驱动器接在同一个 IDE 接口上都会相安无事，但可能有些新式光驱驱动器会与老式硬盘发生冲突，因此还是分开接比较保险。

(4) 硬盘或 IDE 接口发生物理损坏。如果硬盘已经正确安装，而且跳线正确设置，光驱驱动器也没有与硬盘接到同一个 IDE 接口上，但 BIOS 仍然检测不到硬盘，那么最大的可能是 IDE 接口发生故障，用户可以试着换一个 IDE 接口试试，假如仍不行，那么可能是硬盘出现问题了，必须接到另一台电脑上试一试，如果能正确识别，那么说明 IDE 接口存在故障。假如仍然识别不到，表示硬盘有问题；也可以用另外一个新硬盘或能正常工作的硬盘安装到电脑上，如果 BIOS 也识别不到，表示电脑的 IDE 接口有故障，如果可以识别，说明原来的硬盘确实有故障。

12.4.5　出现“HDD Controller Failure 错误”提示

造成该故障的原因一般是硬盘数据线接口接触不良或接线错误。先检查硬盘电源线与硬盘的连接，再检查硬盘数据信号线与多功能卡或硬盘的连接，如果连接松动或连线接反都会有上述提示，最好是能找一台型号相同且使用正常的电脑，用户可以对比硬盘数据线的连接，若线缆接反则一目了然。硬盘数据线的一边会有红色标志，连接硬盘时，该标志靠近电源线。在主板的接口上有箭头标志，或者标号 1 的方向对应数据线的红色标记。

12.4.6 如何修复逻辑坏道

逻辑坏道是一种软性坏道，用户通过 Windows 系统自带的检测工具即可修复，下面以 Windows 7 系统中修复 D 盘为例，详细介绍修复逻辑坏道的具体步骤。

第 1 步 在 Windows 7 系统桌面，双击【计算机】图标，如图 12-2 所示。

第 2 步 弹出【计算机】窗口，①右击【本地磁盘(D:)】；②弹出快捷菜单，选择【属性】菜单项，如图 12-3 所示。

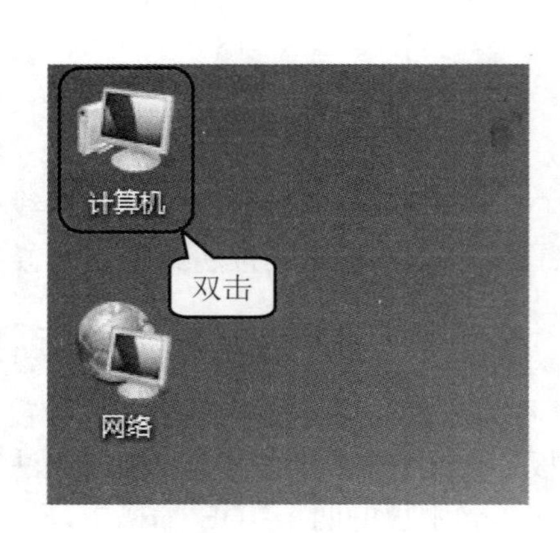

图 12-2

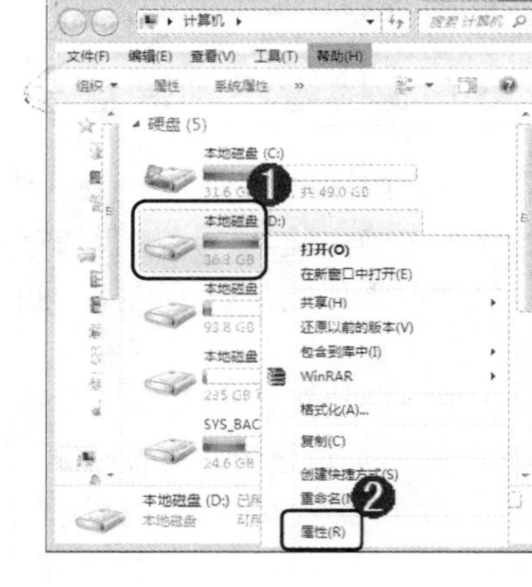

图 12-3

第 3 步 弹出【本地磁盘(D:)属性】对话框，①选择【工具】选项卡；②单击【开始检查】按钮，如图 12-4 所示。

第 4 步 弹出【检查磁盘 本地磁盘(D:)】对话框，①选中【扫描并尝试恢复坏扇区】复选框；②单击【开始】按钮，如图 12-5 所示。

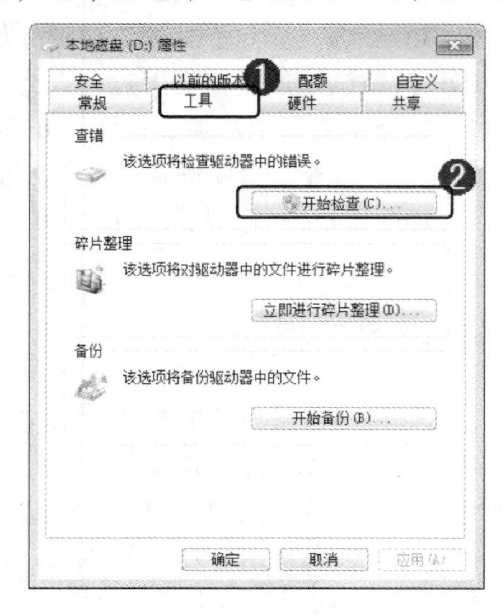

图 12-4

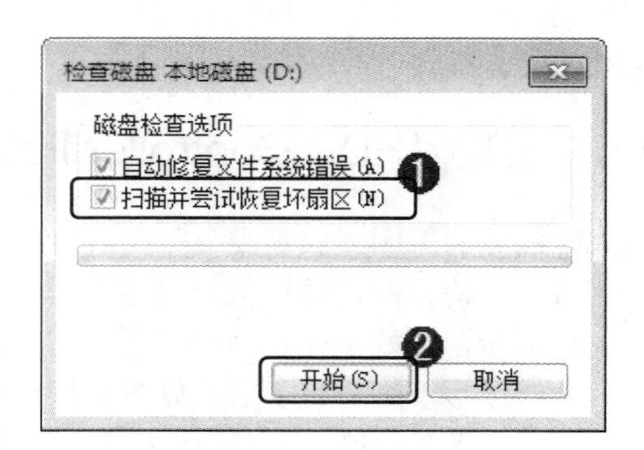

图 12-5

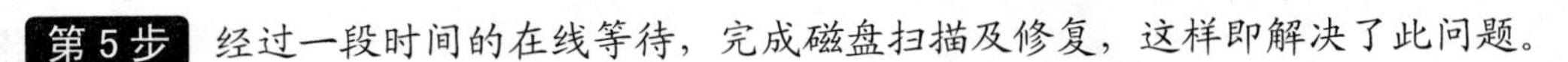

第 5 步　经过一段时间的在线等待，完成磁盘扫描及修复，这样即解决了此问题。

12.4.7　新硬盘安装后无法使用

新买的硬盘，如果是正规厂家生产的话一般不会出现问题，这时应该重点检查一下数据线、电源以及 IDE 接口，也是要重点检查一下硬盘的硬件连接，看看数据线和电源线是否连接正确、有无接触不良的情况。用户可以通过替换法，改换 IDE 接口、重新插拔硬盘数据线和电源线来检查问题的原因。

12.4.8　SATA 硬盘提示“写入缓存失败”

SATA 硬盘是没有主、从盘界定的，如果出现“写入缓存失败”的提示，通常有两种可能：第一，数据线接触不良，用户可以从新插拔数据线或者更换数据线接口接入；第二，硬盘本身的问题，首先检查是否硬盘过热，用户可以考虑加置硬盘散热器，如果不是硬盘过热，需要通过专业手段检查是否芯片故障，如果出现芯片故障，则需要返回商家检修。

12.4.9　整理磁盘碎片时出错

在整理磁盘碎片的时候，如果出现提示“因为出错，Windows 无法完成驱动器的整理操作……ID 号 DEFRAG00205”信息，按提示对 D 盘进行磁盘扫描(完全选项)又说磁盘无坏道。这是因为，磁盘碎片整理实际上是要把磁盘文件在磁盘上的物理位置作调整和移动。为了保证磁盘碎片整理完成之后，所有的文件都能够正常地工作，必须保证文件存入的新位置中的柱面和扇区没有缺陷。

因此一般在进行磁盘碎片整理之前，最好做一次磁盘扫描，以便剔除或修复有缺陷的磁盘区域。可能是由于在进行磁盘碎片整理之前，没有做磁盘扫描，而在整理过程中发现有某些缺陷，使得整理磁盘不能继续进行。磁盘上的某些缺陷(不是物理损伤)是可以修复的。

12.5　显示卡故障排除

显卡作为电脑中专业图像处理和输出设备，一旦出现了故障，将直接导致显示器不能显示电脑信息。本节将详细介绍显示卡故障排除的相关知识。

12.5.1　显卡常见的几种故障

显卡常见的故障包括显卡接口接触不良、驱动程序出错、超频后故障和电子元件故障，下面详细介绍这几种常见故障排除的方法与技巧。

1. 接口接触不良

显卡接口接触不良，主要是因为主板插槽或者显卡存在污垢，需要彻底清理显卡本身以及卡槽内污垢后，重新安装即可。

2. 驱动程序错误

驱动程序错误主要是因为没有能够正确安装驱动或者使用其他软件与显卡驱动发生冲突造成的。用户可以考虑重新安装驱动，或者升级驱动来提高驱动兼容性，以解决此问题。

3. 超频故障

显卡过分超频可以造成显卡无法正常工作，导致系统无法启动或者黑屏，解决此问题可以通过降低显卡频率，使之能够正常工作来实现。

4. 电子元件故障

如果出现显卡电子元件故障，只能通过专业人员维修，或者更换显卡来解决此问题。

12.5.2 显卡驱动丢失

如果电脑在使用一段时间以后，出现显卡驱动丢失的现象，通常是因为显卡本身的质量不过关，或者主板工作不稳定，造成显卡工作温度过高，丢失显卡驱动。用户可以考虑更换显卡或者更换主板来解决此问题。

12.5.3 显卡的原因造成黑屏

一般显卡造成的黑屏的原因，主要是因为显卡的金手指存在污垢，或者显卡插槽内存有污垢，用户可以进行彻底的清理，然后重新安装显卡即可；如果显卡的金手指出现氧化，可以尝试橡皮擦，或者棉签蘸无水酒精进行清理来解决此问题。

12.5.4 显卡的原因造成死机

一般显卡造成死机，主要是因为显卡与主板不兼容，或者显卡与其他扩展卡不兼容造成的，解决此问题用户可以通过升级主板驱动或者升级显卡驱动程序来实现；也可以通过更换其他主板、显卡或者扩展卡来解决此问题。

12.5.5 开机后屏幕连续闪烁

在开机画面屏幕会闪四次，这说明显卡的通断也是四次。出现此问题主要是因为显卡驱动安装不正确或者驱动不稳定造成的。用户可以考虑重新安装显卡驱动程序，或者升级显卡驱动程序，如果是显卡与主板的兼容性造成的，可以考虑更换主板或者显卡。

另外，在炎热的夏天，显卡工作温度过高，也容易造成此问题，用户可以考虑加强机箱散热来解决此问题。

12.5.6 更换显卡后经常死机

在更换过新的显卡以后，经常出现黑屏然后死机，重新启动后再次死机的状态。这可能是因为新的显卡与原来的主板不兼容，或者 BIOS 设置有误造成的。如果是前者，可以升

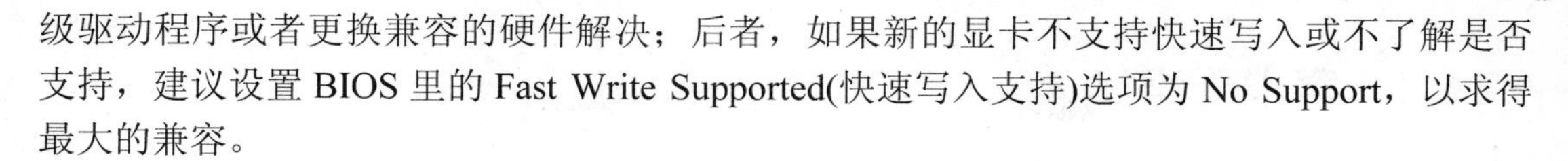

级驱动程序或者更换兼容的硬件解决；后者，如果新的显卡不支持快速写入或不了解是否支持，建议设置 BIOS 里的 Fast Write Supported(快速写入支持)选项为 No Support，以求得最大的兼容。

12.5.7　电脑运行时出现 VPU 重置错误

电脑在运行大型 3D 游戏的时候，出现花屏或者黑屏，接着退出游戏，提示“vpu.recovr 已重置了你的图形加速卡”信息，出现这一信息，多数是 ATI 显卡的问题，是显卡与主板兼容性不好，或者早期的主板对显卡供电不足造成的。遇到这个问题可以采用以下两个方法解决。

(1) VIA 芯片的显卡，可以安装 4in1 驱动包，或者升级驱动程序解决此问题。

(2) AGP 插槽的显卡，因为比较老旧，用户可以提高工作电压解决此问题。

12.5.8　显卡驱动程序安装出错

安装显卡驱动出现提示“该驱动程序将会被禁用。请与驱动程序的供应商联系，获得与此版本 Windows 兼容的更新版本”信息。首先，检查安装的驱动程序是否匹配当前操作系统，不同系统下的驱动程序不可以随意安装；其次，检查当前驱动程序是否匹配当前显卡；最后，检查驱动程序是否是最新版本，以解决此问题。

12.5.9　玩游戏时无故重新启动

电脑在运行大型 3D 游戏的时候，无缘无故重新启动，当排除内存的原因后，用户可以检查显卡是否有故障。

在运行大型 3D 游戏的时候，显卡的负荷量非常大，导致显卡芯片过热，造成电脑重新启动，解决这一问题可以考虑加张显卡的散热设备，以达到降低显卡工作温度的目的；另外，需要检查显卡的部件，例如，显存是否出现问题，造成电脑不稳定，如果确定是显存出现问题，建议找到专业人员维修或者更换显卡。

12.5.10　显示器出现不规则色块

显示器出现色块，用户可以通过显示器自带的消磁功能，进行消磁处理。如果消磁处理以后还有色块的现象，则要检查显卡，如果显卡长期处于超频状态，导致显卡工作不稳定，可将显卡频率恢复默认值。如果将显卡恢复到默认频率，显示器仍然有色块，则有可能是显卡芯片损坏，建议找到专业人维修或者更换显卡。

12.6　声卡故障排除

声卡是电脑输出声音的重要设备，如果声卡出现故障，电脑将不会发出声音，甚至会影响到电脑的正常运行，本节将详细介绍声卡故障排除的相关知识及操作方法。

12.6.1 声卡无声

如果安装声卡驱动过程一切正常，那么声卡出现故障的几率很小，用户可以排查下面几项。

(1) 音箱或者耳机连接机箱是否正确，检查是否接口有接触不良的现象。

(2) 音箱或者耳机的性能是否完好，更换其他可以正常使用的电脑检查。

(3) 是否音频线有损坏，通过更换其他可以使用的音频线检查。

(4) 系统音量控制中是否有屏蔽相关项，打开系统音量控制查看。

如果上述问题都不存在，用户可以考虑安装最新的声卡补丁，或者升级声卡的驱动程序，来解决此问题。

12.6.2 播放时有噪声

信噪比一般是产生噪声的罪魁祸首，集成声卡尤其受到背景噪声的干扰，不过随着声卡芯片信噪比参数的加强，大部分集成声卡信噪比都在 75dB 以上，有些高档产品信噪比甚至达到 95dB，出现噪声的问题越来越小。而除了信噪比的问题，杂波电磁干扰是噪声出现的唯一理由。由于某些集成声卡采用了廉价的功放单元，做工和用料上更是低劣，信噪比远远低于中高档主板的标准，自然噪声无法控制了。解决此问题用户可以通过购买独立声卡，代替集成声卡来实现。

12.6.3 安装新的 Direct X 之后，声卡不发声

某些声卡的驱动程序和新版本的 Direct X 不兼容，导致声卡在新 Direct X 下无法发声。如果出现此问题，需要为声卡更换新的驱动程序或使用“Direct X 随意卸”等工具，将 Direct X 卸载后，重新安装以前稳定的版本。

12.6.4 集成声卡在播放音频文件时类似快进效果

由于声卡已经发声，问题可能出在设置和驱动上，如果电脑正在超频使用，首先应该降低频率，然后关闭声卡的加速功能，如果这样还是不行，应该寻找主板和声卡的补丁以及新驱动程序。

12.6.5 不能正常使用四声道

某些集成声卡能够正常发声，却无法使用四声道模式。很多声卡都是通过软件模拟出四声道，简单地将前置音箱的声音复制到后置音箱上，这样在播放 MP3 和或者听 CD 的时候都是四声道，而在进行 3D 游戏或者播放 DVD 的时候则没有办法了，也可以说这些声卡，不是真正的四声道，用户可以通过更换四声道的独立声卡，解决此问题。

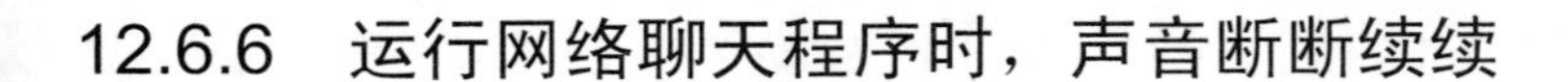

12.6.6　运行网络聊天程序时，声音断断续续

其实这个问题并不是声卡的问题，因为受到网络流量的限制，网络带宽无法流畅地传递声音信号。

用户尽量在网络聊天时不要打开大型程序，也不要有下载等大流量的网络操作，如果能够更换网络接入方式，增加带宽，才是一劳永逸的办法。

12.6.7　声卡在运行大型程序时出现爆音

由于集成声卡数字音频处理依靠 CPU，而如果电脑配置过低则可能出现这种问题。

在控制面板中，选择系统→设备管理器，选中磁盘驱动器，找到硬盘的参数选项，双击参数选项，在弹出的界面中取消选中【选择硬盘的 DMA】复选框。不过在关闭了 DMA 数据接口之后会降低系统的性能；或者安装最新的主板补丁和声卡补丁，更换最新的驱动程序也可以取得一定效果。

12.6.8　无法播放 WAV 和 MID 格式的音乐

在 Windows 操作系统中无法播放 WAV 和 MID 格式的音乐。

由于电脑能够正常播放其他音频格式的音乐，因此声卡和播放器应该没有问题，估计是声卡方面设置不对。用户可检查音频设备，如果不止一个，则禁用其他的一般即可以解决。不能播放 MIDI 的问题估计是没有在系统中添加声卡的软波表，造成不能识别 MID 格式的音符，而不能正常播放，只需要安装相应的软波表就可以解决此问题。

12.6.9　PCI 声卡出现爆音

一般是因为 PCI 显卡采用 Bus Master 技术造成挂在 PCI 总线上的硬盘读写、鼠标移动等操作时放大了背景噪声的缘故。解决方法是关掉 PCI 显卡的 Bus Master 功能，换成 AGP 显卡，将 PCI 声卡安置在另一个插槽上。

12.6.10　安装网卡之后声卡无法发声

此问题大多由于兼容性问题和中断冲突造成。

驱动兼容性的问题比较好解决，用户可以更新各个产品的驱动即可。而中断冲突则比较麻烦。首先进入【控制面板】→【系统】→【设备管理器】，查询各自的 IRQ 中断，并可以直接在手动设定 IRQ，消除冲突即可。如果在设备管理器无法消除冲突，最好的方法是回到 BIOS 中，关闭一些不需要的设备，空出多余的 IRQ 中断。用户也可以将网卡或其他设备换个插槽，这样也将改变各自的 IRQ 中断，以便消除冲突。在换插槽之后应该进入 BIOS 中的 PNP/PCI 项中将 Reset Configutionration Data 改为 ENABLE，清空 PCI 设备表，重新分配 IRQ 中断即可。

12.7 电源故障排除

电源是电脑的供电设备，电源的稳定性直接影响到电脑的运作，如果电源出现故障，那么电脑将不能工作，本节将详细介绍电源故障排除的相关知识及操作方法。

12.7.1 有电源输出但开机无显示

电脑中有电源输出，但是开机无显示。

出现此故障的原因可能是 POWERGOOD 输入的 RESET 信号延迟时间不够，或者 POWERGOOD 无输出，开机后，用电压表测量 POWERGOOD 的输出端，如果无+5V 输出，再检查延时元器件，若有+5V 则更换延时电路的延时电容即可。

12.7.2 电源无输出

此类为最常见故障，主要表现为电源不工作。在主机确认电源线已连接好的情况下，开机无反应，显示器无显示，无输出故障又分为以下几种。

1. +5VSB 无输出

+5VSB 在主机电源一接交流电即应有正常 5V 输出，并为主板启动电路供电。因此，+5VSB 无输出，主板启动电路无法动作，将无法开机。

将电源从主机中拆下，接好主机电源交流输入线，用户用万用表测量电源输出到主板的 20 芯插头中的紫色线+5VSB 的电压，如无输出电压则说明+5VSB 线路已损坏，需更换电源。对有些带有待机指示灯的主板，无万用表时，用户也可以用指示灯是否亮来判断+5VSB 是否有输出。此种故障显示电源内部有器件损坏，保险丝很可能已熔断。

2. +5VSB 有输出，但主电源无输出

此种情况待机指示灯亮，但按下开机键后无反应，电源风扇不动。此现象显示保险丝未熔断，但主电源不工作。将电源从主机中拆下，将 20 芯中绿线(PS ON/OFF)对地短路或接一小电阻对地使其电压在 0.8V 以下，此时，电源仍无输出且风扇无转动迹象，则说明主电源已损坏，需更换新的电源。

3. +5VSB 有输出，但主电源保护

此类情况也比较多，由于制造工艺或器件早期失效均会造成此现象。此现象和+5VSB 有输出，但主电源无输出的区别在于开机时风扇会抖动一下，即电源已有输出，但由于故障或外界因素而发生保护。为了排除因电源负载(主板等)损坏短路或其他因素，用户可将电源从主机中拆下，将 20 芯中绿线对地短路，如电源输出正常，则可能为：

- 电源负载损坏导致电源保护，更换损坏的电源负载；
- 电源内部异常导致保护，需更换电源；

- 电源和负载配合，兼容性不好，导致在某种特定负载下保护，此种情况需找到专业人员做进一步检测。

12.7.3　机箱上带有静电

其实大多数机箱都有漏电现象，这是正常的，不过每个机箱的漏电情况都不相同。如果机箱漏电比较轻微，一般不易察觉。但如果漏电比较严重，有可能会使机箱内的硬件配件损坏。首先要检查是否是电源质量不合格，若电源质量较差最好更换一个好的电源。另外，解决漏电现象只需使机箱接地即可。用户可以用一根电线，一头接在机箱上，另一头连接大地即可，使机箱与大地形成回路便可释放掉漏电流。

12.7.4　电压不稳造成电脑重新启动

如果各配件没有故障而计算机仍出现这种现象，可能是家用线路电压不稳所造成的。如果当地的电压不稳定，极易出现显示器画面抖动、重启等现象，而且这种情况特别容易损坏计算机的各种配件。如果电压问题不能解决，最好购买一个 UPS 电源，当电压不稳或突然停电时，UPS 会适当延长供电时间，这样即解决了此问题。

12.7.5　电源故障导致开机不正常

电脑在按下电源开关后没有反应，过一段时间又启动了，而且启动后计算机工作正常。这种情况大多在长时间关机后发生，但启动后重新关机再开机则正常。

这种情况是主机电源问题。主机在通电的瞬间，主机电源会向主板发送一个 POWER Good PG 的信号，如果主机电源的输入电压在额定范围之内，输出电压也达到最低检测电平(+5V 输出为 4.75V 以上)，并且达到 100～500ms 时，PG 电路则会发出“电源正常”的信号，接着 CPU 会产生一个复位信号，执行 BIOS 中的自检，然后才能启动。当电源交流输入电压不正常，或主板信号传输延缓时经常会出现类似的故障，这一般是由于电源质量不好或主板老化所致，建议用户更换一个电源试试。

12.7.6　温度原因引起的电源噪声

很多电脑在使用一段时间以后，电源在开机的初始会有很大的噪声，但经过一段时间以后，噪声会慢慢消失，这是因为电源风扇中的润滑油凝固的原因，导致电源风扇转动不流畅，形成了较大的震动，所以出现了噪声，而当开机一段时间后，风扇产生的热量使原本凝固的润滑油慢慢地熔化，风扇恢复正常地转动，噪声也随即消失了。建议找到相关专业人员对电源风扇中的润滑油进行更换，即可解决此问题。

12.7.7　开机几秒钟后自动关机

按下开机电源按键后，进入系统自检，几秒钟左右便自动关机，这可能是电源出现问题或者机箱内某处发生短路导致关机。解决此问题用户可以尝试以下方法。

(1) 检查机箱内部是否存在短路现象，例如，电源与主板、硬盘等硬件设备接口处，是否存在接触不良等问题。

(2) 检查电源按键后的弹簧片，如果是因为弹簧片无法回弹，用户可以考虑更换弹簧片，以解决此问题。

(3) 如果上述方法不能解决此问题，用户需要对机箱电源进行检查，最好是找到专业的维修人员进行检查。

12.7.8 电源发出“吱吱”声

在电脑运行的过程中，有时候会听到电源附近有“吱吱”声，这是因为电流通过 PFC 时发出的电流声，不会影响电脑或对其他硬件设备造成影响，属于正常的电源运作现象。如果电源发出的声音过大，可以找到相关专业人员进行检查。

12.7.9 电源灯闪一下后熄灭了

有的电脑在开机的时候，电源灯闪一下后熄灭了，这是因为在开机的瞬间，机箱电源无法供给主板启动所需要的电流。用户可以在启动电脑之前，先断开 ATX 电源，大约 20 秒再接通电源，再等待 10 秒以后开启电脑，这样即可保证机箱电源对主板的供电量。

12.7.10 电源功率变小了

使用过一段时间的电脑，也许会出现每次启动黑屏的现象。拔掉光驱或者硬盘的电源线以后，才可以开机。这是因为电源里面的部件出现老化或者损坏的原因，影响了电脑正常工作。

如果是很长时间没有清理，那么电源里的灰尘过多，容易导致电路短路等问题，也会影响电脑的正常工作。出现此问题可以将电源取下来，用软毛的刷子清理里面的灰尘，清理干净后装回，以解决此问题。

如果仍然不能正常使用的话，说明这个电源很可能已经损坏，用户可以考虑更换电源来解决此问题。

12.8 思考与练习

一、填空题

1. ________作为电脑中最重要的部件之一，在电脑中占有很重要的地位，是影响________运行速度的重要因素之一。

2. ________常见的故障主要包括人为操作造成不良的故障、________造成的故障和运行环境不良造成的故障。

3. ________如果出现故障，会造成________运行不稳定、程序出错或操作系统无法安装等故障。

4. ________是电脑中重要的存储设备，硬盘中存储大量的数据，硬盘常见的故障大致包括接触不良、________、分区表被破坏和硬盘质量问题。

5. ________是电脑中专业图像处理和输出设备，显卡常见的故障包括显卡接口接触不良、驱动程序出错、________和电子元件故障。

6. ________电脑输出声音的重要设备，如果声卡出现故障，电脑将不会发出________，甚至会影响到电脑的正常运行。

7. 电源是电脑的________，电源的稳定性直接影响电脑的运作，如果________出现故障，那么电脑将不能工作。

二、判断题

1. CPU 常见的故障常见的故障包括 CPU 散热不良、CPU 针脚接触不良两种情况。（　　）

2. 主板常见的故障主要包括人为操作造成不良的故障、电子元件损坏造成的故障和运行环境不良造成的故障，这几种情况。（　　）

3. 内存常见的故障为兼容性故障、接触不良和卡槽变形或损坏，这几种情况。（　　）

4. 硬盘常见的故障大致包括接触不良、分区表被破坏和硬盘质量问题，这几种情况。（　　）

第13章

电脑外部设备故障及排除方法

本章要点

- 显示器故障排除
- 键盘与鼠标故障排除
- 光驱与刻录机故障排除
- 打印机故障排除
- 笔记本故障排除
- 数码设备与产品故障排除
- 移动存储设备故障排除

本章主要内容

本章主要介绍了电脑外部设备故障及排除法方面的知识，包括显示器故障排除、键盘与鼠标故障排除、光驱与刻录机故障排除、打印机故障排除、笔记本故障排除、数码设备与产品故障排除和移动存储设备故障排除的方法与技巧。通过对本章的学习，读者可以掌握电脑外部设备故障及排除法方面的知识和技巧，为深入学习计算机组装、维护与故障排除奠定基础。

13.1 显示器故障排除

显示器是电脑的终端输出设备，如果显示器出现故障，虽然电脑能够正常运行，但是无法凭借显示画面操作电脑，本节将详细介绍显示器故障排除的相关知识与技巧。

13.1.1 显示器常见的几种故障

显示器如果出现故障，则无法正常使用电脑。显示器常见的故障包括：图像显示异常、图像显示抖动和显示器黑屏这三种情况，下面分别予以详细介绍解决这三种故障的具体操作方法。

1. 图像显示异常

显示器图像显示异常通常分为显示器局部出现色块和图像模糊，下面将详细介绍具体解决方法。

- 显示器局部出现色块：显示器出现这种情况，多数是因为受到周围磁力的影响，可以通过显示器自带的消磁功能处理，或者远离电视或者电冰箱等大功率的家用电器来解决此问题。
- 显示器图像模糊：显示器出现这种情况，多数是显示器的工作环境比较潮湿导致的，显示器在日常使用中要做到防湿防潮。另外，长时间搁置不使用的显示器也容易出现此问题，用户可以定期使用，以达到驱散潮气的目的。

2. 显示图像抖动

显示器的显示图像抖动多数是因为显示器接口接触不良造成的，用户可以通过重新插拔显示器插口，检查连电源接线是否老化等方法解决此问题。

3. 显示器黑屏

显示器黑屏这种现象成因比较多，最常见的主要是显示器内部电子元件损坏和电源连接线断路造成的，出现此问题，需要找到专业的维修人员进行检修排查，或者更换电源连接线，以解决此问题。

13.1.2 显示器出现偏色现象

显示器偏色是在显示器工作的时候，图像色彩异常，好像有一层滤镜，偏重某种色彩。如果出现此问题，首先将显示器换到其他电脑上，检测是否显示正常，以确定信号线和显卡是否出现故障；如果在其他电脑上同样显示异常，用户可以考虑找到专业的维修人员进行维修，不要自己手动拆卸。

13.1.3　开机后显示器画面抖动很厉害

有的电脑在使用过程中会出现，开机后显示器画面抖动很厉害，甚至图像和字体都很不清楚，过了一两分钟以后，则恢复正常。这是是因为显示器受潮的缘故。显示器内部电子元件受潮之后，则会出现这种现象，解决此问题，用户可以通过更换电脑的工作环境，或者将食品袋中的防潮剂，置入显示器内部显像管管颈尾部靠近管座附近，即可解决此问题。

13.1.4　开机后显示器要等很长时间才能工作

在使用电脑的过程中，如果出现开机之后屏幕一片漆黑，要等上十几分钟或者几十分钟，才可以正常显示画面的情况，这说明显像管座漏电所致，须更换管座。拆开后盖可以看到显像管尾的一块小电路板，管座焊在电路板上。小心拔下这块电路板，再焊下管座，到电子商店买回一个同样的管座，然后将管座焊回到电路板上。这时不要急于将电路板装回去，要先找一小块砂纸，很小心地将显像管尾后凸出的管脚用砂纸擦拭干净。特别是要注意管脚上的氧化层，如果擦得不干净很快会旧病复发。将电路板重新装回去即可解决此问题。

13.1.5　系统无法识别显示器

如果出现了系统无法识别显示器的情况，这说明显示器本身出现了硬件故障或某元件性能不良所致、显卡出了硬件故障或显卡驱动程序损坏所致、显示器和显卡相连的数据线出现了问题、VGA 插座出了问题，或者未安装显示器厂家的专用显示器驱动程序所致。解决此问题需要逐一排查，以便手到病除，如果对专业的维修知识不甚了解，用户可以找到专业的维修人员进行检修。

13.1.6　显示器屏幕闪烁

显示器屏幕闪烁可以通过以下几个途径解决。分辨率或者刷新率过高，可以将显示器的分辨率或者刷新率调整回正常值。另外，显示器如果长期处于超频状态，容易产生内部元件老化损坏；显示器或者显卡的驱动出现错误，可以尝试升级补丁或者更新驱动程序解决；显示器周围电子设备过多，解决此问题可以将显示器周围的电子设备挪走，例如，ADSL 猫等，以便减少显示器周围的磁场；显示器高压包损坏，如果排除以上可能，应该是高压包出现了故障，解决此问题，可以找到专业的维修人员进行维修。

13.1.7　液晶显示器出现“水波纹”

出现水波纹是液晶显示器比较常见的质量问题，首先要做的事情是仔细检查电脑周边是否存在电磁干扰源，然后更换一块显卡，或将显示器接到另一台电脑上，确认显卡本身没有问题，再调整一下刷新频率。如果排除以上原因，很可能是该液晶显示器的质量问题了，比如存在热稳定性不好的问题，建议找到专业的维修人员进行维修。

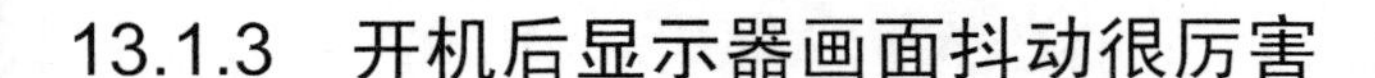

13.1.8 液晶显示器出现黑白条

液晶显示器在使用很长一段时间以后，有可能出现黑色线条或者白色线条，如果排除接口接触不良等因素，一般都是液晶面板或者控制电路出现问题。出现此问题，比较麻烦一般不能手动修理，如果显示器尚在保修期间，用户可以考虑送修，如果没有再保修期间，则需要更换液晶面板或者控制电路。

13.1.9 液晶显示器显示重影

如果液晶显示器出现重影的现象，要从以下几个方面进行排查。

(1) 检查输入信号，是否因为连接分配而引起或 VGA 电缆不合规格引起的。

(2) 检查主板 VGA 座有无虚焊，连焊。

(3) 检查主板由信号输入到芯片部分线路有无虚焊、短路和电容电阻错置。

(4) 检查主板各个工作点电压，是否是主芯片损坏。

13.1.10 液晶显示上有拇指大小的黑斑

这种情况很大程度上是由于外力按压造成的。在外力的压迫下液晶面板中的偏振片会变形，这个偏振片性质像铝箔，被按凹进去后不会自己弹起来，这样造成了液晶面板在反光时存在差异，则会出现黑斑。不过，这不会影响液晶显示器的使用寿命。但在以后的使用中请多加注意，不要随意用手去按压液晶屏幕。

13.1.11 显示分辨率设定不当

液晶显示器只有在真实分辨率下才能显现最佳影像。当设置为真实分辨率以外的分辨率时，一般通过扩大或缩小屏幕显示范围，显示效果保持不变，超过部分则黑屏处理。另外也可能使用插值等方法，无论在什么分辨率下仍保持全屏显示，但这时显示效果则会大打折扣。另外液晶显示器的刷新率设置与画面质量也有一定关系，一般设为 60Hz 最好。

13.2 键盘与鼠标故障排除

键盘和鼠标是电脑上的重要输入设备，主要负责各类操作命令的发出和文字的输入，这两类设备的使用频率最高，因此出现故障的频率也较高，一旦出现故障，用户将不能向电脑输入数据和控制电脑，本节将详细介绍键盘与鼠标故障排除的相关知识。

13.2.1 键盘按键不能弹起

出现这类故障的主要原因是键盘质量差造成的。

在装机时对键盘的重视不够或是图便宜，从而购买了劣质键盘。遇到这种现象，一般只要将卡住的键恢复原位即可。但是这些键可能是弹簧出了问题，下次还会卡住。最好，将按键帽取下来，清理一下，或者更换弹簧即可解决此问题。

13.2.2　启动时提示键盘错误

启动电脑时提示 Keyboard Error，Please press F1 Continue 信息，按 F1 键不能继续启动，而且按任何键都毫无反应，这种情况是由于键盘未能正确地连接到主板上或键盘与主板的 PS/2 接口接触不良，或鼠标与键盘接反所造成的。解决的方法很简单，首先查看键盘是否已正确接在主板上，如果接头松动，则重新将它插紧；还要仔细观察是否是鼠标与键盘接口接反，由于主板上的键盘接口与鼠标接口的位置相近并且外观相同，很容易弄混，但可以根据接口颜色及接口旁的标识进行区别，只要将键盘正确接在主板的 PS/2 接口上即可；如果键盘已经接好仍然出现这种情况，则可能是插头与接口接触不良，这时需把键盘插头重新插好即可解决。

13.2.3　关机后键盘上的指示灯还在亮

由于现在的计算机大多使用 ATX 电源，而 ATX 电源在关机后并没有切断所有的电源供给，而是保留了一组 5V 的电源给主板供电，以保证计算机的远程唤醒、键盘鼠标开机等功能。由于该主板支持键盘开机，所以在关机后电源仍然为主板的 PS/2 接口供电，以保证能实现键盘开机功能，所以键盘指示灯会亮。

如果不想使用键盘开机功能，可以查看主板说明书，看主板上是否有禁用键盘开机功能的跳线，如果有，将跳线设为禁止；或进入 BIOS 中将键盘开机功能设为 Disable 以禁用它，这样在关机后指示灯则不会再亮了。

13.2.4　键盘出现“跳键”现象

如果键盘上出现按下一个键产生一串多种字符，或按键时字符乱跳这种现象，这是由于逻辑电路故障造成的。先选中某一列字符，若是不含回车键的某行某列，有可能产生多个其他字符现象；若是含回车键的一列，将会产生字符乱跳且不能最后进入系统的现象，用示波器检查逻辑电路芯片，找出故障芯片后更换同型号的新芯片；如果出现键盘输入与屏幕显示的字符不一致的现象，可能是由于电路板上产生短路现象造成的，其表现是按这一键却显示为同一列的其他字符，此时可用万用表或示波器进行测量，确定故障点后进行修复。

13.2.5　按键盘任意键死机

开机后可以正常进入 Windows 系统，鼠标可以正常使用，但是要按键盘上的任意一个键，电脑会立刻死机。

这种情况可能是键盘内部出现了问题，如键盘意外进水、键盘内部电路老化或键盘内部发生短路等，都可能导致出现该故障。用户可以尝试以下几个方法解决该问题。

(1) 如果使用过程中不小心将水洒到了键盘上，应该及时关机，并将键盘拔下，把键盘放在通风的地方，晾干后再使用，但千万不能将键盘放在太阳下晒干。

(2) 若键盘使用的太久，其内部的电路将会逐渐老化，因此容易导致死机，此时应该更换键盘。

(3) 如果键盘内的灰尘长时间未清理，吸潮的灰尘很容易引起键盘内电路短路，应该定期进行清理键盘的灰尘，避免发生短路。

13.2.6 键盘和鼠标接口接错引起黑屏

刚刚组装好的电脑，开机后黑屏，当这种故障发生后，如果鼠标和键盘都是PS/2接口的，最好先检查鼠标和键盘是否插反了。如果插反了，开机之后则会黑屏，但不会烧坏设备。用户可以关机后，使键盘和鼠标接口交换一下，即可解决此问题。

13.2.7 系统不识别鼠标

如果出现系统不识别鼠标的情况，用户可以考虑以下三个方面进行排查。

(1) 鼠标与主机连接串口或PS/2口接触不良，仔细接好线后，重新启动即可。

(2) 主板上的串口或PS/2口损坏，这种情况很少见，如果是这种情况，只好去更换一个主板或使用多功能卡上的串口。

(3) 鼠标线路接触不良，这种情况是最常见的。接触不良的点多在鼠标内部的电线与电路板的连接处。故障只要不是在PS/2接头处，一般维修起来不难。通常是由于线路比较短，或比较杂乱而导致鼠标线被用力拉扯的原因，解决方法是将鼠标打开，再使用电烙铁将焊点焊好。还有一种情况则是鼠标线内部接触不良，是由于时间长而造成老化引起的，这种故障通常难以查找，用户可以考虑更换鼠标解决。

13.2.8 鼠标能显示，但无法移动

鼠标的灵活性下降，鼠标指针不像以前那样随心所欲，而是反应迟钝，定位不准确，或干脆不能移动了。这种情况主要是因为鼠标里的机械定位滚动轴上积聚了过多污垢而导致传动失灵，造成滚动不灵活。维修的重点要放在鼠标内部的X轴和Y轴的传动机构上。解决方法是，可以打开胶球锁片，将鼠标滚动球卸下来，用干净的布蘸上中性洗涤剂对胶球进行清洗，摩擦轴等可用采用酒精进行擦洗。最好在轴心处滴上几滴缝纫机油，但一定要仔细，不要流到摩擦面和码盘栅缝上了。将一切污垢清除后，鼠标的灵活性恢复如初。

13.2.9 鼠标按键失灵

鼠标按键失灵比较常见的是，鼠标按键无动作和鼠标按键无法正常起弹，下面详细介绍解决此问题的具体方法。

1. 鼠标按键无动作

这可能是因为鼠标按键和电路板上的微动开关距离太远或点击开关经过一段时间的使用而反弹能力下降。拆开鼠标，在鼠标按键的下面粘上一块厚度适中的塑料片，厚度要根据实际需要而确定，处理完毕后即可使用。

2. 鼠标按键无法正常弹起

这可能是因为当按键下方微动开关中的碗形接触片断裂引起的，尤其是塑料簧片长期使用后容易断裂。如果是品质好的名牌鼠标，则可以重新焊接，拆开微动开关，细心清洗触点，上一些润滑脂后，装好即可使用。

13.2.10　光电鼠标指针定位不准

光电鼠标定位不准主要表现为鼠标指针位置不定和鼠标指针无故漂移，其主要原因有以下几个方面。

1. 外界强光影响

现在有些鼠标为了追求漂亮美观，外壳的透光性太好，如果光路屏蔽不好，再加上周围有强光干扰的话，很容易影响到鼠标内部光信号的传输，而产生的干扰脉冲便会导致鼠标误动作。

2. 电路中的虚焊

电路中有虚焊的话，会使电路产生的脉冲混入造成干扰，对电路的正常工作产生影响。此时，需要仔细检查电路的焊点，特别是某些易受力的部位。发现虚焊点后，用电烙铁补焊即可。

3. 晶振或 IC 质量不好

晶振或 IC 质量不好，受温度影响，使其工作频率不稳或产生飘移，此时，只能用同型号、同频率的集成电路或晶振替换。

13.2.11　电缆芯片断线

电缆芯线断路主要表现为光标不动或时好时坏，用手推动连线，光标抖动。一般断线故障多发生在插头或电缆线引出端等频繁弯折处，此时护套完好无损，从外表上一般看不出来，而且由于断开处时接时断，用万用表也不好测量。

解决方法为、拆开鼠标，将电缆排线插头从电路板上拔下，并按照芯线的颜色与插针是的对应关系做好标记后，然后把芯线按断线是的位置剪去 5～6 cm，如果手头有孔形插针和压线器，用户可以照原样压线，否则只能采用焊接是的方法，将芯线焊在孔形插针的尾部。

为了保证以后电缆线，不再因为疲劳使用而断线，用户可取废圆珠笔弹簧一个，待剪去芯线时将弹簧套在线外，然后焊好接点。用鼠标上下盖将弹簧靠线头的一端压在上下盖边缘，让大部分弹簧在鼠标外面起缓冲作用，这样可延长电缆线是的使用寿命。

13.3　光驱与刻录机故障排除

光驱作为电脑重要的外部资料输入设备和资料备份工具，是一台多媒体电脑必备的外部设备，一旦出现故障将影响电脑的正常工作，本节将详细介绍光驱与刻录机故障排除的相关知识。

13.3.1 光驱工作时硬盘灯始终闪烁

如果使用光驱的时候，出现硬盘灯一直在闪，首先要检查是否光驱与硬盘连接在同一IDE接口上，这样会导致在使用光驱的时候硬盘灯不停地闪烁，用户可以通过更换接口解决此问题；例如，在使用光驱观看DVD碟片的时候，也会出现硬盘灯闪烁的现象，这是因为DVD碟片的容量很大，电脑启用预读机制，将DVD碟片中的内容缓存到硬盘上，以保证DVD碟片播放的顺利、流畅。

13.3.2 光驱不读盘或者读盘时间很长

光驱不读盘的故障主要集中在激光头组件上，且可分为二种情况：一种是使用太久造成激光管老化；另一种是光电管表面太脏或激光管透镜太脏及位移变形。所以在对激光管功率进行调整时，还需对光电管和激光管透镜进行清洗。

光电管及聚焦透镜的清洗方法是：拔掉连接激光头组件的一组扁平电缆，记住方向，拆开激光头组件。这时能看到护套罩着激光头聚焦透镜，去掉护套后会发现聚焦透镜由四根细铜丝连接到聚焦、寻迹线圈上，光电管组件安装在透镜正下方的小孔中。用细铁丝包上棉花蘸少量蒸馏水擦拭，不可用酒精擦拭光电管和聚焦透镜表面，并看看透镜是否水平悬空正对激光管，否则须适当调整。至此，清洗工作完毕。

调整激光头功率。在激光头组件的侧面有1个像十字螺钉的小电位器。用户用色笔记下其初始位置，一般先顺时针旋转5°～10°，装机试机后不行再逆时针旋转5°～10°，直到能顺利读盘。注意一次不可以旋转太多，以免功率太大而烧毁光电管。

13.3.3 光驱使用时出现读写错误或无盘提示

这种现象大部分是在换盘时还没有就位则对光驱进行操作所引起的故障。对光驱的所有操作都必须要等光盘指示灯显示为就好位时才可进行操作。在播放影碟时也应将时间调到零时再换盘，这样即可以避免出现上述错误。

13.3.4 开机检测不到光驱或者检测失败

这有可能是由于光驱数据线接头松动、硬盘数据线损毁或光驱跳线设置错误引起的，遇到这种问题的时候，我们首先应该检查光驱的数据线接头是否松动，如果发现没有插好，将其重新插好、插紧。如果这样仍然不能解决故障，那么我们可以用一根新的数据线换上试试。这时候如果故障依然存在的话，我们则需要检查一下光盘的跳线设置了，如果有错误，将其更改即可。

13.3.5 光驱弹不出来

光驱弹不出来是一种比较常见的电脑故障，一般可能是光驱本身的问题，或内部弹片

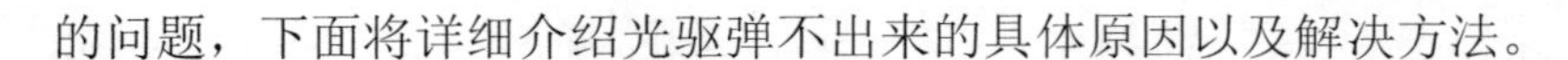

的问题，下面将详细介绍光驱弹不出来的具体原因以及解决方法。

1. 光驱出仓按键失灵

当按下光驱面板上的出仓键后，光驱弹不出来，但在“我的电脑”中右击光驱盘符，选择“弹出”后光驱能够出仓，这说明光驱面板上的出仓键失灵了，解决办法可以尝试拆下光驱，重点检查下按键是否存在接触不良，即可解决此问题。

2. 光驱出仓机械系统齿轮磨损

光驱出仓机械系统齿轮磨损，这种情况往往在按下出仓键时，能听到光驱发出出仓时的“咯噔”一声，但光驱弹不出来；这种故障是由于光驱出仓齿轮磨损造成的，因为多数电脑光驱的进出仓齿轮是由塑料制成的，长时间的动作以及塑料本身老化使得齿轮过早的磨损，齿轮与齿轮之间的配合间歇过大则会打滑，导致了光驱弹不出来的故障，解决此问题可以找到专业的维修人员进行维修。

3. 光驱本身机械故障

如果光驱在电脑中无法识别，或者按键后无任何反应，首先检查下线路连接是否有问题，尤其是供电部分，如果没问题，那么说明是光驱本身的问题，对于机械故障，只能找到专业的维修人员进行维修。

4. 光驱应急出仓孔

光驱面板上都设计了应急出仓孔，一旦光驱发生故障无法退盘出仓，用户可以使用回形针或牙签之类的硬物插入应急出仓孔，此时光驱托盘会弹出一小部分，再用手拉出托盘即可解决光驱弹不出的问题，应急出仓孔位置，如图 13-1 所示。

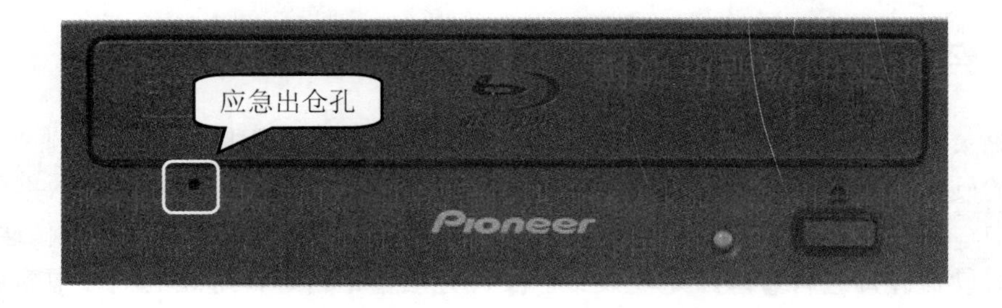

图 13-1

13.3.6　光驱的读盘性能不稳定

如果光驱的读盘性能不稳定，用户可以尝试从以下几个方面进行排查。

(1) 检查光驱的供电是否稳定，是否因为电压忽高忽低，导致读盘性能不稳定。

(2) 系统是否感染了病毒，禁止光盘的读取。当系统感染了病毒，修改了注册表，屏蔽了光驱盘符时，这时系统表现为光盘符号丢失，同时光驱可能不能读取，即使光驱能够读取到数据，因在【我的电脑】中或【资源管理器】中无盘符，我们也无法获取读到的数据。

(3) 光驱内有不固定的微小杂物，当杂物挡在光头上时，光驱则无法正常读盘；当杂物移开时，光驱又能正常读盘了。

(4) 激光头老化，调整光驱激光头附近的电位调节器，加大电阻改变电流的强度使发射管的功率增加，提高激光的亮度，从而提高光驱的读盘能力。

13.3.7 使用模拟刻录成功，实际刻录却失败

刻录机提供的“模拟刻录”和“刻录”命令的差别在于是否打出激光光束，而其他的操作都是完全相同的，也就是说，“模拟刻录”可以测试源光盘是否正常，硬盘转速是否够快，剩余磁盘空间是否足够等刻录环境的状况，但无法测试待刻录的盘片是否存在问题和刻录机的激光读写头功率与盘片是否匹配等。

有鉴于此，说明“模拟刻录”成功，而真正刻录失败，说明刻录机与空白盘片之间的兼容性不是很好，解决此问题可以通过降低刻录机的写入速度和更换另外一个品牌的空白光盘进行刻录操作以解决此问题。

13.3.8 刻录时出现提示 BufferUnderrun 信息

出现 BufferUnderrun 错误提示信息的意思为缓冲区欠载。一般在刻录过程中，待刻录数据需要由硬盘经过 IDE 接口传送给主机，再经由 IDE 接口传送到刻录机的高速缓存中，最后刻录机把储存在高速缓存里的数据信息刻录到空白光盘上，这些动作都必须是连续的，绝对不能中断，如果其中任何一个环节出现了问题，都会造成刻录机无法正常写入数据，并出现缓冲区欠载的错误提示，从而引起盘片报废。解决的办法是在刻录之前需要关闭一些常驻内存的程序，比如关闭光盘自动插入通告，关闭防毒软件、Windows 任务管理和计划任务程序和屏幕保护程序等。

13.3.9 经常会出现刻录失败

提高刻录成功率需要保持系统环境纯净，即关闭后台常驻程序，最好为刻录系统准备一个专用的硬盘，专门安装与刻录相关的软件。在刻录过程中，用户最好把数据资料先保存在硬盘中，制作成 ISO 镜像文件，然后再刻入光盘。为了保证刻录过程数据传送的流畅，需要经常对硬盘碎片进行整理，避免发生因文件无法正常传送，造成的刻录中断错误，用户可以通过执行磁盘扫描程序和磁盘碎片整理程序来进行硬盘整理。此外，在刻录过程中，不要运行其他程序，甚至连鼠标和键盘也不要去轻易去碰。

刻录使用的电脑最好不要与其他电脑联网，在刻录过程中，如果系统管理员向本机发送信息，会影响刻录效果，另外，在局域网中，用户不要使用资源共享，如果在刻录过程中，其他用户读取本地硬盘，会造成刻录工作中断或者失败。除此以外，还要注意刻录机的散热问题，良好的散热条件会给刻录机一个稳定的工作环境。如果因为连续刻录，刻录机发热量过高，用户可以先关闭电脑，等温度降低以后再继续刻录。针对内置式刻录机最好在机箱内加上额外的散热风扇。外置式刻录机要注意防尘、防潮，以免造成激光头读写不正常。

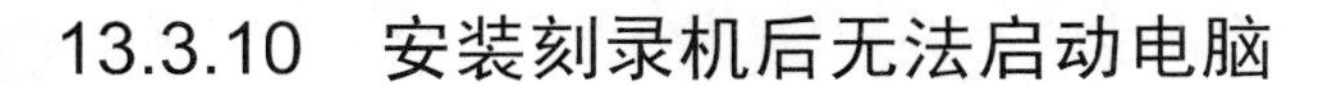

13.3.10　安装刻录机后无法启动电脑

出现这种情况，首先要切断电脑供电电源，打开机箱外壳检查 IDE 线是否完全插入，并且要保证 PIN-1 的接脚位置正确连接。如果刻录机与其他 IDE 设备共用一条 IDE 线，需保证两个设备不能同时设定为 MA (Master)或 SL(Slave)方式，用户可以把一个设置为 MA，一个设置为 SL，以解决此问题。

13.3.11　无法复制游戏 CD 或者 DVD

一些大型的商业软件或者游戏软件，在制作过程中对光盘的盘片做了保护，所以在进行光盘复制的过程中，会出现无法复制，导致刻录过程发生错误，或者复制以后无法正常使用的情况发生。

13.4　打印机故障排除

在日常的生活和工作中，打印机是常用的电脑外部设备。目前最常见的打印机为喷墨打印机和激光打印机，本节将详细介绍打印机故障排除的相关知识及操作方法。

13.4.1　打印机输出空白纸

对于针式打印机，引起打印纸空白的原因大多是由于色带油墨干涸、色带拉断、打印头损坏等，应及时更换色带或维修打印头；对于喷墨打印机，引起打印空白的故障大多是由于喷嘴堵塞、墨盒没有墨水等，应清洗喷头或更换墨盒；而对于激光打印机，引起该类故障的原因可能是显影辊未吸到墨粉(显影辊的直流偏压未加上)，也可能是感光鼓未接地，使负电荷无法向地释放，激光束不能在感光鼓上起作用。

另外，激光打印机的感光鼓不旋转，则不会有影像生成并传到纸上。断开打印机电源，取出墨粉盒，打开盒盖上的槽口，在感光鼓的非感光部位做个记号后重新装入机内。开机运行一会儿，再取出检查记号是否移动了，即可判断感光鼓是否工作正常。如果墨粉不能正常供给或激光束被挡住，也会出现打印空白纸的现象。因此，应检查墨粉是否用完、墨盒是否正确装入机内、密封胶带是否已被取掉或激光照射通道上是否有遮挡物。需要注意的是，检查时一定要将电源关闭，因为激光束可能会损伤操作者的眼睛。

13.4.2　打印字迹偏淡

对于针式打印机，引起该类故障的原因大多是色带油墨干涸、打印头断针、推杆位置调得过远，用户可以用更换色带和调节推杆的方法来解决；对于喷墨打印机，喷嘴堵塞、墨水过干、墨水型号不正确、输墨管内存有空气、打印机工作温度过高都会引起本故障，应对喷头、墨水盒等进行检测维修；对于激光打印机，当墨粉盒内的墨粉较少，显影辊的显影电压偏低和墨粉感光效果差时，也会造成打印字迹偏淡现象。此时，取出墨粉盒轻轻摇动，如果打印效果无改善，则应更换墨粉盒或调节打印机墨粉盒下方的一组感光开关，使之与墨粉的感光灵敏度匹配。

13.4.3 打印纸上重复出现污迹

针式打印机重复出现脏污的故障大多是由于色带脱毛或油墨过多引起的，更换色带盒后即可排除；喷墨打印机重复出现脏污是由于墨水盒或输墨管漏墨所致；当喷嘴性能不良时，喷出的墨水与剩余墨水不能很好断开而处于平衡状态，也会出现漏墨的现象；而激光打印机出现此类现象有一定的规律性，由于纸张通过打印机时，机内的 12 种轧辊转过不止一圈，最大的感光鼓转过 2～3 圈，送纸辊可能转过 10 圈，当纸上出现间隔相等的污迹时，可能是由脏污或损坏的轧辊引起的。

13.4.4 打印头移动受阻长鸣或在原处震动

这主要是由于打印头导轨长时间滑动会变得干涩，打印头移动时会受阻，到一定程度会使打印停止，如不及时处理，严重时可以烧坏驱动电路。解决方法是在打印导轨上涂几滴仪表油，来回移动打印头，使其均匀分布。重新开机后，如果还有受阻现象，则有可能是驱动电路烧坏，此时，需要找到专业人员进行维修。

13.4.5 字迹一边清晰而另一边不清晰

此现象一般出现在针式打印机上，喷墨打印机也可能出现，不过概率较小，主要是打印头导轨与打印辊之间不平行，导致两者距离有远有近所致。解决方法是可以调节打印头导轨与打印辊的间距，使其平行。具体做法是：分别拧松打印头导轨两边的调节片，逆时针转动调节片减小间隙，最后把打印头导轨与打印辊调节到平行即可解决问题。不过要注意调节时调对方向，用户可以逐渐调节，多打印几次。

13.4.6 打印纸输出变黑

对于针式打印机，引起该故障的原因是色带脱毛、色带上油墨过多、打印头脏污、色带质量差和推杆位置调得太近等，检修时应首先调节推杆位置，如故障不能排除，再更换色带，清洗打印头，一般即可排除故障；对于喷墨打印机，应重点检查喷头是否损坏、墨水管是否破裂、墨水的型号是否正常等；对于激光打印机，则大多是由于电晕放电丝失效或控制电路出现故障，使得激光一直发射，造成打印输出内容全黑。因此，应检查电路放电丝是否已断开或电路高压是否存在、激光束通路中的光束探测器是否工作正常。

13.4.7 打印出现乱码

无论是针式打印机、喷墨打印机还是激光打印机出现打印乱码现象，大多是由于打印接口电路损坏或主控单片机损坏所致，而实际检修中发现，打印机接口电路损坏的故障较为常见。由于接口电路采用微电源供电，一旦接口带电插拔，产生瞬间高压静电，很容易击穿接口芯片，一般只要更换接口芯片，该类故障即可排除。另外，字库还没有正确载入打印机也会出现这种现象。

13.4.8　打印机卡纸或不能走纸

打印机最常见的故障是卡纸。出现这种故障时，操作面板上指示灯会发亮，并向主机发出一个报警信号。出现这种故障的原因有很多，例如，纸张输出路径内有杂物、输纸辊等部件转动失灵、纸盒不进纸、传感器故障等，排除这种故障的方法十分简单，只需打开机盖，取下被卡的纸张即可，但要注意，必须按进纸方向取纸，绝不可反方向转动任何旋钮。

如果经常卡纸，则要检查进纸通道，清除输出路径的杂物，纸的前部边缘要刚好在金属板的上面。检查出纸辊是否磨损或弹簧松脱，压力不够，即不能将纸送入机器。出纸辊磨损，一时无法更换时，可用缠绕橡皮筋的办法进行应急处理。缠绕橡皮筋后，增大了搓纸的摩擦力，能使进纸恢复正常。此外，装纸盘安装不正常，纸张质量不好(过薄、过厚、受潮)，也会造成卡纸或不能取纸的故障。

13.4.9　打印字符不全或字符不清

对于喷墨打印机，可能是墨盒墨尽、打印机长时间不用或受日光直射而导致喷嘴堵塞。解决方法是可以换新墨盒或注墨水，如果墨盒未用完，可以断定是喷嘴堵塞：取下墨盒(对于墨盒喷嘴不是一体的打印机，需要取下喷嘴)，把喷嘴放在温水中浸泡一会儿，注意一定不要把电路板部分浸在水中。

对于针式打印机，可能有以下几方面原因：打印色带使用时间过长；打印头长时间没有清洗，污垢太多；打印头有断针；打印头驱动电路有故障。解决方法是先调节一下打印头与打印辊之间的间距，故障不能排除，用户可以换新色带；如果还不行，则需要清洗打印头了。方法是卸掉打印头上的两个固定螺钉，拿下打印头，用针或小钩清除打印头前、后夹杂的脏污，一般都是长时间积累的色带纤维等，然后在打印头的后部看得见针的地方滴几滴仪表油，以清除一些脏污，不装色带的状态下，空打几张纸，再装上色带，这样问题基本可以解决。如果是打印头断针或是驱动电路问题，那么只能更换打印针或升级驱动了。

13.4.10　更换新墨盒后“墨尽”灯仍亮

正常情况下，当墨水已用完后，“墨尽”灯才会亮。更换新墨盒后，打印机面板上的“墨尽”灯还亮，发生这种故障，一是有可能墨盒未装好，另一种可能是在关机状态下自行拿下旧墨盒，更换上新的墨盒。因为重新更换墨盒后，打印机将对墨水输送系统进行充墨，而这一过程在关机状态下将无法进行，使得打印机无法检测到重新安装上的墨盒。另外，有些打印机对墨水容量的计量是使用打印机内部的电子计数器来进行计数的(特别是在对彩色墨水使用量的统计上)，当该计数器达到一定值时，打印机判断墨水用尽。而在墨盒更换过程中，打印机将对其内部的电子计数器进行复位，从而确认安装了新的墨盒。

解决此问题，用户可以打开电源，将打印头移动到墨盒更换位置。将墨盒安装好后，让打印机进行充墨，充墨过程结束后即可。

13.5 笔记本电脑故障排除

在使用笔记本电脑的时候，很可能会出现一些故障，掌握一些故障的排除方法，对维修笔记本电脑有很大的帮助，本节将详细介绍笔记本电脑故障排除的相关知识及操作方法。

13.5.1 笔记本过热死机

笔记本电脑空间狭小，散热不好。各元器件散发出来的热量容易积蓄，最后造成电脑工作不正常，甚至将机器烧毁。因此在使用笔记本电脑时，由于笔记本电脑通常是通过底部和侧面来散热的，所以在使用过程中：一是要避免在高温环境中长时间使用；二是最好不要在过于柔软的平台上使用，这样会不利于热量的散失。一定要将笔记本电脑放在一个通风良好的硬平面上，同时要经常清理笔记本电脑，除去尘土，使通风口空气流动畅通，保证系统散热良好。

13.5.2 笔记本的电源故障

笔记本电池在使用了一段时间之后会“衰老”。具体表现是内阻变大，在充电时两端电压上升比较快。这样容易被充电控制线路判定为已经充满，容量也自然下降。由于电池内阻较大，放电时电压下降幅度大、速度快，所以系统很容易误认为电压不够，电量不足。如果出现此问题，用户可以更换电池或者找到专业人员进行电池“活化”维修。

13.5.3 笔记本的内存故障

笔记本电脑内存故障较少，尤其是原装内存。如果内存出现问题，系统将无法启动。根据 BIOS 芯片的不同，有不同的报警声，多数为连续不断的长“嘀”声，或者是连续不断的短“嘀”声。

解决的方法是打开内存槽的盖板更换新内存，注意笔记本电脑使用的内存与台式机不同，长度只有台式机内存的一半，笔记本内存和台式机内存，分别如图 13-2、图 13-3 所示。

图 13-2

图 13-3

13.5.4 笔记本的硬盘故障

笔记本硬盘数据发生问题主要可以分成以下两种状况。

第一种为硬盘本身的故障，此类问题的预防方式，除了避免在开关机过程摇晃计算机外，平时的备份数据的习惯也是最重要的。

第二种为操作系统损毁或中毒造成无法开机。针对此情况，如果我们在安装操作系统之前，已经将硬盘以适当的比例进行切割，且将重要的数据都已经备份在不同于储存操作系统的分割区中，这时我们可以透过其他方式或工具来设法挽救操作系统，甚至于重新安装操作系统，而比较不用害怕硬盘中的数据受到损害。一般而言，建议将硬盘以 6∶4 的比例将存放操作系统以及存放其他数据的分割区以分割(操作系统 60%，数据区 40%)。倘若操作系统已经安装在整个硬盘中，即是硬盘中只有一个分割区，这时候若您想要再加入一个分割区来运用，则可以通过支持 Windows 的硬盘切割软件，如 PartitionMagic 软件来进行。

13.5.5　笔记本的触控板故障

触控板是一种触摸敏感的指示设备，它可以实现一般鼠标的所有功能。通过手指在触控板上的移动，您能够容易地完成鼠标的移动。通过按动触控板下方的按键，您可完成相应的点击动作(按动左\右键)，即相当点击鼠标左右键，触控板硬件一般不会出现问题，除非大力按压或者砸击，需要直接维修外，排除硬件问题，如果触控板出现问题，用户则可以考虑以下几点进行排查。

1. 触控板无法使用

触控板无法使用多数是误操作或者清洁不好造成的。下面详细介绍这两种现象。

- 打字或使用触控板时，请勿将手或腕部靠在触控板上。由于触控板能够感应到指尖的任何移动，如果将手放在触控板上，将会导致触控板的反应不良或动作缓慢。
- 请确定手部没有过多的汗水或湿气，因为过度的湿度会导致指标装置短路。保持触控板表面的清洁与干燥。

2. 触控板可以使用，左右键失灵

出现这种情况，首先需要对全盘进行杀毒扫描，检测是否有电脑病毒存在，在排除了电脑病毒的状态下，用户要查看触控板驱动是否完整，建议重新安装触控板驱动程序或者升级驱动程序，以解决此问题。

13.5.6　笔记本的光驱故障

笔记本光驱常见故障主要有三类：操作故障、偶然性故障和必然性故障。下面将详细介绍这三类故障的具体解决方法。

1. 操作故障

驱动出错或安装不正确造成在 Windows 或 DOS 中找不到笔记本光驱；笔记本光驱连接线或跳线错误使笔记本光驱不能使用；CD 线没连接好无法听 CD；笔记本光驱未正确放置在托盘上造成光驱不读盘；光盘变形或脏污造成画面不清晰或停顿或马赛克现象严重；拆卸不当造成光驱内部各种连线断裂或松脱而引起故障等，用户可以根据实际情况进行排查。

2. 偶然性故障

笔记本光驱随机发生的故障，如机内集成电路，电容，电阻，晶体管等元器件早期失效或突然性损坏，或一些运动频繁的机械零部件突然损坏，这类故障虽然不多见，但必须经过维修或更换才能将故障排除。

3. 必然性故障

笔记本光驱在使用一段时间后必然会发生的故障，主要有：激光二极管老化，读碟时间变长甚至不能读碟；激光头组件中光学镜头脏污或性能变差等，造成音频或视频失真或死机；机械传动机构因磨损、变形、松脱而引起故障，这时，建议找到专业的维修人员进行维修。

13.5.7 笔记本的液晶屏故障

笔记本的液晶屏如果出现黑屏，除去主板以及其他板卡的故障，大致可以分为两类故障，下面详细介绍这两类故障的具体解决方法。

1. 液晶屏物理损伤

仔细观察表面可以见到裂痕、凹坑等等创伤。这类故障由于伤及内部，需要更换整张玻璃基板才能解决问题，如果笔记本电脑还在保修期，建议立刻送修。

2. 内部原件故障

内部元件出现损坏，是可以补救的。将笔记本移到较暗的地方，在接近 180° 的方向，仔细观察隐约可以见到模糊的图像，如果是这样的话，仔细检查笔记本各项电路是否连接，有无虚焊或者短路等现象，可以解决液晶屏黑屏的现象。

13.5.8 笔记本无法拨号上网

使用一台笔记本电脑，发现无法进行拨号上网。

遇到这种情况，首先应检查用户的环境，看是否将电话线接在了网卡接口上，有些用户在刚刚购买电脑时由于对电脑不太熟悉，将电话线接到了主板集成的网卡接头上，这样会导致无法拨号上网。遇到无法拨号上网等故障，建议用户先检查环境，若有不正确，提示更正后，问题即可解决。

13.5.9 笔记本风扇间歇性启动

笔记本电脑在不运行任何程序的情况下，系统风扇会间歇性地转动，周而复始。

这个现象是正常的，因为笔记本电脑为了节省电力消耗，它的散热风扇并不是一直工作的，而当笔记本电脑内部的温度达到一定程度后，才会启动散热，所以造成了时转时停的现象。

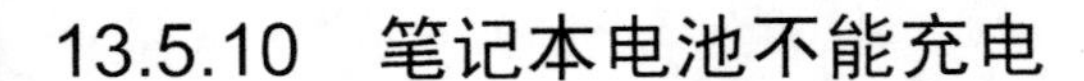

13.5.10　笔记本电池不能充电

如果笔记本出现不能充电的现象，用户可以按照以下几个方面进行排查。

(1) 检查电池，看看是否线路出现了松动，有无连接不牢的问题。

(2) 如果线路正常，可以查看是否是电池的充电器的电路板坏了，更换一个可以正常使用的试一下。

(3) 也有可能电池已经老化了。一般电池使用 3 年左右，基本都老化了，建议到维修店去检查下。

13.6　数码设备与产品故障排除

目前，数码设备的使用率越来越高，随着使用率的增多其故障也随之而来，所以很有必要掌握一定的数码设备与产品的故障相关排除知识，本节将详细介绍数码设备与产品故障排除的相关知识。

13.6.1　数码相机按快门键不拍照

数码相机是目前比较常见的数码设备，在使用数码相机的时候，如果出现按快门键不拍照的现象，用户可以考虑从以下几个方面进行排查。

(1) 刚拍照的照片正在被写入存储卡，此时放开快门键，等到指示灯停止闪烁，并且液晶显示屏显示消失。

(2) 存储卡已满。更换存储卡，删除多余的照片或将全部相片资料传送至个人电脑后删除数据。

(3) 正在拍照时或正在写入存储卡时电池耗尽。更新电池并重新拍照。

(4) 拍照物不处于照相机的有效工作范围或者自动聚集难以锁定。参照标准模式和近拍模式的有效工作范围或者参照自动聚焦部分。

13.6.2　相机无法识别存储卡

在使用数码相机的时候，如果出现相机无法识别存储卡的现象，用户可以考虑从以下几方面进行排查。

(1) 使用了跟数码相机不相容的存储卡。不同的数码相机使用的存储卡是不尽相同的，在大多数码相机不能使用一种以上的存储卡。解决方法是更换数码相机能使有的存储卡。

(2) 存储卡芯片损坏，需要更换存储卡。

(3) 存储卡内的影像文件被破坏了。造成这种现象的原因是，在拍摄过程中存储卡被取出，或者由于电力严重不足而造成数码相机突然关闭。如果重新插入存储卡或者重新接上电源，问题还是存在的话，需格式化存储卡。

13.6.3 相机闪光灯不闪烁

在使用数码相机的过程中，如果出现闪光灯不闪烁的情况，用户可以考虑从以下几方面进行排查。

(1) 未设定闪光灯。按闪光灯弹起杆，设定闪光灯。

(2) 闪光灯正在充电。等到闪光灯指示灯停止闪烁。

(3) 拍照物明亮。用户可以使用强制闪光模式。

(4) 在已设定闪光灯的情况下，指示灯在控制面板上点亮时，闪光灯工作异常。建议用户立即送修。

13.6.4 相机自动关闭

在使用数码相机的过程中，如果出现相机自动关机的情况，可以考虑从以下几方面进行排查。

(1) 多数相机都会有一个自动关机的时限，比如 3 分钟、10 分钟等。

(2) 电池电力不足，数码相机是非常耗电的，因为电池电力不足而关闭的现象经常出现。需要立即更换电池。

(3) 如果更换了电池以后，数码相机还是无法开启，而发现相机比较热时，那是因为连续使用相机时间过长，造成相机过热而自动关闭了。建议停止使用相机，等它冷却后再启动相机。

13.6.5 DV 无法开机

在使用 DV 的过程中，如果出现无法开机的现象，可以考虑从以下几方面进行排查。

(1) 检查是否因为电池没电，立即更换电池。

(2) 摄像机自动保护：检查造成自动保护的原因，一般有两种。

- DV 内部或者 DV 带上有水汽，这时候不要强行开机，否则很容易损坏磁头，正确的处理方法是用电扇或者电吹风的冷风挡吹干，待干透以后即可正常开机使用。
- DV 带表面有严重划痕，为了保护磁头不受损坏，DV 机自动停机。解决方法为更换 DV 带。

(3) 摄像机故障：如果排除了以上各项，只能送去厂商指定的维修点检查故障原因。

13.6.6 手机触摸屏定位不准

现在很多手机的屏幕都是触摸屏，触摸屏通常分为电阻屏和电容屏两种，在使用触摸屏手机的时候，如果出现屏幕定位不准的情况，可考虑从以下两方面进行排查。

1. 电阻屏

电阻式触摸屏是一种传感器，它将屏幕矩形区域中触摸点(X,Y)的物理位置转换为代表

X 坐标和 Y 坐标的电压。如果是电阻触摸屏出现定位不准的情况，可以通过手机自带的屏幕校准功能进行调整，基本可以解决此问题。

2. 电容屏

电容式触摸屏是在玻璃表面贴上一层透明的特殊金属导电物质。当手指触摸在金属层上时，触点的电容则会发生变化，使得与之相连的振荡器频率发生变化，通过测量频率变化可以确定触摸位置获得信息。因为电容触摸屏一般不会出现定位不准的情况，所以手机基本不会自带任何校准功能，如果出现此问题，则需要找到专业的维修点进行维修、校准。

13.6.7 MP4 播放音乐名是乱码

这个问题主要和你的 MP3/MP4 音乐文件附带的文件信息不正确有关，解决的方法是直接用 WINAMP 等播放工具将音乐文件信息去除。右击播放列表中的音乐文件，选择【音乐文件信息】选项，在出现的对话框中，将 ID3v1 和 ID3v2 项目中的文件信息全部清空。

13.6.8 MP4 不能开机

在使用 MP4 的过程中，如果出现不能开机的现象，可以考虑从以下两方面进行排查。

(1) 检查 MP4 电池是否老化损坏、电池与机器的连接线是否断开，建议找到专业人员进行维修。

(2) 检查是否因为误操作导致固件损坏，可以对其格式化，然后重新写入固件即可，将电池拿下来，按住播放键不放，连上电脑，运行驱动程序，然后进行格式化及固件升级即可解决此问题。

13.6.9 MP4 开机提示 ERSS REFORMAT 信息

出现此问题是在 Windows 系统中，使用了 FAT32 格式对 MP4 格式化所造成的。

如果在使用中误用 FAT32 格式化，则再开机将会提示 ERSS REFORMAT 信息，或干脆不开机。此时则需要重新连接电脑，在 Windows 系统格式化界面的文件系统选项中选取 FAT 格式，然后格式化即可解决此问题。

13.6.10 MP4 开机后不能连接电脑

使用 MP4 的过程中，如果出现开机后不能正常连接电脑的现象，首先，要检查是否因为 USB 接口有污垢，导致接触不良；其次，检查是否 MP4 驱动文件安装不完整或者与其他程序有冲突，原因是系统对 USB 端口的查询扫描停止，致使系统无法识别到新的硬件。此问题在 Windows XP 系统较为常见。

13.7 移动存储设备故障排除

移动存储设备是电脑的扩展存储设备，常用于数据的备份和移动，大大方便了资料的存储，本节将详细介绍移动存储设备故障排除的相关知识和技巧。

13.7.1 移动硬盘插在电脑 USB 接口上不读盘

在使用移动硬盘的过程中，如果出现连接电脑后不读盘的现象，用户可以尝试从以下四个方面进行排查。

1. 检查接口供电

前置的 USB 接口的供电不稳，经常会造成供电不够而产生移动硬盘无法识别的问题。如果你使用的台式机的话，要接在电脑后置的 USB 口上，才能保证接口供电充足。

2. 检查数据线是否正常

如果出现此问题，要更换数据线测试。劣质的数据线可能产生接触不良或者供电损耗大的问题。

有些 MP3、MP4 或者手机的数据线看起来和移动硬盘的数据线一样，但事实上移动硬盘数据线的要求更高，需要的供电损耗小，所以很多 MP3、MP4 或者手机数据线都不能保证移动硬盘正常供电。

3. 多台电脑测试

如果在别的电脑上没问题，数据线也没问题，那么有可能是自己电脑的问题。电脑 USB 接口损坏或者与系统有冲突，都会出现这样的问题，用户可以找到专业的维修人员解决。

4. 文件系统测试恢复

组装的移动硬盘可以拆下硬盘装到自己电脑里面，如果发现读盘没问题，用户可以用文件系统测试恢复程序进行一个测试和恢复，恢复完毕没有坏道的话，再装回硬盘盒。如果还是不能读出，则是硬盘盒的问题了。

13.7.2 无法正常删除硬件

此问题是使用移动硬盘或 U 盘中最常遇到的，如果出现此问题，用户可以从以下三个方面进行排查。

1. 关闭未关闭文件或者程序

检查是否还有属于移动硬盘中的文件或者文件夹处于打开状态。如果已关闭，一般可以正常退出了。

2. 是否存在复制

有可能正在复制某个文件，存在一些缓存。要确定所有相关的文件和文件夹都已经关闭。稍等待一小会儿后，在电脑上随便复制其他什么文件后再试试，一般即可解决此问题。

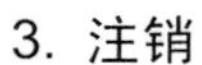

3. 注销

注销当前用户后，重新启用刚刚注销的用户，一般即可解决此问题。

13.7.3　在 BIOS 中检测不到移动硬盘

出现此问题通常为，IDE 接口与硬盘间的电缆线未连接好；IDE 电缆线接头处接触不良或者出现断裂；硬盘未接上电源或者电源转接头未插牢。如果检测时硬盘灯亮了几下，但 BIOS 仍然报告没有发现硬盘，则可能是：硬盘电路板上某个部件损坏；主板 IDE 接口及 IDE 控制器出现故障；接在同一个 IDE 接口上的两个 IDE 设备都设成主设备或从设备了。首先确认各种连线是否有问题，接下来应用替换法确定问题所在。

13.7.4　移动硬盘在进行读写操作时频繁出错

将移动硬盘连接到 USB 接口之后，系统可以正常识别出移动硬盘，但是在对移动硬盘进行读写操作时，USB 硬盘经常发出“咔咔”的异响，然后出现蓝屏，提示出现读写错误，但是移动硬盘在另外一些电脑上可以正常工作，扫描硬盘也没有发现坏道。这是由于 USB 设备是通过 USB 接口获得必要的电源，一般的像数码相机之后的 USB 设备在 100mA 的左右低电力级别下可以正常工作，但是对于移动硬盘这种大功率移动存储器，一般需要 500mA 才能正常工作。如果主板 USB 接口的供电不足，会无法提供足够大的电流，从而造成移动硬盘无法正常工作，这种故障在一些较早期的主板上比较常见。更换 USB 接口供电方式，从+5VSB 切换为主板+5V 供电。

13.7.5　U 盘连接到电脑不识别

在使用 U 盘的过程中，如果出现连接电脑以后不识别的现象，用户可以考虑从以下四个方面进行排查。

1. 供电

供电分为主控芯片所需的供电和 Flash 芯片所需的供电，这两个是关键，而 U 盘电路十分简单，如没有供电通常都是保险电感损坏或 3.3V 稳压块损坏。稳压块有三个引脚，分别是电源输入(5V)、地、电源输出(3.3V)，工作原理是当输入脚输入一个 5V 电压时，输出脚会输出一个稳定的 3.3V。只需查到哪里是没有供电的本源，问题则可以解决了。

2. 时钟

时钟因主控芯片要在肯定频率下才能工作，跟 Flash 芯片通信也要靠时钟信号进行传输，所以假如时钟信号没有，主控肯定不会工作地。而在检查这方面电路时，其实时钟产生电路很简单，只需要检查晶振及其外围电路即可，因为晶振怕震动，而 U 盘小巧很容易掉在地上造成晶振损坏，只需改换相同的晶振即可。

3. 主控

假如上述两个条件都正常的话，那则是主控芯片损坏了，只需改换主控芯片，即可解决此问题。

13.7.6 U 盘盘符丢失

在使用 U 盘的过程中，如果出现盘符丢失的现象，用户可以将 U 盘连接电脑，右击【我的电脑】，选择【管理】选项，进入【计算机管理】，单击【存储→磁盘管理】选项，可以看到现在计算机中有两个磁盘，其中“磁盘 0”是硬盘，而“磁盘 1”是 U 盘，在“磁盘 1”上右击，选择【更改驱动器号和路径】→【添加】，选定一个盘符(低于光驱盘符的字母)，单击【确定】按钮后退出。再打开【我的电脑】，用户可以发现闪存的盘符已经出现。

13.7.7 U 盘插入电脑会出现两个盘符

在使用 U 盘的过程中，如果出现 U 盘插入电脑出现两个盘符的现象，用户可从以下三个方面进行排查。

(1) 已经将 U 盘分区。

(2) 主板 USB 端口供电不稳，电压瞬间过高。

(3) U 盘受到高压静电冲击。

出现以上三种情况则会出现此问题，如果是第一种情况，建议格式化 U 盘；如果是后两种情况，则需要立即送修。

13.7.8 U 盘复制的数据到另一台电脑中不显示数据

文件已复制到 U 盘中(可以在双击【可移动磁盘】后，看到复制的内容，并且可以打开文件)，但是在转移到另外一台电脑中时却发现可移动磁盘中没有内容。

由于操作系统在操作外部磁盘的时候，会开辟一个内存缓存区，许多存取操作实际上是通过这个缓存区完成的。所以有时候在复制文件到“可移动磁盘”后虽然在显示屏上可以看到所复制的文件已经复制到移动磁盘内，并且可以进行任意操作，但是实际上文件并没有真正复制到磁盘。

所以为了避免这种情况的发生，解决办法为在复制完文件后，应该拔下来再次插到电脑里检验一下文件是否真正复制到 U 盘里。

13.8 思考与练习

一、填空题

1. ________如果出现故障，则无法正常使用电脑。显示器常见的故障包括：图像显示异常、图像显示抖动和________这三种情况。

2. 键盘和________是电脑上的重要输入设备，主要负责各类操作命令的发出和文字的输入，这两类设备的使用频率最高，因此出现故障的频率也较高，一旦出现故障，用户将不能向电脑输入数据和________。

3. ________作为电脑重要的外部资料输入设备和资料备份工具，是一台多媒体电脑必备的________，一旦出现故障将影响电脑的正常工作。

4. 在日常的生活和工作中，________是常用的电脑外部设备，目前最常见的打印机为喷墨打印机和________。

5. 笔记本电脑________故障较少，尤其是原装内存。如果内存出现问题，系统将无法________。

6. 移动存储设备是电脑的扩展存储设备，常用于数据的________和移动，大大方便了资料的________。

二、判断题

1. 显示器是电脑的终端输出设备，如果显示器出现故障，虽然电脑能够正常运行，但是无法凭借显示画面操作电脑。　　(　　)

2. 光驱弹不出来是一种比较常见的电脑故障，一般不可能是光驱本身的问题。　　(　　)

3. 笔记本电脑空间狭小，散热不好。各元器件散发出来的热量容易积蓄，最后造成电脑工作不正常，甚至将机器烧毁。　　(　　)